陝山地區水資源與民間社會調查資料集

（第 一 集）

溝洫佚聞雜録

白 爾 恒
藍克利（Christian Lamouroux） 編著
魏丕信（Pierre-Étienne Will）

中 華 書 局

2003・北京

圖書在版編目(CIP)數據

溝洫佚聞雜録/白爾恒,(法)藍克利,(法)魏丕信編著.—北京:中華書局,2003
(陝山地區水資源與民間社會調查資料集)
ISBN 7-101-03796-8

Ⅰ.溝... Ⅱ.①白...②藍...③魏... Ⅲ.①水利史—史料—陝西省②水利史—史料—山西省③風俗習慣史—史料—陝西省④風俗習慣史—史料—山西省
Ⅳ.①TV-092②K892.4

中國版本圖書館 CIP 數據核字(2003)第 016757 號

溝 洫 佚 聞 雜 録

白 爾 恒
藍克利(Christian Lamouroux) 編 著
魏丕信(Pierre-Étienne Will)

*

中 華 書 局 出 版 發 行
(北京市豐臺區太平橋西里 38 號 100073)
北京市白帆印務有限公司印刷

*

787×1092 毫米 1/16·17 3/4 印張·262 千字
2003 年 4 月第 1 版 2003 年 4 月北京第 1 次印刷
印數 1-1500 册 定價:32.00 元

ISBN 7-101-03796-8/K·1588

ENQUÊTES SUR L'EAU ET LA SOCIÉTÉ LOCALE
DANS LES PROVINCES DU SHAANXI ET DU SHANXI

VOLUME I

GESTION LOCALE ET MODERNISATION HYDRAULIQUE

JINGYANG ET SANYUAN

DOCUMENTS RECUEILLIS ET PRÉSENTÉS PAR

BAI ERHENG
CHRISTIAN LAMOUROUX
PIERRE-ÉTIENNE WILL

ÉCOLE FRANÇAISE D'EXTRÊME-ORIENT
CENTRE DE PÉKIN
2003

本書承法國遠東學院及喜瑪拉雅研究發展基金會資助出版

謹致謝忱

人活的就是個文化

——山西四社五村農民

山谷中的涇水

過張家山的涇水

在平原的涇水流域

過管理站的涇惠渠（古二龍王廟位置）

進平原的涇惠渠

今天大壩脚下的明朝廣惠渠渠口

廣惠渠渠口（前面窟窿爲水堰立木柱的位置）

宋代豐利渠渠口（往涇水看）

豐利渠渠口的水閘位置

豐利渠渠口的後半部（往涇水看）

漢堤洞古堤（本地爲龍洞渠古三限閘）

漢堤洞附近現村

靠天飲水：天井

農民家（富平縣）

院子里蓄水設施（後邊小窟窿爲地下水窖入口）

過三原縣城的清峪河河灘

過三原縣城的清峪河（下面爲明朝修復橋梁）

陕西三原魯橋鎮峪口村
沐張渠渠首舊址
（近處第一棵樹附近）
2001.10

陕西涇陽雲陽鎮蔣路鄉閻家村
姚家大隊劉德元老人回憶
水利糾紛舊事
2001.10.2

陕西涇陽雲陽鎮蔣路鄉
閻家村機井
（1996年打井，現無水）
2001.10

目　録

第一輯　冶清諸渠册、簿及公牘

第二輯 涇渠碑刻

《山陝地區水資源與民間社會調查資料集》

總　序

法國高等社會學學院　藍克利(Christian Lamouroux)
北京師範大學　董曉萍
法國遠東學院　吕　敏(Marianne Bujard)

本叢書是中法國際合作項目《華北水資源與社會組織》的初期成果①。項目的主持單位爲法方的法國遠東學院和中方的北京師範大學民俗典籍文字研究中心。項目組成員共15人,包括中法雙方的歷史學、人類學、民俗學、地理學、考古學、水利學和金石文字等多學科的專家學者。自1998年至2002年,經過全體學者的努力,現已完成了項目中的田野調查部分,搜集了相對豐富的資料。

我們的調查範圍,是位於黄河以北的陝西關中東部和山西西南部的灌溉農業區和旱作農業區,調查的目標,是由縣以下的鄉村水資源利用活動切入,并將之放在一定的歷史、地理和社會環境中考察,瞭解廣大村民的用水觀念、分配和共用水資源的群體行爲、村社水利組織和民間公益事業等,在此基礎上,研究華北基層社會史。本叢書所介紹的資料,都較爲具體地描述了這方面的内容。

我們的調查選點標準如下:

(一)有相對豐富的、能被搜集到的,基本上屬於未發表的地方資料,如民間水利碑册等;借助這些資料,瞭解基層村社管理水資源的穩定傳承和社會變遷的狀況。

(二)有被地方史料所記載的、或在現實生活中發生的水利糾紛事件,通過這些事件,尋找調查的入口,以進一步開展對村社用水關係、管理制度和合理利益觀念的調查。

(三)有歷史上形成的村社組織,能有效地控制當地的水資源,既相對獨立,又部分地與

① 本項目得到臺灣喜瑪拉雅研究發展基金會的慷慨資助及中央研究院李亦園院士的熱心支持。

基層政府合作,保證村民用水。

(四)有地方合作者,熟悉和重視本地的歷史,可以帶領我們下去調查,能與村民一起解釋所搜集到的資料,也願意把本地資料放到更廣闊的社會歷史背景下去做比較研究。

據此,我們選定了四個調查點,即陝西省的涇陽縣點和蒲城縣點、山西省的洪洞縣點和四社五村點。所涉及縣共六個,包括陝西省涇陽縣、三原縣和蒲城縣、山西省洪洞縣、介休縣和霍縣①。其中,陝西省的涇陽縣、三原縣和山西省的洪洞縣與介休縣,都有古代水利灌溉工程,一些農田水渠沿用至今,屬灌溉農業區;陝西省的蒲城縣和山西洪洞、霍縣交界的四社五村,都没有水利灌溉系統,屬旱作農業區;兩者的反差很大。然而,兩者無論水量多寡,却都存在着現實的或象徵性的水資源管理兩種形式,這是一個共同點。如在陝西省的涇陽縣和三原縣,擁有舉世聞名的古渠涇惠渠,農田水利灌溉系統一直十分發達,但民間依然流傳着象徵性的用水習俗。距之百里開外的蒲城縣,爲乾旱原區,每年都要舉行向堯山女神祈雨的象徵性用水儀式,但村民也有窖藏雨水的現實對策。山西四社五村是一個嚴重缺水山區的村社組織,已有七百餘年的歷史,村民長期遵守着公有共享的原則,同飲一條山泉渠水,對有限水源施行嚴格的現實與象徵性雙重水管理,創造了近萬農民與乾旱共處的奇迹。這些村社水利活動資料,各具地方意識、又是一個相對完整的研究資料系統。

我們的工作内容分爲兩個方面:

一是開展聯合田野調查,搜集調查點的歷史文獻和口頭資料,同時瞭解這些資料的民間解釋和社會功能。

二是共同使用所搜集到的資料,并參考其它相關資料,從多學科的角度,對資料進行描述、分析和綜合研究。

本叢書正是在上述工作的基礎上形成的。各調查點的資料編爲一集,共四集。以下重點説明這些資料集的學術價值、選擇原則、研究方法和體例内容。

一、村社碑刻和手寫本的學術價值

從上世紀80年代中期開始,中國已開始大規模地搜集、編纂和出版新編地方志的工作,包括編撰縣水利志著作,這爲本項目的研究提供了非常有利的條件。在我們抵達調查點後

① 山西省介休縣和霍縣現爲縣級市,在本叢書中,因所搜集的碑刻水册資料、地方志和田野訪談資料等大多使用原縣名,本叢書的性質也主要是描述研究資料,根據資料出處的情況,同時爲了讀者查閱方便,故在此仍暫沿用“介休縣”和“霍縣”的原名。

發現，縣水利志的編撰人員不僅曾親自下鄉搜集資料，而且瞭解它們的價值，因此能够理解我們的工作，樂於向我們提供資料的綫索[①]，其中有些資料與我們在此介紹的資料是相似的。這些資料大都是從縣以下的村莊中挖掘出來的，含水利碑刻、水册水規、官方或私人的手抄本(如報告、技術設計規劃和對水利糾紛的描述)等多種形式，藏量豐富。

這些從山陝基層社會搜集到的大量水利資料，可以打破從前認爲華北地區缺乏水利資料的偏見，證明華北民間保存水利資料的實際情況，并展示了這類資料的多樣性。然而，到目前爲止，它們還是被忽視的，許多水利碑刻和工程技術抄本無人問津，更不要説給予研究。其原因大概與以往學術界的研究方向和研究觀念有關。

在史學和金石文字學領域，碑銘學研究碑刻，早已取得公認的地位。碑銘學所討論的碑刻的性質，也多有定論，即要對上層歷史事件、歷史人物和歷史地點具有某種重要的紀念性，碑刻才有價值。如此説來，基層社會的民間碑刻就不在此列了。還有，那些村社水册、水會章程和水利工程報告等，爲民間人士所私藏，歷來方志不收，抑或非歷史名人、或近、現代知名工程技術人員所撰寫，也不能成爲歷來學界所青睞的史料。

從調查看，這些資料是有其獨特價值的。其中，民間碑刻大都叙述了鄉村社會的内部矛盾、規章制度和祭祀儀式，記録了村民日常生活中的重要群體事件，像縣衙判决水資源歸屬的公文、興建村落公共水利設施的公議章程、修廟緣起和村民捐資人的名單，地方朝聖的里社和禮儀規矩等。它們在地方社會世代流傳，使一些鮮爲人知的地名爲後人所記憶，也使許多普通老百姓因此而揚名。也有少數碑刻，因附會了歷史名人或地方風物，偶爾被官修方志收入，進入了官方文獻系統；但大多數碑刻都掌握在村民手中，發揮了應有的民俗作用，它們都豐富了地方文化遺産。

至於村社水册、水利會章和水利技術報告等手寫本，因産生背景不同，也經歷了不同的命運。一些文稿的寫作目的，是爲了給村人或家族小群體留下回憶，并没有引起官修方志的注意，未被納入書面文獻系統予以保存，在民間的傳播面也很窄，因而消亡率較高，迄今所見者，多爲零册散篇而已，其影響力也遠不如碑刻。它們非出自古代文人學士之手，也非近、現代技術工程師所寫，往往是一面之詞，所記載事件也大多是主觀的、出於一己之利的、非連續性的行爲，與官修方志和村社碑刻都不一樣，因而很難融入地方文化遺産之中。

---

① 參見《涇惠渠志》，西安：三秦出版社，1991。王智民主編《歷代引涇碑文集》，西安：陝西旅遊出版社，1992。鄭東風主編《洪洞縣水利志》，太原：山西人民出版社，1993。(清)孫焕侖《洪洞縣水利志補》，鄭東風、張青校，太原：山西人民出版社，1992。涇陽縣水利志編寫組編《涇陽縣水利志》(送審稿)，涇陽：1989。白爾恒提供《渭南地區水利碑碣集注》，内部資料，涇陽：1988。續忠元撰稿、王融亮修訂《介休縣水利志》，介休縣水利水保局，介休：1986。

但是,如果站在手寫本撰主的立場,從他們所着眼的短時行爲上考察,却會發現,這類手寫本的用途是爲瞭解决具體問題的,裏面有小群體恪守的水規制度,還有將之聚合一處的原則,或使之對立的緊張氣氛。這種資料表現了當時人的情緒和争執,我們也應將其置於一個特定的背景中去理解。從這點出發,還能發現,村社的水册會章等有了新的意義,它們不僅是分配和使用水資源的規章制度,也有减少和避免用水者之間對抗的意圖。而這類信息正是基層社會運行機制的具體組成部分,能讓今人看到當時社會的衝突狀况和人們的日常選擇,這本身就是一段活生生的歷史。

總之,在基層社會中,村社碑刻和手寫本等資料,無論具有紀念意義與否,都是一種複雜的社會行爲的産物,這正是它們的學術價值所在。

二、選擇資料的原則

應該説,我們所收集的資料,都不是爲寫歷史而寫的。它們是非官方的地方檔案。它們并非刻意地將歷史上發生過的民衆行爲記録下來,又在不經意的情况下流存至今。我們只能在這類材料中做選擇,看看它們究竟反映了什麽?能讓我們做怎樣的研究工作?

我們在選擇資料中,有一個基本的考慮。我們的調查主題,是基層社會的水資源管理,爲了能充分展示村民的觀念和活動,我們所選擇的調查點都有較長的歷史,各調查點的資料也都與地方群體用水行爲有關,它們由村社組織負責,實行社首自治管理、或聯村社區管理,監督和控制用水人口的團結與對立行爲,達到合理用水的目的。各類碑刻、水册或技術報告手寫本等資料,都反映出一種群體意願:解决那些顯然存在又難以協調的分歧,或儘量控制那些一觸即發的緊張局面,等等。它們正是由於具有這種地方集體性的價值和作用,才能成爲研究基層社會史的準確材料。

然而,必須指出的是,這些資料所揭示的地方社會史是有特殊性的。它們并不反映功能學派所强調的社會運行的基本要素,如人口的增减、土地所有制和資産結構的變遷等。它們所反映的是村落、家族或個體成員之間在管理水資源上遇到的具體問題,如强調水源地的地點和水源分類、水渠的確切位置、維修渠道的技術手段,管理渠水系統的授權,控制、調動和分配水資源的村社組織及其規章制度,還有水的概念、對用水行爲的理解、象徵性用水的内涵及與之相關的用水習俗等。總的説,它們從自然地理、技術事實、水利制度和民間管理組織諸方面,介紹了豐富的地方知識,讓我們能够從中分析基層社會的組織形式和組織能力,民間組織與縣級官方政府的關係,和由自下而上的角度所折射的當時社會和國家的形象,我們由此得到了一把分析基層社會的鑰匙,這正是我們的研究目標所在。

如何在實際工作中切近這一研究目標呢？首先，我們感到，各個調查點的資料，能讓我們接觸到地方村落、家族與個人的不同利益。從不同利益的矛盾衝突入手，我們發現，一些個人或群體中的部分成員是維護局部利益的，也正是在維護局部利益中，那些複雜的、長期存在的民間組織才得以存活和發展，他們在各自的管水歷史中，創造了自己的行爲邏輯和概念，對促進地方社會的發展，都起到了不同程度的作用。我們的工作，是力求把握民衆自己的行爲邏輯和概念，從中分析地方社會的内部組織結構及民間組織與縣級基層政府之間的互動關係。其次，歸納這些資料，看到基層社會史與官修方志的區别。官修方志是按照國家行政職能的管轄範圍來確定地方志的編寫體例的，分行政區劃、建制沿革、衙署機構、集市賦税、名勝古迹、文苑雜纂等，顯而易見，這種正史與基層社會史是迥然有别的。

最後，在此需要説明的是，本項目名稱爲“華北水資源與社會組織”，但這并不等於説，通過華北水利和水利管理的部分調查研究，能够瞭解整個華北社會的歷史趨勢。我們的學術目標，是要通過華北民衆有能力管理像水這樣重要的物質資源的視角，觀察其民間組織的活動形態，分析華北基層社會群體怎樣被迫做出生存選擇，怎樣去維護自身利益，建立社會等級，傳承思想信仰和行爲的準則，并在這一層次上，建立他們的特殊的社會結構。正是這些資料，爲我們再現和描寫了華北社會整體和主流歷史中的部分情況。

三、綜合研究方法

我們所使用的村社碑刻和手寫本，是在官方體制之外産生的基層社會史資料，從各調查點的情況看，它們的内涵，存在於傳承和保存它們的村社群體中，見於它們被使用的社會功能中，對它們的解釋，無一不涉及到整個地方社會文化系統，因而，要進行深入探究，就必須采用多學科綜合研究的方法。

在解釋基層社會史料上，歷史學者的探索，需要依靠人類學和民俗學的方法，只有這樣，才能把個人變成學術活動的工具，放到地方社會的網絡之内進行工作。人類學和民俗學的解釋是不可或缺的，它使我們看到，我們的注意力應該向哪裏靠近？應該在哪些問題上聚焦？而在實地調查的過程中，歷史學者所感興趣的“變遷”問題也呈現出來了，主要表現在個人和村莊推選水利代言人的條件方面，在有效地控制水資源和分配制度方面，以及在村社組織適應時代變化進行自我運作方面，然後歷史學者可以給出比較切實的詮釋。人類學和民俗學者則在很長一段時間内認爲，水資源管理不屬於他們的研究範疇。水資源管理的資料，屬國有資源和國家歷史的範疇。後來通過田野考察證明，在基層鄉村社會，村社組織的作用，一般都大於國家行政管理的作用。民間還利用某些官方規則和其它事件，發展了許多適合村社自治的集體管理和分配形式,如山西四社五村的輪流用水制度、陝西蒲城十一社輪流祭祀堯山女神的制度等。這種民俗慣行,正是人類學和民俗學非常重視的研究範疇。更重要的是,人類學、民俗學和歷史學者能够在通常被稱爲"民俗"的文化層面上,携手共同研究,而此時人類學和民俗學者的一項工作,就是跟歷史學者一起去發現民間文獻,在我們所研究的霍縣,這種管理文化早在公元 12 世紀的碑刻中已被記録。

所有資料——不論是民間的、還是涉及官方的——都應該被理解爲各種勢力彼此互動的結果,其互動關係是在村社組織管理水資源的具體方式、傳承歷史授權與獲取現實權力的實際過程中,以及公衆價值體系對這種權力的表述之間進行的。這樣一來,我們便有可能把基層社會史料放到"活"的文化中去觀察。這些資料又是通過地方代言人的口碑進入地方文化系統的,所以我們在編輯這些資料時,還要把地方社會的書面文獻和田野口頭訪談資料放在一起,共同構成資料集。我們認爲,也只有把這兩類資料結合起來,才能獲得對基層社會史的完整理解。

我們的做法也許會讓讀者吃驚。因爲,人們已經習慣於清楚地區分上層書面文化與下層民間文化,前者在很大程度上依賴文人傳統,而對後者的認識,往往通過它的物質文化部分——民俗學家所收集的服裝、飾品、工具以及各種日常器物,或是通過一些文化活動——也由民俗學家輯録和闡釋的故事傳説、歌謡戲劇等來獲得的。然而,這種涇渭分明的分類,只反映了我們對中國歷史文化的一種想象。無論在中國,還是在西方,它還曾成爲一種不争的事實。其實質是憑藉書面文化的功能,證明上層文化的永久性,把地方社會的不同信仰活動綜合爲一種普遍性的價值觀。中國封建社會早就利用這種普遍的價值觀來統一多樣性的地方文化和民俗學家所發現的民俗文化了。本項目的目標,就是要打破這種文字與口頭資料的壁壘,使精緻古老的中國文字與家常便飯的口頭民俗成爲同一種科學研究的對象。我們主張把基層社會文化視爲一個整體,其中有享有盛譽的文人書面文化,也有從民俗文化中産生的社會價值觀和群體規範,它們相互作用、相互滲透,呈現爲一個總體架構。以下幾個例子可以説明我們的觀點。

我們在研究各調查點的碑刻和手寫本時發現,它們所用的表達方式是古老的,但抄寫的時間頗近,這一綫索證明,許多古碑水册可能還"活"着,它們的生命力可能是綿長的。但只看文本,它們錯訛多舛、頭緒紛亂,使用價值不大,而從民俗的角度看,還有待於民間解釋作證實。通過田野調查發現,正是在這種文本裏埋藏着"生機"。古碑水册的所有權,歸民間村社組織,它們是民間的村落自治統治的象徵。誰擁有古碑水册,誰就治理一方社會。在當地掌權人手裏,古碑水册還代表着水權,每年都要祭祀一次,確認一次水權的歸屬。從社會功能上説,不是文字文獻,因而它們的文字錯訛并不重要,重要的是保存文本,穩定地方社會的用水秩序。

我們也應該從這種角度考察陝西蒲城縣的堯山廟碑群。如上所述,不能把村社碑刻只看作是一般的歷史紀念物,而且也應看作村莊和個人歸屬該聖地的具體表現。當地的民間組織世世代代厮守着這些廟碑,年復一年地做社供奉,是爲了獲得一種權利,以得到堯山聖母的恩惠和庇護。在廟碑上,還鎸刻了大量捐資者的名單,對此以往碑銘學的出版物是忽略的,我們認爲,它們也值得研究,它們將人名和捐資相聯繫,捐資又和權利相聯繫,這正説明神靈與村民之間的神聖關係,堯山廟祈雨儀式的整個社會意義也就出現在這裏。

我們在對山西洪、霍交界的四社五村調查中發現,每個村莊,不論大小,都視水册爲一種道德法規。村民確認這種法規,等於確認共同用水的社會契約,其中包括借水不還的習慣法等(即在有取水權的村莊内,缺水村向有水村借水,事後不還,被認爲是合理的)。當地人遵守各種水規祖制,證明大家是屬於同一個用水社區的,而每一村社對這個社區的生存和發展,都負有責任和權利。四社五村的社首集團核心"老大"、"老二"和"老三"村,近年已陸續打井,有的已改用井水,不再使用山泉渠水,但還在爲四社五村的山泉水渠投資捐工,參與工程維修,恪守水規舊約。對他們來講,這是唯一的方式,能保證他們在社區集體中的位置,維持他們以往的水權。

通過考察,我們還發現了基層社會對水利糾紛的處理辦法、不同村社組織之間的網絡聯繫,以及這些民間組織與國家機器的關係,能够理解許多民間規約的産生、保存和使用的實際過程。更重要的是,使用這類資料,可以發現不同地方社會的個别歷史的統一性,可以描述個别的社會體系,也能研究地方社會的統一性,找到其大同小异的管理模式。還有一個比較重要的現象是,這類資料説明,這種統一性的由來,不一定是國家行爲或官方政府行政干預的結果,它往往體現了地方代言人(如地方知識分子、渠長斗長、社首和村民中能言好鬥的强人等)的歷史作用。由他們出面説話,能協調、綜合和統一官方管理條例與本地傳統水規,使水資源管理制度能在千差萬别的村社環境中得以施行。在我們所調查的陝西涇陽縣個案點,據涇惠渠的前身——秦鄭國渠時代遺留下來的水規,用水村應按水程交納水糧。在後世社會中,這條水規還在清峪河和冶峪河一帶的小範圍農田灌溉系統内使用。然而,該灌溉系統内的用水,只有在水量充足的季節才是公平的,一旦發生旱情,水資源緊缺,就會出現不公平用水的藉口。從當地資料看,清峪河下游村的水利代言人正是從反面來利用古代水規的。他們把它從維護普遍利益的制度,變成維護局部利益的制度。具體策略是,提出下游村歷來繳納所有的官方水糧,應控制全部用水權,否認上游用水的權利。通過這一資料,我們可以認識到基層社會的一種歷史事實:下游村基於狹隘的利益,利用歷史水規,製造"合理性"危機,力圖自己把持水權,壓制上游村用水,結果反而引起上游村違規用水。我們在收集資料中,不可避免地會接觸到這種行爲,瞭解到基層社會水管理變遷的實際過程。

四、本叢書的編輯體例和内容

本叢書共有四册資料集,每册都有對各自調查點的地理介紹和對所考察對象的專題描述,在體例上是大體一致的。每册的内容,既説明調查點的資料特徵,也指出所涉及縣的情况,點面結合,儘量展現研究對象的資料系統和文化生態全貌。

第一册,陝西涇陽縣和三原縣分册。介紹從這兩個縣所搜集到的資料。這兩個縣的涇惠渠水利系統十分古老,地位重要。爲了展示涇惠渠資料系統的整體形態,本册也采用了少量涇陽縣和三原縣已發表的資料。涇惠渠的資料能證明大規模水利系統與水利組織的管理情況。本册還附有少量的富平縣資料,能揭示鄉村小規模民渠的管理方法,如書中提到的冶峪河和清峪河小型水利系統,其中,清峪河横貫涇陽和三原兩縣邊界,其支流冶峪河獨自流過涇陽縣,我們從中能看到另一種情形:小型的民渠管理明顯地模仿大型水利系統的管理,即清、冶兩渠的管理規章是依賴於涇惠渠的前身——鄭國渠的管理章程的,在具體實施中,則還要依靠上、下游村莊的調解,及涇陽和三原兩縣之間的協調,才能達到管理目標。

第二册,陝西蒲城縣分册。該點考察鄉村社區以象徵性水資源管理爲主的個案。在此册中,搜集了古老聖地的資料,包括當地崇拜堯山聖母的儀式和堯山廟石碑群的資料。它們説明,在被女神保護的十一個民間村社之間,有長期的歷史合作關係,調查者同時發現,他們之間的權力競爭十分激烈,目的讓别人知道,他們都有得到女神保護的權利。

第三册,山西洪洞縣和介休縣分册。内容包括在洪洞、介休兩地搜集到的水利碑文。洪洞縣廣勝寺的碑文大部分已能看到[①],介休縣源神廟的碑文過去大多未刊布過。就對這些碑文的實地考察看,廣勝寺附近有水泉,歷史上流經洪洞、趙城、霍州三縣[②]。在廣勝寺與源神廟的神權控制下,古代曾産生三、七分水制度,爲各縣公平提供用水。

第四册,山西四社五村分册。介紹霍山脚下十五個缺水村莊共同使用的十八通碑刻和八種水册。四社五村位於臨汾地區北部,地處原洪洞縣、趙縣與霍縣交界地帶。村社組織的核心集團是按家庭排行組織在一起的五個主社,自稱“老大”、“老二”、“老三”、“老四”和“老五”,每個主社輪流負責一年的水管理,給十五村提供生活用水。當地主要使用天雨水生存,嚴禁灌溉耕地,只許人畜飲水,以保證基本的生存條件。四社五村人發展了一種不灌溉的旱

---

① 參見扈石祥《廣勝寺志》,中央民族學院出版社,1988 年出版,其中收入 25 通碑文。

② 山西省趙城縣於 1954 年與洪洞縣合併。

作農業生活,創造了長期在嚴重缺水地區安居的社會格局。

五、致　謝

在這套叢書即將出版之際,我們謹向中國民俗學家、中國教育部國家重點人文社會科學研究基地北京師範大學民俗典籍文字研究中心學術顧問鍾敬文教授(已故)、臺灣清華大學王秋桂教授、法國漢學家、法國遠東學院前院長龍巴爾(Denys Lombard)教授(已故)和現院長戴仁(Jean－Pierre Drège)教授,致以崇高的敬意和表示衷心的感謝！感謝他們先後給予本項目的支援和指導。

參加本項目的 15 位學者在多學科合作研究中作出了重要貢獻,他們來自以下大學和科研機構,我們也要感謝這些單位的積極支援:

北京大學中國中古史研究中心與環境保護與城市規劃系

清華大學社會學系

農業部農村經濟研究中心

陝西文物技術保護中心

山西師範大學戲曲文物研究所

法蘭西學院

法國國家科學研究中心

法國高等社會科學學院

在此一併向陝西省和山西省各調查點的地方政府有關部門、水利技術人員、鄉鎮文化工作者、村民委員會、村社社首和廣大村民表示由衷的感謝！各省、縣主要地方合作者的名單,我們將在各分册中一一列出和分别致謝。

最後,讓我們向爲本叢書的出版付出辛勤勞動的柴劍虹先生和中華書局其他有關人員致以誠懇的謝意。

HYDRAULIQUE ET SOCIÉTÉ EN CHINE DU NORD

Christian Lamouroux (EHESS)
Dong Xiaoping (Université Normale de Pékin)
Marianne Bujard (EFEO)

Le programme de recherche " Hydraulique et société en Chine du Nord " vise à étudier plusieurs exemples contrastés d'appropriation et de gestion, réelles et symboliques, des ressources en eau par les communautés rurales du Shaanxi et du Shanxi. Sans ignorer l'importance des représentations domestiques et privées, qui contribuent largement à la construction de l'imaginaire sur l'eau, on a cherché à replacer cette gestion hydraulique dans des contextes géographiques, historiques et sociaux précis, afin de retrouver les formes particulières d'organisation dont se sont dotées ces sociétés du nord de la Chine. Notre travail a, pour l'instant, mis en évidence l'idéal d'une répartition et d'une utilisation équitables des ressources, si peu abondantes soient-elles. Cet idéal a engendré diverses représentations de l'intérêt privé et public, que défendent des organisations communautaires. Ce sont ces organisations et ces représentations que révèlent les matériaux présentés dans les quatre volumes que nous publions à présent.

Commencé à la fin de l'année 1998, le programme a associé des anthropologues, des historiens, des spécialistes de l'épigraphie et, dans certains cas, des géographes et des techniciens de l'hydraulique, au total une vingtaine de chercheurs chinois et français. En fait, dès 1996, des enquêtes préparatoires, menées dans des régions où l'irrigation a toujours été un problème difficile à résoudre, avaient permis de repérer des cas susceptibles d'être étudiés dans une durée historique de plusieurs siècles. Ces pistes se sont progressivement révélées à travers des matériaux que des chercheurs locaux avaient, souvent, déjà recensés sur le terrain. Un premier critère de sélection des sites étudiés a donc été l'existence de matériaux écrits inédits, accessibles, et assez abondants pour mettre en lumière les changements et les permanences dans la gestion et l'utilisation de l'eau prises en charge par des associations au niveau infra-bureaucratique, c'est-à-dire au-dessous du niveau de la sous-préfecture.

Le fait que certains de ces matériaux continuent encore aujourd'hui d'être valorisés et utilisés par les communautés a constitué un deuxième critère de sélection. Les textes font apparaître non seulement des solidarités, mais aussi des tensions, des contradictions et des conflits ; ils constituent un patrimoine qui reste intelligible et qui est mobilisé par certaines communautés actuelles : c'est évidemment dans ces villages que nous avons choisi de travailler.

Enfin, il nous a fallu retenir les lieux où il était possible de nous appuyer sur des correspondants locaux attentifs à l'histoire de leur région, prêts à nous guider sur un terrain qu'ils connaissaient bien, tout en restant soucieux de replacer leur histoire dans un contexte général autorisant des comparaisons.

Nous avons ainsi sélectionné cinq sites au total : Jingyang-Sanyuan au Shaanxi, Hongtong et Jiexiu au Shanxi, trois zones où existent des systèmes d'irrigation anciens dont certaines parties sont encore en fonction aujourd'hui ; Pucheng au Shaanxi, et enfin un groupe de villages situés à la limite entre Hongtong et Huozhou au Shanxi. Bien que ne présentant pas d'organisation hydraulique, ces deux derniers sites ont été étudiés à des fins comparatives. A Pucheng, la gestion symbolique des ressources en eau dépend d'une association de onze communautés célébrant une divinité réputée faire venir la pluie ; au Shanxi, c'est la répartition de l'eau domestique qui fait l'objet d'une alliance très ancienne entre cinq communautés villageoises pourtant divisées par leur rattachement administratif à deux entités différentes, la sous-préfecture de Hongtong et la municipalité de Huozhou.

Notre travail a essentiellement comporté deux volets : une recherche de terrain, destinée à collecter des matériaux inédits et à comprendre leur fonction grâce à des entretiens systématiques avec les membres des communautés ; une analyse de ces matériaux à la lumière d'autres documents et d'une réflexion interdisciplinaire. Les résultats de cette recherche seront présentés dans le cadre d'un colloque international et feront l'objet d'une publication distincte. Sans préjuger de la valeur de ces résultats, nous voudrions souligner ici l'intérêt propre des matériaux que nous présentons. Nous évoquerons donc, tour à tour, les conditions et l'objectif de notre collecte, notre méthode, et la forme que nous avons choisi de donner à notre présentation.

La collecte des matériaux a été largement facilitée par le travail effectué dès les années 1980 par les administrations hydrauliques de certaines sous-préfectures. Peu accessibles, les quelques publications issues de ce travail nous ont été aimablement fournies par les auteurs ou par leurs institutions. Elles réunissent surtout des documents retrouvés le plus souvent dans les villages : textes épigraphiques, réglementations et registres hydrauliques, manuscrits officiels et privés — rapports, descriptions de dispositifs techniques et de conflits.

Pour l'essentiel, ce sont des documents analogues que nous présentons ici. Au-delà de précieuses indications sur la nature de la documentation existante, ces volumes nous ont d'abord convaincus que, contrairement aux idées reçues, les documents propres à l'histoire de l'hydraulique en Chine du Nord n'étaient pas rares. Or, ce gisement de textes épigraphiques et de manuscrits reste largement inexploité. Même si une des raisons avancées pour expliquer cette sous-exploitation est l'absence de moyens et de compétences, il est sans doute important d'en comprendre aussi les raisons intellectuelles, puisque, après tout, notre travail vise aussi à débloquer cette situation.

Il convient d'abord de répondre à la question inévitable : quel est le statut que nous devons accorder à ces textes ? L'épigraphie, qui constitue fort heureusement un élément important du patrimoine archéologique, a depuis longtemps conquis un statut historiographique de plein droit. Les stèles se rapportant aux conflits et aux réglementations hydrauliques, ou aux cultes rendus à des divinités locales, relatent des faits et des événements récurrents : construction et entretien de dispositifs collectifs ou de temples, jugements ponctuels de magistrats pour répartir les ressources, et règles du culte ou listes de donateurs. Elles confèrent un prestige certain aux lieux et aux personnages souvent peu connus auxquels elles se réfèrent, et contribuent ainsi à enrichir l'histoire locale. Elles révèlent la vitalité de sociétés particulières et, de ce fait, elles peuvent aisément être intégrées à des patrimoines locaux, dont la valeur principale reste de fournir une référence identitaire à ceux qui se réclament de la même communauté. C'est pourquoi l'on en retrouve une partie dans les monographies locales des préfectures et des sous-préfectures.

Les registres hydrauliques, les rapports et les manuscrits parfois conservés dans les villages ont connu un destin différent. Alors que plusieurs d'entre eux avaient pour vocation explicite de nourrir la mémoire de la communauté, ils nous sont parvenus de façon fragmentaire et sans avoir le prestige de l'épigraphie. En effet, ces textes ne sont l'œuvre ni de lettrés ni, pour les périodes plus récentes, d'ingénieurs, et ils apparaissent surtout comme des témoignages partiels, des plaidoyers d'autant moins fiables qu'ils défendent des points de vue unilatéraux, des plaidoyers *pro domo* qu'il n'est pas possible d'intégrer aux monographies locales et de mettre sur le même plan que l'épigraphie et la littérature savante. Or, comme toutes les sources de première main, certains de ces textes permettent d'entrevoir non seulement les principes et les règlements auxquels doivent se conformer les usagers, mais aussi les valeurs qui les unissent et les tensions qui les divisent. Ainsi, grâce aux fragments de comptes rendus ou de récits les plus personnels derrière lesquels on retrouve régulièrement des humeurs et des querelles, un registre hydraulique prend-il une autre coloration : il fournit certes des règles de distribution de l'eau, mais il traduit du même coup la volonté d'éviter des affrontements toujours à craindre. Dès lors, l'ensemble de ces sources fournit des éléments précis sur les mécanismes sociaux, il permet de retrouver des situations conflictuelles et des bifurcations, bref, une histoire. De ce point de vue, la valeur des manuscrits et des stèles est de rappeler que derrière tout texte, qu'il fasse ou non l'objet d'une commémoration locale, se trouve un acte social complexe.

Soyons clairs. Manifestement, les documents que nous avons rassemblés n'ont pas été élaborés en vue de donner un sens historique aux faits, et ils ne sont pas inscrits dans des catégories reconnues par l'historiographie — chapitres des monographies régionales, essais savants, biographies ou éloges. Autrement dit, ce sont des archives locales non officielles ; et, comme toutes les archives de ce type, ce sont des traces involontaires de l'action passée. C'est surtout le hasard qui les a constitués en héritage et c'est donc du résultat de ce tri aléatoire qu'il nous faut partir. Que reflètent ces archives et quel travail permettent-elles ?

Rappelons d'abord que nous avons nous-mêmes effectué un second tri en choisissant des sites dont l'histoire permet de replacer le thème très général de notre enquête — l'appropriation et la gestion des ressources en eau — dans une assez longue, voire une très longue durée. Un autre critère a été décisif : les textes retenus concernent la gestion commune de l'eau par des organisations collectives infra-bureaucratiques. Ces organisations sont le produit de solidarités et de rivalités, à l'intérieur d'une même communauté ou entre des communautés voisines. De ce fait, la production même de tous les documents écrits, qu'il s'agisse de stèles, de règlements hydrauliques ou de notes et de rapports manuscrits, témoigne de cette volonté collective de résoudre des contradictions déjà explicites, et difficiles à conjurer, ou au minimum des tensions qu'il est souhaitable de limiter. C'est donc à condition d'expliciter leur valeur et leur fonction d'un point de vue collectif que ces archives, prises ensemble, deviennent les sources pertinentes d'une histoire sociale locale.

Cependant, l'histoire locale que mettent en lumière ces sources est particulière : elle ne prend pas pour objet la région elle-même. Aucun des textes ne reflète les évolutions de la population, de la structure foncière ou de l'accumulation économique, c'est-à-dire les facteurs essentiels à toute approche fonctionnelle de l'histoire locale. Ils renvoient tous peu ou prou aux problèmes concrets de la gestion de l'eau au niveau des villages, des familles, voire des individus ; c'est-à-dire qu'ils traitent de la géographie, des moyens techniques mis en œuvre, de la gestion des systèmes, des organisations et des règlements dont se dote une population pour contrôler ses ressources en eau, les répartir et les utiliser ; et donc, à l'ensemble des représentations, y compris symboliques, de l'eau et des habitudes relatives à son usage. En un mot, ces sources révèlent très précisément les formes et les capacités d'organisation de la société locale. En rendant compte de fonctionnements locaux, elles permettent de retrouver, au moins partiellement, les relations qu'ont entretenues ces organisations collectives avec l'organisation de base de l'administration, la sous-préfecture. Elles sont capables de révéler, et c'est ce qui nous intéresse, une image de la société et de l'État vus d'en bas.

Comment mieux définir ce que nous recherchons ? Nous pensons d'abord que ces traces multiples rendent accessibles les intérêts divergents des villages, des familles ou des individus. Notre pari consiste donc à lire ces textes comme les traces d'actions décentralisées, voire contradictoires, grâce auxquelles certains individus ou une partie de la communauté défendaient des intérêts partiels. C'est la défense de ces intérêts, individuels ou collectifs, qui a conduit à la mise en place et à l'évolution d'organisations complexes et durables. Et c'est en retrouvant les catégories que se donnent les communautés pour organiser leur action que nous espérons pouvoir rendre compte de l'organisation interne de la société locale et de ses relations avec les unités de base de l'administration. L'histoire locale qui apparaît à la lumière de ces documents est donc nécessairement distincte de l'histoire régionale officielle : ses découpages ne sont pas ceux des monographies — l'État, l'aménagement, la fiscalité, les divisions administratives, les lieux mémorables, la culture savante. Le titre de notre programme, il est temps de le préciser, n'indique pas que nous cherchons à dégager les lignes d'évolution générale de la société de Chine du Nord à partir d'une étude de l'eau et de la gestion hydraulique. Il signifie, au contraire, que la mise en place d'organisations capables de gérer une ressource essentielle comme l'eau a imposé à ces communautés de Chine du Nord de faire des choix, de défendre des intérêts, d'élaborer des hiérarchies, de diffuser des croyances et des valeurs, bref, de créer à leur niveau une architecture sociale particulière, que ces textes permettent en partie de retrouver et de décrire.

A quelle condition pouvons-nous atteindre un tel objectif ? Répondre à cette question, c'est en venir à notre méthode. Puisque nous voulions interpréter les textes produits au niveau infra-bureaucratique comme des matériaux d'histoire sociale, il fallait impérativement en comprendre la fonction dans les communautés où ils étaient conservés. L'approche historique devait donc s'appuyer sur le travail anthropologique pour aborder l'ensemble des réseaux sociaux et culturels impliqués dans la gestion de l'eau sur les sites choisis. L'approche irremplaçable de l'anthropologie nous a permis de repérer les aspects pertinents vers lesquels devaient se concentrer nos enquêtes ; et celles-ci nous ont conduits à reposer la question du changement, qui intéresse au premier chef les historiens, à partir des représentations que s'en faisaient les individus et les villages, et plus particulièrement à partir du fonctionnement des organisations dont les communautés se dotent pour maîtriser l'évolution des ressources en eau et leur répartition.

Un exemple illustrera l'intérêt de cette approche interdisciplinaire. Les anthropologues ont longtemps considéré que la gestion des ressources hydrauliques ne concernait guère leur champ de recherche, puisque pour eux le contrôle de l'eau relevait traditionnellement de la seule administration, et donc de l'État et de son histoire. Or le travail de terrain a révélé que les communautés font bien plus que relayer les autorités au niveau des villages : ceux-ci ont développé des formes collectives de gestion et de distribution qui combinent apparemment des réglementations de type officiel et des principes à l'œuvre dans les pratiques religieuses communautaires que l'anthropologie a étudiées, comme par exemple les systèmes de responsabilité par rotation. Il est donc essentiel pour les anthropologues de s'intéresser avec les historiens à cette facette particulière de la culture dite " populaire " : une " culture de la gestion " que l'épigraphie date du XIIe siècle dans le cas étudié à Huozhou.

La résolution des conflits, les contraintes réglementaires relatives au droit sur l'eau et à sa répartition, toute la matière même des textes collectés, qu'ils soient officiels ou non, ne peut donc se comprendre que comme le produit de l'interaction constante entre la gestion effective de l'eau, le pouvoir social qu'y attache la société locale, et l'expression de ce pouvoir à travers un système de valeurs reconnu par tous. La gestion de l'eau est ainsi replacée dans une culture vivante à laquelle nous avons accès à travers les récits qu'en font les porte-parole des communautés, dans leurs textes écrits comme dans leurs témoignages oraux. C'est la raison pour laquelle les sources écrites présentées dans ces quatre volumes ont été associées, lorsque c'était possible, aux sources orales recueillies lors des entretiens réalisés durant ces enquêtes. Seule l'association de ces deux types de sources permet, nous semble-t-il, une interprétation correcte et complète.

Ce choix surprend sans doute un lecteur plutôt habitué à distinguer nettement entre une culture écrite, dépendant largement de traditions savantes, et une culture populaire. Celle-ci n'est souvent accessible qu'à travers ses éléments matériels — vêtements, parures, outils et objets quotidiens — que collectent des spécialistes du folklore, ou à travers les pratiques culturelles — contes et légendes, chansons, théâtre — que les mêmes spécialistes recensent et interprètent. Cette distinction renvoie à l'image convenue que nous avons de l'histoire et de la culture chinoise. Elle repose sur une conviction largement partagée en Chine et hors de Chine : les sources textuelles auraient vocation à démontrer la pérennité de la culture savante et sa capacité à formaliser les diverses croyances et pratiques des sociétés locales, leur donnant ainsi une valeur universelle. C'est sur cette universalité que se serait appuyé l'État chinois pour intégrer durablement des cultures très diverses, celles-là mêmes que révèle le travail des folkloristes. Notre projet s'est précisément efforcé de renverser le rempart qui sépare traditionnellement, en Chine, les études fondées sur l'écrit de celles qui s'appuient sur les traditions orales et l'observation. Nous avons constamment envisagé la culture locale comme un tout constitué aussi bien par des documents écrits, qui prennent appui sur la prestigieuse culture lettrée, que par les valeurs et les normes produites par la culture populaire. Trois exemples permettront d'illustrer notre propos.

Lorsque nous avons étudié les inscriptions et les manuscrits récoltés au cours de nos enquêtes sur les différents sites, nous avons constaté que les modes d'expression employés étaient très anciens voire archaïsants. Pourtant les manuscrits avaient été recopiés il y a peu de temps, et les stèles commémoraient les restaurations récentes de temples liés à l'eau ou aux ouvrages hydrauliques. Ce fut pour nous le signe que ces documents étaient l'expression d'une culture ancienne toujours vivante. D'un point de vue purement littéraire, ces écrits sont sans grande valeur : ils sont souvent mal rédigés et contiennent beaucoup de fautes et de tournures maladroites. Il est parfois nécessaire de s'en faire expliquer le sens exact par les usagers ou les fidèles. Ainsi, c'est grâce au travail de terrain que nous avons pu en découvrir la véritable valeur et en saisir toute la portée. C'est que ces documents sont issus des organisations locales. Ils sont l'émanation directe des villages. Les dépositaires des stèles et des manuscrits ne sont autres que les communautés villageoises engagées ensemble dans la gestion d'un système d'irrigation, ou d'un culte lié à l'eau, ou les deux à la fois. Certains manuscrits sont produits par les responsables villageois eux-mêmes, et chaque année ils doivent être reproduits — par la copie ou par des rituels —, ce qui a en quelque sorte pour effet de réactiver leur valeur sociale. Ce qui compte, c'est qu'ils soient recopiés tous les ans sans aucune correction, ou que les cérémonies rituelles qu'ils évoquent soient accomplies régulièrement : n'étant pas destinés à être lus par des savants, il n'y a pas d'inconvénient à ce que les erreurs soient reproduites.

C'est aussi dans cette perspective qu'il convient de considérer les stèles érigées par les donateurs sur le mont Yao à Pucheng. Comme nous l'avons déjà suggéré, ces stèles ne doivent pas être considérées comme de simples monuments commémoratifs, mais comme les marques tangibles de l'appartenance des villages et des individus au lieu saint. Elles consacrent le droit sans cesse racheté par les dons à en obtenir les bienfaits. C'est la raison pour laquelle il nous a paru indispensable de reproduire les listes de donateurs. Souvent négligées dans les publications épigraphiques, ces listes éclairent précisément cette fonction des stèles : c'est toute la dimension sociale du culte présenté ici qu'elles révèlent en associant des noms et des dons.

A Huozhou enfin, dans le cadre de la gestion de l'eau domestique, l'enquête a révélé que chaque village, qu'il soit puissant ou faible, voit en fait dans les règles de sa charte un code éthique. Les communautés qui affirment être depuis toujours les seules à avoir des droits sur l'eau doivent, dès lors qu'elles leur dénient toute appropriation, permettre à leurs villages satellites d'emprunter l'eau même si elles ne peuvent pas la rendre. Affirmer des droits, c'est donc aussi s'engager à respecter des formes d'équité, et la liste des interdits est ainsi à lire comme une charte d'adhésion à la communauté. C'est cette logique qui explique d'ailleurs que les villages les plus puissants, alimentés aujourd'hui en eau par des puits, continuent d'investir dans l'alliance communautaire, et de proclamer un respect de principe pour les vieux règlements qu'ils pourraient désormais abandonner. C'est le seul moyen qu'ils ont de rester au sein de la collectivité des utilisateurs, et donc de conserver la position, le prestige et le pouvoir que leur confère leur titre de " frère aîné " ou de " deuxième frère ", selon le modèle hiérarchique de parenté reconnu par tous.

Retrouver à partir des enquêtes et des textes les modes de résolution des conflits, les relations entretenues par les organisations hydrauliques entre elles ou avec la puissance publique, c'est se donner les moyens de comprendre les conditions de production, de mémorisation et d'usage des réglementations, c'est aussi se donner les moyens d'en comprendre l'unité à travers l'histoire particulière de ces communautés. En effet, si les sources permettent de retrouver et de décrire des organisations particulières, les modèles de gestion de l'eau ainsi dégagés mettent en évidence une unité certaine entre les communautés rurales que nous avons étudiées. En outre, fait capital, les sources révèlent que cette unité n'est pas nécessairement le résultat de l'action menée par l'État et ses fonctionnaires. Elles font émerger des individus, ceux que nous avons appelés plus haut des " porte-parole " — lettré local, chef de canal, ou même " forte tête " —, dont l'action aboutit à adapter, combiner et intégrer les modèles issus de la culture administrative aux normes héritées de la tradition hydraulique locale qu'ils défendent.

Par exemple, la règle administrative qui détermine les charges fiscales au pro rata de l'usage de l'eau sert de modèle aux grands systèmes hydrauliques issus du prestigieux canal Zhengguo du Shaanxi, mais elle est tout autant en vigueur à l'époque républicaine dans les minuscules systèmes situés au nord de celui-ci, en particulier les canaux branchés sur la rivière Qingyu. Or, les représentants de ces petits canaux considèrent ces charges fiscales comme l'expression de leurs droits sur l'eau. Dès lors, les canaux de l'aval refusent obstinément que ces droits soient acquittés par de nouveaux canaux en amont, alors même que leurs usagers se disent prêts à le faire. Pour les représentants de l'aval tout versement de l'impôt implique en effet la reconnaissance par l'administration de nouvelles bouches et donc la réduction du volume d'eau disponible. Autrement dit, à leurs yeux, de nouvelles recettes fiscales impliqueraient la reconnaissance de nouveaux droits, et donc, de fait, la disparition du peu d'eau dont ils disposent. Dans ces conditions, le principe d'équité qui fonde la règle fiscale conduirait à un déni de justice : l'aval se verrait toujours imposé sur la base de terres irriguées, alors qu'il ne bénéficierait plus d'une seule goutte d'eau. Cette capacité à interpréter le sens même de la réglementation pour défendre des intérêts " étroits ", " partiels ", est la marque d'une présence : celle des élites locales, capables de mobiliser leurs connaissances de la machine administrative et leur réseau social au profit de leur petite communauté. Et c'est aussi leur action qu'inévitablement nous invitent à retrouver les sources rassemblées ici.

Chacun des quatre volumes présente une unité géographique et thématique.

Le volume sur Jingyang-Sanyuan associe des documents qui éclairent très précisément la gestion des petits canaux branchés sur les rivières Yeyu et Qingyu par les communautés riveraines. Ils permettent de suivre une histoire qui s'étend sur près de deux siècles : inspirée par les principes de gestion du prestigieux système du Zhengguo, tout proche, la distribution de l'eau du Qingyu a longtemps dépendu des compromis passés entre les villages de l'aval et de l'amont avec la sanction de l'administration. Or, la réhabilitation du Zhengguo, qui devient le canal Jinghui en 1932, conduit à une centralisation de l'autorité hydraulique au niveau provincial et à la mise sous tutelle de ces organisations communautaires.

Le volume sur Pucheng réunit un ensemble de matériaux concernant un lieu saint très ancien, choisi comme un exemple de la gestion symbolique de l'eau par des communautés qui dépendent entièrement " du ciel ", c'est-à-dire de l'eau de pluie. Les stèles relatives au culte de dame Lingying témoignent des liens solidaires tissés au cours des siècles entre les onze communautés qui se partagent les faveurs de la divinité, tandis que l'enquête anthropologique révèle aussi les luttes de prestige auxquelles se livrent ces communautés pour affirmer leurs droits lors les célébrations annuelles du culte.

Le volume sur Hongtong et Jiexiu rassemble des éléments épigraphiques conséquents : les stèles du grand temple Guangsheng de Hongtong et celles, inédites, du petit temple Yuanshen à Jiexiu[1]. C'est sous l'autorité des temples, qui abritent chacun une source, que s'opérait le partage équitable des eaux du Huoshan : celles qui alimentaient le grand système situé sur le versant sud, à la limite des anciennes préfectures de Hongtong et de Zhaocheng, ou celles du versant nord, dans la petite vallée du Yuanshen.

Le volume sur les " Quatre communautés et Cinq villages " réunit les stèles et les règlements collectés dans les quinze villages qui forment, au pied du Huoshan, une alliance d'utilisateurs des sources de la montagne. Situées à la limite de Hongtong et de Huozhou, les villages sont placés sous l'autorité de quatre communautés alliées en fratrie, qui contrôlent chacune un ou plusieurs villages satellites. Chaque " frère " assume à tour de rôle pendant une année la gestion du système et veille à la répartition entre les villages de cette eau domestique qu'il est strictement interdit d'utiliser pour irriguer : c'est la vie de la vallée et la survie des villageois que garantit cette gestion.

Ce programme a bénéficié de l'aide généreuse de la fondation taïwanaise *Himalaya Foundation for the Research Development* et du soutien actif du Professeur Li Yih-yuan. Il a été entrepris et réalisé principalement par deux institutions : l'Ecole française d'Extrême-Orient et l'Université normale de Pékin, en collaboration avec plusieurs chercheurs de différentes institutions chinoises et françaises : l'Université de Pékin, l'Université Tsinghua, le Centre de prospection archéologique du Shaanxi, l'Université normale du Shanxi, le Collège de France, le Centre National de la Recherche Scientifique, l'Ecole des Hautes Etudes en Sciences Sociales.

---

[1] Signalons qu'il existe un registre hydraulique du temple Guangsheng, dont nous savons, grâce à M. Shiba Yoshinobu, qu'un exemplaire a récemment été acquis par une université japonaise. Nous ne pouvons que souhaiter voir présenté au plus vite à la communauté scientifique internationale le contenu de ce registre.

序　言

關中灌溉系統的革新

——從地方資料看地理、技術與管理演變的過程

千百年間,西安地區曾是中華帝國的心臟,我們這裏所收録的歷史資料正是來自該地區北部的涇陽、三原和富平三縣。關中充沛的人力資源是歷朝執政者於本地區進行大規模水利興建、維修工程的支柱。這一舉措的目的自然在於促進京畿地區經濟繁榮,以提升中央政權的威望,從而增强其政治權力。儘管隨著唐朝的滅亡,以西安爲中心的關中地區失去了以往的歷史光芒,但作爲戰事延綿的西北邊塞與民豐物阜的中原和西南(尤其是四川)兩地交往的樞紐地帶,它在軍事上的地位依然舉足輕重;直至清朝末季,有著“涇原商人”之稱的涇陽、三原二縣商賈,他們在商場上的活躍便足以證明該地區所起的樞紐作用及其相對的繁榮。因此,無論在任何歷史社會環境下,直至近代對灌溉系統的保養與修復仍備受省乃至中央政府的關注。

一、關中水利治理的悠久歷史

黄河河道總體形成於一億年前,渭河河道的形成年代亦與此相若。這兩條强勁的河流在高原基底的覆蓋層之上開闢出它們的流域。地質構造現象分化出山群、地塹、台地和再生岩層。而在關中,不爲人察覺的地殻運動依然存在著。一道被地質學家密切監察著的活斷層正處於涇惠渠一段引水口不遠的渠身之下。於第四紀内,尤其在它的最後一百萬年間即所謂全新世時期,所起的氣候變化給該承受著强烈地質壓力的斷層地域帶來了新的更迭。因産生於覆蓋著北極圈和延伸至西伯利亞的冰蓋之上的冬季高氣壓形成的風團,從廣闊的平原地帶把塵土吹至緯度40度左右的地域,因而黄土高原於七十萬年間分數個階段逐漸形成。此後,氣候變化與地質運動兩者相結合在流域範圍内構成數個嵌合性河流階地,這便是

當今地形的總面貌。

在如關中這樣的一個小地區内,所有的河流、季節性澗流,無論大小,其流動方式都相似於涇河的流態。涇河匯集了一片覆蓋著黄土的遼闊土地内所有的水源後,自一條狹窄的山峽流向由仲山的陡坡形成的天然岩體屏障。涇河動態的特徵來源於長旱短雨導致的夏秋二季(6至9月)的漲枯無常。儘管把涇河一部分水源引進涇惠渠,但在冬天的低水位季節,水源只能勉强滿足渠道兩岸土地的需要。在從事耕種的階地上,鑿井取水是勢在必行的。與此相反,夏季猛烈的漲水能在數小時間把流量提升10至15倍,一時間過多的水量在岩質鬆散的黄土地區造成嚴重的冲刷現象。换言之,引發農業災害的久旱過後,接踵而至的會是同具災難性的漲水。因而,該地區年度性的水利管理十分困難。此外,降雨量每年不同,雨量持續數年不足的現象時有發生。

以上所述意味著人們有必要求助於一些有能力進行水利治理的組織機構,務求把所需的水量引進灌溉渠,然後進行分配和有規則地把水源運用到農業生産上。人類活動并不單單局限於對自然障礙和地理環境作回應,在關中地區,水利整治的重要性爲全社會所熟知。

有關鄭白渠這一不單是關中地區甚至是全中國最古老和最龐大的灌溉系統,今昔的歷史資料十分充足;魏丕信(Pierre - Etienne Will)教授曾就此渠自戰國至清末的歷史發展問題進行了一系列初步探討①,這項工作便是我們後來研究的基石。我們借助多位當代歷史學家的研究成果,此成果主要取材於傳統的歷史文獻:歷朝正史,地方志,涇渠志等。綜觀這些典籍,我們得到以下幾點體會:

1. 一個取决於特殊管理技術的灌溉體系在二千二百年間一直留存:引水於涇河,迂回曲折的灌溉渠通過斗和支渠把水源分配到田野上。但恒久并不等於一成不變:(1)秦漢間,渠道某些段落(包括分支渠)的路線曾有過大的改變——儘管現時未能準確地確指這些變化②,自此之後,渠道走向直至清末似乎相對穩定。(2)渠口曾多次向上游遷移。(3)灌溉面

---

① 魏丕信,《清流對濁流:帝制後期陝西省的鄭白渠灌溉系統》,載劉萃蓉主編,《中國環境史論文集》,臺北,中央研究所,1995,頁435—505,英文原稿載 Mark Elvin 和 Liu Ts'ui - jung 主編,*Sediments of Time: Environment and Society in Chinese History*, Cambridge, Cambridge University Press, 1998, p. 283 - 343。

② 竣工於公元前246年的鄭國渠的原路線至今仍是備受争議的研究對象。

積不斷縮小。據文獻顯示：秦代的鄭國渠澆地約爲400萬畝[①]；漢代白公渠減至4萬畝左右；唐代，繁榮時期回升到100萬畝；唐末宋初，白渠已趨衰亡，漸減到20萬畝；到了宋朝中期(12世紀初)興修豐利渠灌溉面積最大升至約200萬畝，但很快因引水工程破壞而迅速降低；元朝(1340年左右)涇渠灌溉面積到80—90萬畝。明代中期(15世紀)開鑿隧道，新設引水孔道，建成廣惠渠，灌溉面積又到80萬畝，至晚明時期(17世紀20年代)僅有7萬5千多畝。清朝前期又進一步下降，至1737年引涇完全中斷。民國初年的"龍洞渠"(引用泉水)，澆地僅3萬畝左右。

2. 爲灌溉渠治理工程維修及用水則例制定等事宜而設立的機構從未間斷地存在著，這一點也是令人矚目的。敦煌文獻中有關唐代的水部式是我們賴以較準確地認識以上問題的最早期材料；此外，在宋代到清末的歷朝地方志和涇渠志裏，我們可以看到一些對灌溉渠系統十分細緻的描寫和一些有關渠首樞紐(主要是每年夏季漲水過後都要重建的堤堰)及渠道[②] 年度維修分工的章程。歷史資料還揭示了因工程維修與用水分配等問題而在利户間，尤其是上下游利户間引起的無數糾紛。這些争端時常涉及對灌溉系統擁有共同治理權的多個縣級權力機構(即涇陽，三原，高陵三縣衙門)。"水利紛争"是我們本項研究的主題之一。

3. 此外，自然環境的變化迫使人們對該水利系統進行整治這一事實在我們的研究中亦得到了充分的證實。廣爲人知的一點便是引水口不斷上移，這或許自漢代起便開始了，而宋、元、明三代，引水口上移已是毋庸置疑的。據當時的文獻記載，有兩個原因迫使人們進行歷次的渠首整治：首先是涇河河床下陷；其次是因沉積現象而造成的灌溉渠首部渠床上升，尤其是夏季漲水時引進的河水挾帶著大量沙石，結果是久而久之，渠口高於涇河水位。以上爲傳統看法，但在實地考察之後，我們對涇河河床下陷此一推斷有所保留(參詳下文)。

明末清初，人們曾因應否把引水口上移至名爲釣(或刁，銚)兒嘴的峽谷裏這一問題而展開過劇烈的争論。1923年，李儀祉亦曾擬定過一個與此類似的構想：自釣兒嘴引水，然後在

① 因歷代畝制不同，學者以現代單位把歷代數字换算成目前通用的畝時，得到了不同换算結果：74,000公頃(葉遇春，載《水利史研究會成立大會論文集》，北京，1984，頁39，以今畝表示)到大約187,000公頃(見《中國水利史稿》第一册，北京，1979，頁124—125)，到將近270,000公頃(即667,000英畝，見李約瑟J. Needham著 *Science and Civilisation in China*, IV:3, Cambridge, 1971, p.284)。該結果值得商榷。問題是秦畝的量值：有的作者，如趙剛，把秦畝相等於漢畝，即461平方公尺；其他學者，如葉遇春，利用較小的舊畝，合0.29今畝，即193平方公尺。其實，秦國人所用的畝好像是商鞅定出的大畝(240步，後來在漢武帝時普及全國)；當時只有中國東部的人用以前的小畝(100步)。見吴慧著《中國歷代糧食畝産研究》，北京，1985，頁1—20。

② 畢沅的《長安志》(1784)内載録的《涇渠圖説》(序言撰寫於1342年)係該方面研究最翔實的文獻資料之一。

仲山下開鑿一條2600米長的隧道把水輸向平原。該設想於1930年末被擱置,取而代之的是現時人們所見規模小得多的另一《灌溉渠之計劃》①。明清時没有可能開鑿大而長的隧道,衹是打算將當時的廣惠渠(竣工於1482年)的渠身向上游延伸,在涇河峽谷沿途的峭壁上附修一條引水道。該計劃的反對者聲稱自然環境不允許興修這項工程:逾越山形水勢的障礙而形成浩大工程所需的雄厚資金也將無力籌措;此外還要顧及人力的消耗,就是説,要考慮到將被動員的民工的勞苦(一旦動工,這些從灌溉區徵召來的民工便有義務離開他們的村莊到環境萬分惡劣、道路艱難的峽谷裏工作,這將被視爲一種苛政)。所以爭論至清乾隆二年(1737),最終采納的建議是一項規模小得多和比較順應自然環境的計劃:放棄在廣惠渠渠口上游即涇河峽谷裏開鑿新渠的設想,徹底放棄從涇河引水,築壩堵住河水,而只是收集"龍洞泉"以及龍洞泉下游諸多山泉的泉水流入渠道。於是這一引涇渠道從此更名爲"龍洞渠"。針對自釣兒嘴引水這一建議,一些文獻指出,該計劃所構思興建的引水渠將經受不起季節性的漲水摧殘,與其這樣,倒不如選擇一順應"自然","順水之性"而又節省人力的方案。同時,某些文獻著重指出清純的泉水勝於挾帶泥土的"濁涇",因前者更利於灌溉而後者則淤堵渠道又無益於農田。

在研究過程中,我們認識到這一逐漸形成的水利系統既可被視爲先輩的遺産,又是官民力求使之繼續發揚灌溉之利的福祉所在。這遺産是一項雙重的繼承:物質上的繼承是一系列的水利灌溉網絡;而精神上的繼承則是一段悠久的水利整治經驗史。然而,對該遺産的繼承與發揚又常出現中央與地方或地方之間因利害衝突而紛爭的局面。儘管傳統歷史資料給予了我們大量的信息,但當它們被一一地細心討論分析過之後,我們意識到對該歷史遺産作一次實地的考察調查還是必要的。

二、實地考察:地理環境與地方資料

我們於1995年11月到達三原縣對涇惠渠亦即鄭白渠的現代版本進行了首次的視察②。涇惠渠的引水口遺跡,是引涇水利的輝煌過往所留下最引人注目的物質線索,是該次視察的主要研究對象。很快地,我們覺察到當地還存在著另一類非物質性的歷史遺産:時至今日,負責管理灌溉區的行政人員,工程師和技術人員們仍是以該項偉大工程的繼承者自居,這一

① 李儀祉當時提出甲、乙兩種計劃,甲計劃很龐大,乙計劃則小得多。對此後文還將論及。

② 該次考察活動由中國水利電力科學院水利歷史研究所所長周魁一先生組織進行。周先生親自陪同我們到達考察現場,爲我們日後的工作進展順利而與當地有關部門建立起必不可少的聯繫。謹此向他再度致以衷心的感謝。

繼承是以多種地方紀念形式表現著,例如:渠志書籍出版[①] 和對有關灌溉渠的歷史文獻的整理[②],以及對涇渠碑刻的收集并統一安放在渠口行政所在地的特定場所[③];還有爲 1930—1933 年間灌溉系統修復工程總工程師李儀祉設置的紀念性建築和紀念文獻。

就此,我們的工作需要顧及該次考察令我們意識到的兩方面問題。首先,我們感到有必要在新的測量數據的基礎上建立一個可信與精確的繪圖資料庫,以圖表繪製方式來綜合處理實地考察收集回來的數據,看起來是可行的。依照地理實況來組織這些材料,藉此幫助我們一絲不苟地觀察實地尚存的遺跡,重新審閱歷史文獻對古渠在歷史過程中的不同面貌提供許多的假設。誠然,歷史書籍的内容通常是既籠統又矛盾,而眼下的假設亦不盡如人意甚至令人難以置信(尤其關於鄭國渠的路線和宋代之前渠首位置的推測)。任德教授(P. Gentelle)與别的考察協作人員在日後的視察中繼續了上述的資料搜集與圖表繪製工作。其次,是需要補充文字資料。在咨詢了當地水利專業人員并得到他們的幫助後,我們在日後的數次考察中得以不斷完善這項工作。在此,必要提到的是,正是這項工作的開展,促成了涇惠渠渠口所在縣的涇陽縣水利局工程師白爾恒先生的加盟,并請白先生承擔此部文字資料集的最初整理和編輯工作。

1　實地考察、圖表、灌溉渠:從地理角度進行探討

我們的地質與地形測量工作曾就以下兩處地勢進行過考察:(1)位於當今大壩附近,鄭白渠以往所有的引水口;(2)在口鎮以下,位於冶峪河下游的涇陽縣北部和位於三原地區的清峪河流域。該地域海拔爲 440 至 600 米,這一地區的地勢明顯高於現代的涇惠渠,因此,下文命其爲“高地”[④]。陝西省水利廳的工程師們曾考察研究過引水口所在地遺留下來的陳蹟。考察結果已載入《涇惠渠志》内。這些被辨别爲屬於不同年代的遺蹟有兩類:其一,在岩石上開鑿的引水口殘遺;其二,從沉積物中辨認出的屬於不同時代的渠身。古時候每年冬季進行的清淤工程在故道兩側留下的淤泥丘使得後者在多處清晰可辨。

據文獻所載,自漢代開鑿白渠起,渠道走向便再未改變過,而引水口則不斷向上游遷移。起初引水口設置在一些土質鬆散的地方,及至宋代則開鑿在岩石中。但一些處於離河面 20 米高的槽口很難令人相信是舊引水口遺蹟。其中一個被認爲屬於白渠的槽口位於一座淤土丘附近。因漲水造成懸崖塌陷,使該淤土丘崩落了一半,鋪蓋了長達數十米的距離。其實該

---

① 葉禹春主編,《涇惠渠志》,陝西出版社,1991。

② 王智民主編,《歷代引涇碑文集》,陝西旅游出版社,1992。

③ 該行政管理中心的所在地就是帝國時期方志地圖上的老龍王廟。

④ 1923 年,處於三原縣四周的這片高地和平原地帶在李儀祉筆下分别被稱爲“清河以北”與“清河以南”。

淤丘是白渠剔除工程的遺蹟,而白渠的引水口應位於渠道上游沉積地的邊緣處才合理。1998年進行的地形測量顯示,開鑿於明代現時處於最上方的引水口,和開鑿於元(王御史渠)、宋(豐利渠,據文獻記載修築於1108—1110年間)兩代的引水口之間只有3.3米的落差。由此我們可以想象向上游遷移引水口的需要於秦漢時已經存在。據此,我們或可假設涇河每年夏季漲水時,遺留在灌溉渠内和田野上數量龐大的黄土淤積層未能被好好地清除,久而久之,爲了汲取足够的水源便需開鑿一個新的引水口。

就秦漢時期引水口所在這一問題,在觀察過地勢,研究分析過圖表、水利則例和對一塊於1997年在灌溉渠行政管理所在地亦即老龍王廟舊址發現的界石進行了考證後,我們想提出一些新看法:由於估量工程的難易,古人必然認識岩石的質地與硬度。而老龍王廟舊址正地處覆蓋著礫石的硬岩石向土質岩過渡地段的下方,此一因素使我們推斷秦(鄭國渠)、漢(白公渠)時引水口或許就開鑿在此地附近。在明代引水口4公里以下,有一些舊渠剔清工程遺留下來的淤丘殘蹟。在這裏人們能找到爲數衆多的漢代陶器碎片,尤其是碎瓦殘片,這些碎片證明漢代的白渠業已途經此地。因此,鄭國渠的引水口有可能處於海拔435米左右的地勢之上,該海拔與下游淤丘遺蹟的海拔是吻合的。由此可算得灌溉渠的平均傾斜度爲2度左右。就這段渠道走向而言,鄭白渠或許自公元前246年起,便成爲此後所有灌渠的基部。這一點是我們和水利廳的工程師認識不同之處。

以往,高地灌溉的水源可能首先來自冶峪河,當地這種典型的冲積三角洲式灌溉或曾遍布整個高地,而冶峪河從那裏直接灌入涇河(圖1)。此後,冶峪河或許曾向北、東兩方改道;由山泥(崩積物)組成的坡度沉積所形成的舟狀盆地和河流的冲積扇都利於新河道的形成(這是很普通的地貌變化)。這類的河流繞道可能是自然產生的,但也可能是人爲造成的。儘管猛烈和帶有危險性的澗流式漲水都發生在夏季,但要知道冶峪河的流量是不容忽視的,1933年曾録得對應於秒流量爲1000立方米的三十年來最高水位①,這對於一條如此細小的河流而言可謂是十分可觀的數字。河流或許也夾帶著相當大量的沙土,因此,造成了在不同冲積扇產生點上開築的灌溉渠易被淤塞的現象和加劇了主河道偏向的可能性。1930年初,當陝西省政府與華洋義賑會著手修復龍洞渠之時,高地上的居民像李儀祉於1923—1924年所持意見一樣堅信古時候他們的耕地曾經是水地。儘管對地形和可探遺跡所作的勘察告訴我們鄭國渠是絶無可能流經高地的,但我們不應該把這觀點看成是天方夜談而作主觀的否定。我們應該思考一下爲什麼高地在"古時候"曾經是水耕地這念頭會這麼長時間地保存著。如果這是真的話,我們或許能在土壤與世代相傳的文獻中找到答案。

---

① 參見葉禹春前書。

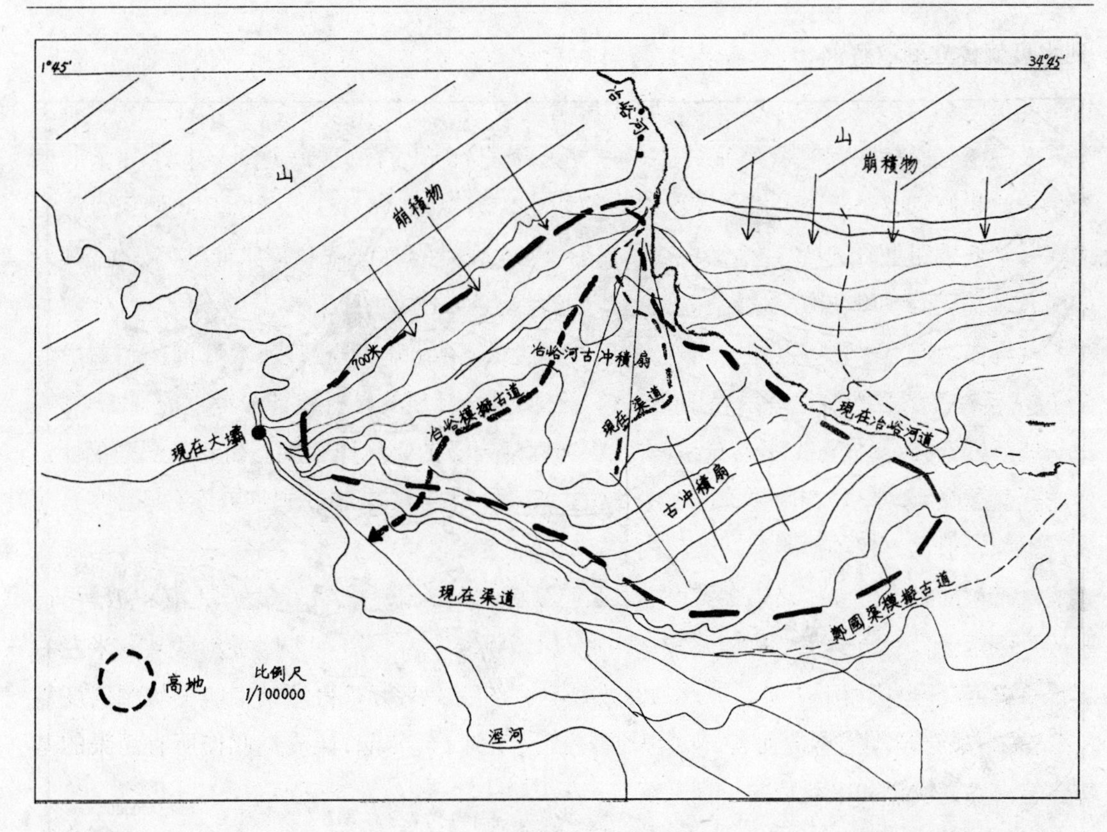

圖　1

其次,對河流稍有認識的人也能看出,很明顯,清峪河在山前地帶的河道并非是完全自然地形成,河流呈插頭狀走向的那一部分尤其能説明問題(圖 2)。除非有淺層埋藏的地質障礙物(弄清這一點,只需進行一次快速的勘察),要不然,河道那兩個緊接著而又方向相反的直角曲拐不可能是自然産生的。這樣的一次勘察其結果將具有不容忽視的價值。它能幫助我們證實冶峪、清峪兩河的交匯點并不是偶然出現的,這交匯點其實是一項至低限度爲地方性以發展水田耕作爲目的而進行的水利治理工程中的一個環節。只要我們觀察一下黄土被冲刷剥蝕的嚴重情况(凹陷深達 20 至 30 米,寬達 100 多米)和現時河流與被侵蝕地區相比之下細小的狀態,就知道一切并不是在近代發生的。類似這樣的黄土剥蝕很可能在數百年或兩千年的過程中形成。特别是黄土,它十分鬆散,只要基部受潮就會大整塊地崩塌,掉到水裏就會立刻散解①。

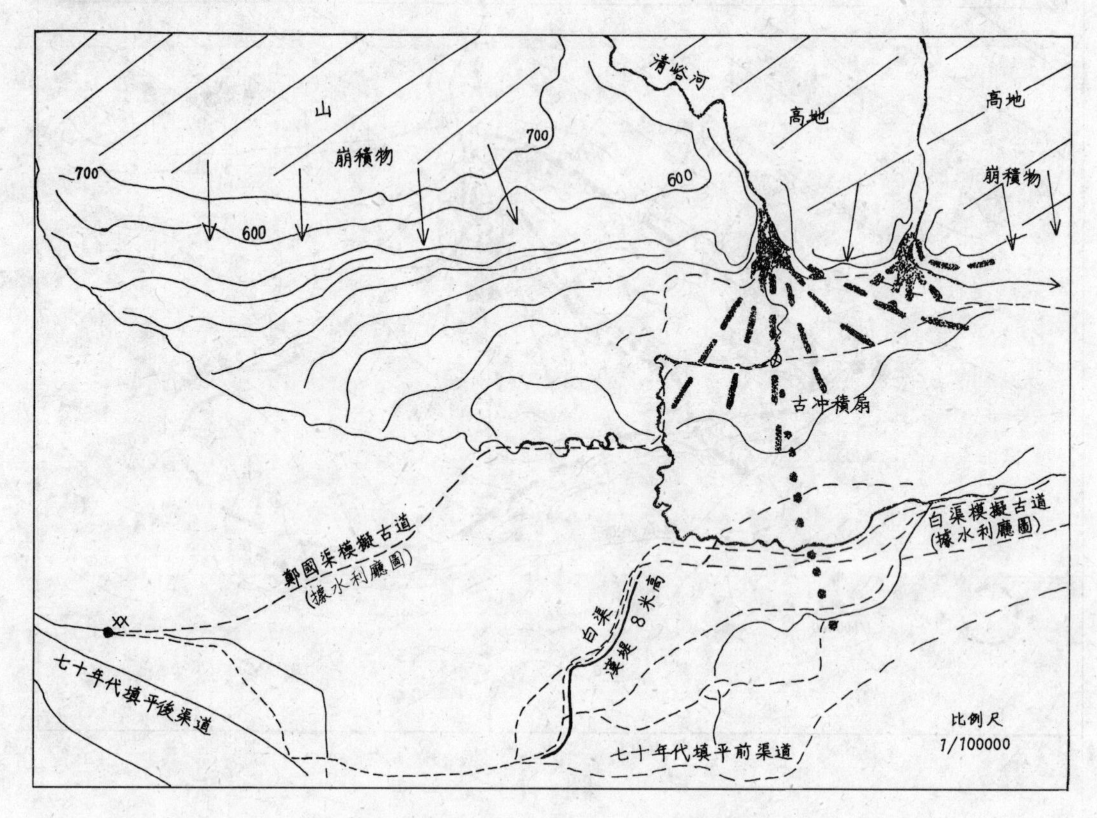

圖 2

清峪、冶峪兩河的猛烈漲水應該曾對當地居民造成過莫大的威脅,因此而産生的夏季澇災十分之頻繁和具有很大的摧毁性②。該地區的農民也許很早便試圖尋求自我保護的方法,這一點是理所當然的。作爲首當其衝的社團,他們有能力辦到這一點嗎?但無論如何自公元前4世紀起,秦國便以國家的名義捍護耕地的那一股力量和意志不容低估。這些耕地在某種程度上令秦國變得强大,秦軍大部分的糧食都來源於這些耕地。我們可以接納這樣的一個看法:爲了減少水災的危險性和利於擴展開發中的水耕地,從這一時期起,人們(在國家或社團的領導下)已通過將一部分的水源改道來控制兩河的流程。仔細地觀察過兩張當地現代地形圖後,我們得到與上述類似的結論(兩張地形圖的比例尺分别爲1/10000和1/50000)。地形圖上的

① 陡峭的黄土質山崖一旦遇到暴雨就會作與自身平行的後退(黄土被雨水侵蝕而坍塌),組成黄土的那些以億萬計肉眼看不見的微粒在流淌的河水中活動自如,隨波而去。數年前(1993—1996),任德教授在撒馬爾罕山麓(烏兹别克斯坦)的黄土地區曾探討過一個與此十分類似的例子。

② 退休總工程師葉禹春先生亦曾提及於1933年録下秒流量爲1000立方米的清峪河三十年來最高水位。

某些等高線呈异常形態。自位於三原縣城上方的合流點起,冶峪、清峪兩河的共流河道處處顯得是人工改造而成的,與一切自然河流與等高線成橫切走向流動比較,共流河道卻是與等高線成平行狀態流淌。由此可以想象與清峪河匯接的冶峪河河道在某一時期曾被自 X 點起改道(圖 3)。任德教授於 2000 年 10 月提出的這道假設得到了葉禹春先生的認同,皆因它與葉先生的個人見解十分吻合。葉氏認爲冶峪河曾改道這一點是毋庸置疑的。在一份撰寫於 1986 年的文章裏,葉氏提出這一觀點:在清河流域内,有一自北西往東南走向的槽地,它可能是清河的舊河道。儘管淤塞之後,河床被變作耕地,但它總是比兩旁的舊河岸低窪且潮濕。1949 年後,人們正是沿著這窪地的走向挖掘出三個新建排水系統的幹溝。原來的清河沿著這個槽地趨勢流向東面,這是很自然的。此外,時至今日該槽地兩側的十多個村莊仍以"灘"字命名,如"閻家灘"、"白馬寺灘"、"老北灘"等。由此證明,儘管舊河道淤塞,但兩岸村落與清河相關的名字仍保留了下來。雖然欠缺史料證據,但以上地名告訴我們該槽地很可能便是昔日清河河床的遺址。爲求進一步獲得土壤實證,有進行地質勘探的必要①。

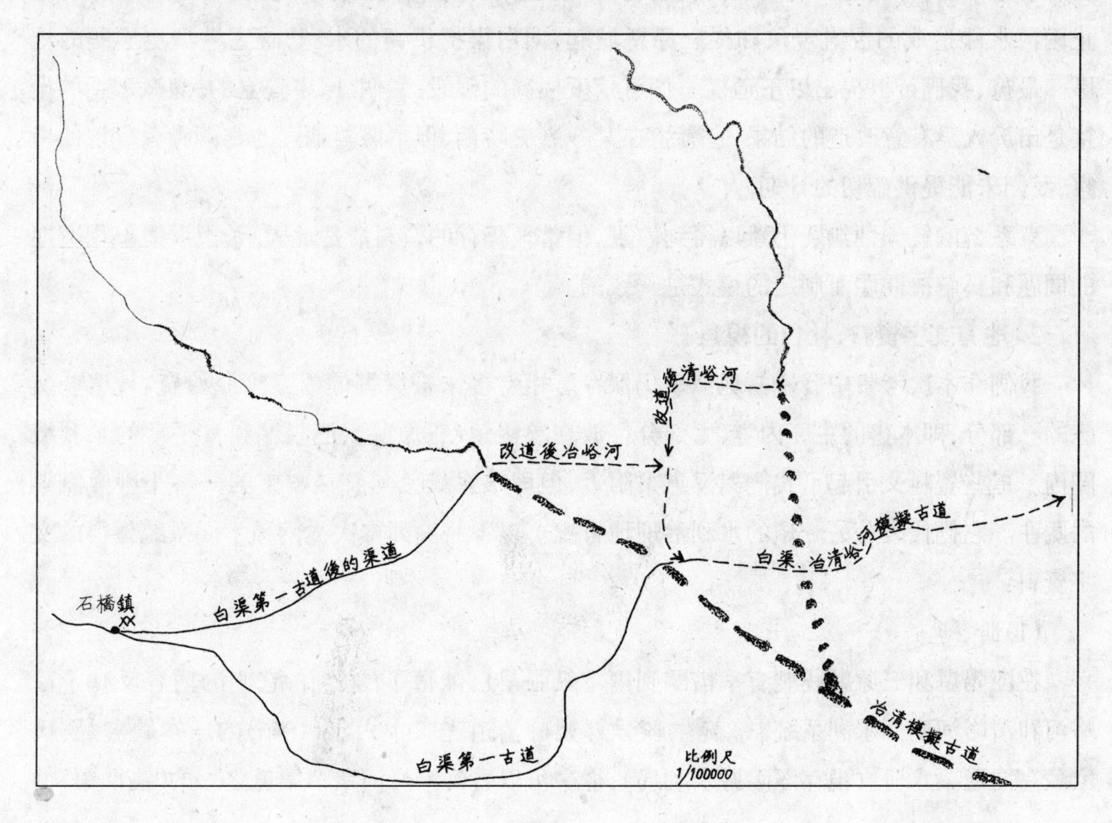

圖 3

① 2000 年 10 月 27 日與葉先生的談話摘録。

在此,總結一下以上的看法:除非有新的發現,不然,當前似乎無法確切地肯定鄭國渠的渠道路線。後來的工程,尤其是白渠的興建把鄭國渠的痕跡都磨滅了。直至一處名爲"漢堤"的廢墟遺址,鄭國渠渠身首段長約5至7公里的這一部分很有可能就躺卧在白渠的陳跡之下。古渠模擬工作的實際困難從漢堤開始。自漢堤至三源縣一段,就模擬圖來看,鄭國渠處在高於白渠的地勢之上(圖2西),如果我們能證實渭河地塹曾遭受過一次輕微的地質構造傾斜,這假設是有可能的。要不然,最古老的灌溉渠一開始便向最難灌溉的耕地供水:這樣的設想有違我們在世界各地所觀察到有關灌溉渠開鑿的習慣做法。或許,該模擬圖所指出的是一條後來開鑿的新渠道,一條特意築建,從白渠支分出來的灌溉渠:新渠以XX點爲起點,一直流到石橋鎮。這樣的一次起到土壤改良作用的繞道(繞道後,一些原來地勢較高的旱地成爲了水地)或許蘊藏著一個特别的目的:使冶峪河最下游的水源得到充分的開發和利用。流至與清峪河交匯那呈插頭狀的合流處之前,冶峪河的這一段河道是呈直線狀的。所有的這一切,可能是在該地區内所進行的一次水利總體治理的結果。工程的目的在於遏止兩河水漲造成的混亂現象和從三原縣城起,向白渠提供新的水源,讓它灌溉更廣闊的地區。最後,我們可以提出以下這樣一個可信度極高的假設:三個(原來獨立的)灌溉水系的銜接是出於人爲有意改造的結果,它發生在某一歷史時期,但單憑對地圖的審閲和對實地的考察,我們未能提供確切的日期。

衆系統的統一性無疑仍難以得到證實,但當地仍存的資料清楚地顯示,與灌溉渠相關連的問題和爲解決問題而制定的模式是一致的。

2 地方文字資料:社會的視角

我們在本次考察中發覺當地似乎仍保存著相當多未被發掘的檔案等原始資料,這些文獻的一部分,即本書的主要内容,大部分存放在魯橋鎮(三原縣)、涇陽縣和富平縣的水利機關内。這些資料又引起了我們對涇惠渠附近,但與該系統已無直接聯繫的一些小型灌溉渠的關注。它們代表著另一類的水利治理地方史。以下將論列本次從兩種不同系統獲得的文字資料:

(1)册、簿

在涇陽縣和三原縣我們有幸借閲到兩本紙張早已陳舊了的文書,它們的内容反映了冶峪河和清峪河兩個水利系統①。誕生較早録製於清道光二十六年(1846)的一本題名《劉氏家藏高門通渠水册》(現存涇陽縣水利局),從中可以看到冶峪河衆多渠道之一的"高門渠"的

---

① 見藍克利(Christian Lamouroux),《水利管理與社團組織——陝西冶峪河的一個例子》,法國遠東學院通報,1998,第85册,187—225頁。

用水章程和水量分配至全渠每一利夫(利户)名下的量值。量值是用時間短長表示的,這一時間有一個特殊的稱謂,叫作"水程"。這決定於傳統的灌溉制度:每一月開始先由渠道最下游的某一利户的地塊灌地,遞次上移,月終結束於某户地塊。周而復始。《劉氏家藏高門通渠水册》共列 521 塊受水地,分屬十多個村莊 394 個利户,即 394 户人家分割全月二十九天,大會是三十天,如果遇到三十天,按民間約定,此三十日的水程歸渠道管理者渠長所有作爲公衆對渠長的報酬,也作爲渠長購買香支、燈火等公用支出。每户所分配到的水程在册中被計算得如此精確,以分秒計。

另一本文書題名《清峪河各渠記事簿》,手寫本,現存三原縣魯橋鎮清惠渠管理局,是一部未刊的野史筆記。作者劉屏山(1882—1935),是清峪河右岸一個名叫劉德堡(劉德村)的村民,也是魯橋鎮地方人士,生前做過源澄渠(清峪河渠道之一)的渠紳①。劉屏山所處時代是陝西惶恐不安的一段時期,尤其恰當民國十七至十九年(1928—1930),這是關中旱災至爲劇烈的時刻。《記事簿》的主要内容是三個方面:一、水程水規民約(包括水册的編訂種種);與此對照的則是今世的諸多紛争以及世風的變幻,政治的窳敗。這是記者力圖復古的用心;二、記者以其源澄渠爲本位,重點記載源澄渠各重要檔案,爲此采集方志和地方文獻(其中有 1780 年立碑的碑文);目的在於昭示本渠後世渠衆,維護渠道,保護自己的權益;三、記載了當時民國政府頒佈的若干水利功令和時局正在醞釀著的水利更新的消息。

(2)公牘

在魯橋鎮清惠渠管理局和富平縣水利局保存的文檔中,有一些是關於 1935、1936 年"水利協會"成立之際的文件;魯橋檔卷中還保存一份 1951 年《清濁河小型水利民主改革工作總結》和相關於此總結的其它四種《報告》、《章程》、《草案》等。如果上述的册、簿反映了古代和 1930 年之前的情況,那麽這些公牘文字提供了一種新的信息:30 年代中期以後各古老民營水利得到改革了。改革是初步的,形式上的表現是建立水利協會以取代純粹民間自營性。這一協會由李儀祉倡議而實施。1932 年涇惠渠第一期工程竣工放水後,李氏在許多講話和發言中説明"霸王"之諺對陝南與關中水利的破壞影響。這就是水利協會誕生的背景。富平縣文檔正好印證了當時水利局的具體實行。内容可以顯示專員調查之仔細認真,組織工作之快捷有效。魯橋文檔是 1936 年清濁河水利協會一份上呈陝西省水利局的請示:《呈奉核准規定整頓清、濁河水利簡章》;一份水利局下發的《訓令》。則可看出該水利協會已經是置於省水利局領導或指導之下了。從其内容則能看出該協會運作情形的一斑。二三十年代(也可上溯至清光緒初年)嚴重荒旱過後造成社會一個長期貧困和不定的"尾聲"。而當時協

① 關於渠紳,後文將論及。

會在用水管理和渠道整治方面也還是沿用傳統的模式。這從此一《呈奉核准》的《簡章》上也不難看出來。

而能進一步證明此傳統模式和渠道簡陋狀態的,是 1951 年"水利改革"所存的文字資料。這一改革是中華人民共和國初年與"土地改革"相伴生的若干"改革"之一,都是以"反封建制度"爲宗旨而以"革命運動"的形式開展的。從文件内容上可以看到當時社會許多陳規陋俗以及生産樣式。毫無疑義,儘管此時新型的涇惠渠模式早已實行,而清河水利的原始狀態如依然實行水程制,和依然沿用多首的簡陋的河堰與水渠,都是事實。

(3)碑鎸文字

1992 年,涇惠渠管理局主持出版了《歷代引涇碑文集》,著録 32 篇記載涇渠歷史的碑文,21 篇屬於古代(自唐至清),11 篇屬於民國時期。我們認爲其中有關鄭白渠歷史變遷的 6 篇碑文有助於我們的研究。應該説明,考察中我們還看到過不少其它的水利碑刻(包括拓片、碑録),由於各種原因本資料集没有收録。這些碑刻的内容絶大部分是地方官處理水利糾紛或修治某渠道堰工後的記録。毫無疑義,地方官既負責管水利(倡導、鼓勵、資助)又管水利糾紛(調解、判案、立規)。最後,在 11 篇民國時期的碑文中,我們選擇性地保留了其中紀念李儀祉在修復涇渠的壯舉中所起之關鍵作用的兩篇,目的是爲了重申李氏不可抹煞的功勛,而由他主持在涇陽、三原與富平地區所進行的某些革新措施,恰好印證了官方對李氏的歷史評價。

從上述資料可以看出來同一地域内,存在著兩種治水模式:龍洞—涇惠渠由官方管轄,而如清冶峪河及石川河等小型水利系統則由地方社團管理。這些修築在龍—涇渠附近非官方的小型灌溉系統具有某種雙重特性。一方面,它們是從兩個角度表明了龍—涇渠作爲灌溉渠模式在當地的重要性。第一,龍—涇渠的運轉章程(至晚於唐代便已規定下來)被地方性水利系統視爲楷模:例如每月一次從下游開始向每斗逐一分配水源;又如,"水程"、水地的所有權(導致要交納糧税)和渠道及閘口保養的義務,這三者間原則上是不可分割的。第二,國家的介入對於這些小型水利系統的治理都發揮了重要的作用:國家對地方章程予以合法的地位及保證它們得到遵守等方面;發生争執時,人們也會求助於國家權力機構即縣政府甚至於省政府。另一方面,這些地方性灌溉系統是由地方團體直接管理的,管理人員由地方選定,國家對他們的日常運作毫不插手。

因此,在實地考察過程中所搜集得來的地方文獻,如劉屏山記事簿介紹了該地區灌溉事業方面的社會動態,尤其是相關的地區性糾紛及其處理辦法,以及國家行政機關與地方團體間的關係。在地方資料的指引下,可以關注到兩級空間即水利網絡與利户居住的村落。前者所聯帶的是水規與水利系統運作的問題,而後者則是分析水利争端因由的場所。那麽,可以從區域史角度上重新審閲這段水利治理史,而我們研究的主題可以發展爲民國時期關中地區的水利制度史。因而,將修復與發展灌溉系統的政策(自20世紀30年代起進行的水利改革最爲典型)、水利史與社會環境聯繫起來,這就是本書力求達到的目的。書中資料揭示了改革的衆多因素是在混亂的條件下而産生的。事實上,1928—1930三年間大旱所造成的危機是總問題的所在:政治大混亂的同時,該地區農村社會也受到了頗大影響。在這種情況之下,小型灌溉渠利户只有徬徨、憂慮和憤怒,進而他們的利益衝突劇增。上述一切在地方文獻中比比皆是。换句話説,從地方文獻可以看出涇惠渠修築工程是在怎樣的社會環境與心理狀態中進行的。

三、一段地方性的水利史

本書收集的材料涉及三個主題,而每個主題正好各自代表著一個歷史階段:

(1)被繼續沿用至20世紀20年代的傳統治理形式。其章程制度,工程技術,用水糾紛及其化解方式,都能在文獻中找到答案。我們從中了解到社會秩序,公義與權益的表現形式,認識到在行政隔閡的情況下,權力機關的繁文縟節與官僚作風,此外,還有地方精英所能起到的作用。

(2)1928—1930年間發生的久旱造成傳統治理組織的解體和迫使人們尋找新的水利治理秩序。文獻清楚地指出了以下數點情況:對水源作重新分配的企圖釀發新的利害衝突;新水利治理架構(如三原龍洞渠水利局之成立)形成的過程;革命思潮在水利治理中引起的衝擊;大動蕩引發的投機與舞弊歪風及權力真空造成糾紛無從解決。

(3)20世紀30年代起水利治理的重組。多份報告及碑文披露了省政府圍繞李儀祉主持的涇惠渠工程而施行的權力集中政策。楊虎城署名的一篇碑文恰能表現這一願望。其它的文件則涉及到1930—1940年代和1949年後水改期間的水利重整情況。

以下我們將首先關注著名的涇惠渠。

20世紀初,爲幫助陝西脱貧而修復有著光輝歷史的鄭白渠的計劃并非源於中央政府(其時名符其實的中央政府已不復存在)。而是民國初年陝西水利局第一任負責人郭希仁(臨潼人)與李儀祉(原名李協,蒲城人,當時還只是柏林德國皇家工程大學的留學生),他們懷著此一抱負於1913年往歐洲遊學(李當時以擔任郭的翻譯爲名同行)。1921年,中國北方大饑荒過後,靖國軍(1918年爲響應以孫中山先生爲首的南方軍事力量而創立於關中的軍隊)的兩位主帥于右任(三原人)和胡笠僧(富平人)爲實現同一願望於三原設立了渭北水利工程局,同時希望召回此時正在南京河海工程專門學校任教且享負盛名的李儀祉。1921

年,在陝西省省長劉鎮華(河南鞏縣人,打敗了靖國軍的軍閥)的邀請之下,李儀祉回到了陝西,同年於郭希仁去世後接任水利局局長職務。此後三年,在華洋義賑會(China International Famine Relief Committee)的支持下他組織進行了一系列的勘察測量工作和著手擬定了修復工程計劃。基於内戰與饑荒的種種因由,修渠計劃并未能立刻付之實行,但在1930年年末進行的修復工程中,這些計劃起到了一定的作用(實際上,該工程的規模大大小於李儀祉的原計劃)。1932年6月被命名爲涇惠渠的新渠竣工并投入使用。當時的陝西省政府主席楊虎城將軍是衆多的積極發起人之一,他本人也是原籍關中的蒲城人。

無可否認,借助西方技術終於把龍洞舊渠改造爲一條現代化的涇惠渠的歷史是既艱苦又漫長的,這段辛酸史與辛亥革命後陝西地區的政治動蕩和軍閥混戰息息相關。經歷了三年的災荒和無政府狀態,關中地區只是從1930年10月楊虎城將軍入駐陝西和擔任陝西省政府主席之後才重新獲得統一,其時省政府的權力總體上可謂不受争議,對其虎視眈眈的亦只是些無足輕重之徒。正是與此同時,有賴秦人衆志成城,在被奉爲陝西英雄處處表現著革命愛國熱忱的省政府主席楊虎城將軍的支持鼓勵和現代中國最著名的水利專家李儀祉領導下,修渠工程方得以進行和告竣。

以上所述正是時至今日當地人民仍虔誠信仰著的經過了理想化的修渠史。但實際上,事情并非如此簡單。1930年後,社會治安仍未穩定:某些角落仍被地方小軍閥盤踞著,以至交通不靖,盜賊四伏。1933年5月,挪威工程師安立森(Eliassen)在離西安只有幾十公里的涇惠渠上被綁架一事正好説明省政府還未能保障社會的安定①。

此外,關於李儀祉本人於修渠工程中所起之真正作用,亦存在著争議。如前所述,工程最後所采納的計劃與李儀祉的原計劃甚有出入。儘管現時人們有意忽視華洋義賑會及其工程人員在修渠中所起的作用,但當時的官方文獻和李儀祉本人的著作都肯定了工程大部分的資金來源於華洋義賑會這一事實。同樣地,他們也肯定了工程中技術性最强的一部分是由安立森與華洋義賑會其他工程人員負責進行的(工程關係到位於王橋鎮的灌溉渠上游部分,它包括一道水堰的修築,一條引水洞在岩石中的開鑿,一系列技術性設施和新幹渠的興建,施工過程中,人們才發現因地質問題幹渠工程比預期困難)。而在李儀祉監督下完成的或許只是新渠下游的工程(供水網絡系統)。

據華洋義賑會方面的文獻資料和該組織負責人(安立森與總工程師塔德[Todd])的回憶顯示,李儀祉(李氏與華洋義賑會的負責人保持有正常的聯繫和頗受後者的尊重)并未直接參與1930—1933年間的修渠工作。此外,我們知道1931年大部分的時間,李儀祉都不在陝

---

① 見 Sigurd Eliassen, *Dragon Wang's River*, London, Methuen & Co., 1957.

西。在李儀祉的一份1931年的報告中,申明他把工作全權委派給了他的門人孫紹宗(换言之,孫以"駐辦工程師"的身份擔任總工程師的職務,正如安立森與塔德的關係一樣)。

華洋義賑會有關渭北復興規劃(自1924年起)的年度報告的確提到了由李儀祉主持的測量與圖表設計工作。但它們著重指出了這些工作的缺陷和强調了復勘的必要性。1930年,正值涇惠渠修築工程發起之際,安立森亦對呈報的測量數據與設計圖表(即以上所指材料)的不足之處作出了抱怨。

大體上講,華洋義賑會負責人的言下之意是説渭北計劃工程的實現從頭到尾都是他們的功勞;這不單止是説資金的籌備(大部分資金的確是他們籌得的),而且還關乎規劃構思(華洋義賑會駐陝專員巴克爾[Baker]或於1930年夏大饑荒之際提出上述計劃,安立森便是由他在徵得其上司塔德的同意後聘任的)和工程的指導,這一切都是華洋義賑會工程人員的業績:李儀祉儘管具有一定的政治影響力(其當時爲陝西省建設廳廳長),於此卻被看成一個并非十分積極參與工作的從旁認同者而已。在這一點上,中西兩方面的文獻資料可謂大相徑庭。

此外,據某些材料透露,李儀祉在陝西的相識當中也并非盡是些待其友善的良朋。或許因此,李氏在工程期間儘量保持低調。安立森曾提及,擔任建設廳主管時,李儀祉所采取的數項改革措施曾引起多名地方官員的不滿,例如,李氏爲了促進縣級財政結算的統一性,曾硬性推行米制。此外,數位作者認爲,1932年新渠啓用後,李氏只保留水利局局長一職而辭去建設廳的事務,可能是迫不得已的,由此令人感到他被貶了職。

以上我們之所以要注意華洋義賑會和其他一些國外人士的反映,在於兼聽則明。毫無疑義,涇惠渠的誕生是如此不平凡。試看楊虎城將軍的碑文《涇惠渠頌》和李儀祉給此文做的跋語,都是以深沉而悲壯的筆調記述了工程的背景和艱難的締造過程。李文的開頭第一句便嘆息:"甚矣,成事之難也!"這恰是説明他的處境和儘管他培養了一支擁有現代技術能力的青年,事實上則因爲這些人畢竟稚嫩和經驗不足,而不可能任比較複雜的涇惠渠渠首段施工任務。

我們再仔細探討中方的文字記載,1930—1931兩年施工之際,李儀祉的確不在陝西,建設廳廳長一職有如虛設,兩年間他常住北平、天津、南京、上海各地,擔任的職務有華北水利委員會主席,導淮委員,國民政府救災委員會委員兼總工程師等,也就是説他主持或過問黄、淮、長江以至全國江河的治理和興利防害,但他同時又的確不斷關注着涇惠渠。

那麽如上所述,李儀祉那時似乎很受當局倚重而被授予那麽多重要職務。然而實際上在内戰不休、政局動蕩、民生凋弊的當時,這些職務没有多少意義。因此當1932年初涇惠渠第一期工程竣工後,李氏便辭去一切,回到陝西,并堅辭建設廳廳長而專任水利局局長,從此即專心致力於涇惠渠之外的其他關中七條“惠”渠[①] 的規劃和籌備施工(這就是著名的“關中八惠”);并且特别研究涇惠渠建成以後的新的管理模式。

無論如何,李儀祉的確是陝西現代化改革中的榜様(不單止是在水利建設方面而言)。這不難從他的作風與著作中找到證據。在寫作時,儘管他很愛引經據典,但撰寫方式是絶對具有科學性的。在一些他的非專業性文章裏,我們仍會看到許多精確的數據和科技術語。受過傳統教育的李儀祉總以科技人員的思維方式進行寫作。就此而言,李氏堪稱與他同期的那一代留洋後回來報效祖國的專家、工程師們的典範。這一代國家精英肩負著在舊皇朝的殘垣敗瓦上振興祖國的重任,他們的作用曾是不可或缺的。只有他們才能以平起平坐的身份與當年的軍政要員們直接對話。李儀祉或許是這一代的專家中聲譽最高的一位。

李儀祉的“鋭進”作風體現在他對怎樣管理新基層建設的構思上。在一篇撰寫於 1932 年,名爲《涇惠渠管理意見》的導論性文章裏[②],他提出了以下的觀點:將來設置的水利機構不但應妥善管理現存設施之運行與維修,而“尤須注重研究之事”以期利於日後的水利建設發展。此外,李儀祉還建議在由灌溉渠所滋生的收入中提取部分基金儲存於一所名爲“涇惠儲蓄銀行”的金融機構内,這些資金將用於推動渭北地區的工商業發展,而最終目的是令全省人民受益。在同一文章内,李儀祉更强調指出了跟曾參與和資助過灌溉渠建設的慈善機構,尤其是華洋義賑會保持聯繫的重要性,文中寫道:“應永遠延之(指華洋義賑會)爲顧問團體,并請求常派專家指導,襄助本省農工業之發展。”

由此可見,李儀祉(當然不止他一人)所展望的管理模式是富有活力的,朝更新與改革的方向前進,拒絶固步自封和承認并接受發展變遷的必然性。就此而言,他與劉屏山在其手稿裏所抱的保守態度有著明顯的區别。在地方或村落的範圍内,一成不變地保留傳統遺留下來的互助公義精神,此乃劉屏山的願望。他深深抱怨一小撮惟恐天下不亂之徒把先輩的功業就此抹煞掉。有關該次水利革新的新建議,在本書收進的 1935 和 1936 年年度報告中可以看到。

由李儀祉主筆擬訂於 1932 年的《涇惠渠管理章程擬議》十分的詳盡,與劉屏山抄録於 1933 年的《陝西省水利協會組織大綱》(見下文)一樣,該擬議再次力求將渠道管理劃一而集中在一個統一的政府權力機構之下:《大綱》裏提到了省水利局,而在李儀祉擬訂的章程裏,則是省建設廳將在涇陽設立的涇惠渠管理局(該機構於 1934 年 1 月正式成立)。但這一切

① 這是渭惠渠、洛惠渠、澧惠渠、泔惠渠、澇惠渠、黑惠渠、梅惠渠。

② 見《涇惠渠管理意見》(1932),載《李儀祉水利論著選集》,北京,水利電力出版社,1998 年。頁 316—317。

并不意味著與過去一刀兩斷。事實上,諸如"水老","渠長"和"斗夫"之類的舊稱謂,與它們的監督、維修與糾紛仲裁等功能或職責都被保留了下來,但這些工作的任職者必須通過投票選舉而產生。此外,在李儀祉所倡議之章程裏的涇惠渠管理局,具有進行水利研究和促進經濟發展的重要功能。而這些功能,在以往傳統與非"科學"的社會環境裏,完全取決於督撫和地方官員的個人意願。正如18、19世紀數位陝西巡撫所作的一般,那時候,爲了發掘農業改良的潛在性和發展水利灌溉事業,他們只是鼓勵地方行政人員進行調查考察,而渠道管理的專門人員并未被咨詢與動員。李儀祉所展望的那一套帶有活力和積極性的水利設施管理模式,在前述兩份1935和1936年的公牘裏即可窺一斑。

有關龍洞舊渠復修更新的文獻資料同時顯示了鄭國、白公這兩條魅力無窮的古渠,是如何被奉爲灌溉渠中的典範的。在一份1932年撰寫的報告裏,李儀祉表示:"此次引涇工程(即涇惠渠),較鄭國爲不足,較白公則有餘(就灌溉面積而言)。"而在《涇惠渠頌并序》(後被刻成碑文)一文時,楊虎城將軍亦寫道:"雖鄭國陳跡不可復尋,而白公之澤,則已恢復而光大之矣。"

早在1923—1924年間,李儀祉所擬定的兩種修渠計劃(規模大的名爲甲種規劃,規模小的名爲乙種規劃)便是分別借鑒於鄭國、白公二渠。據李氏所言,甲種計劃的灌渠澆溉面積達三四百萬畝,此數與《史記》所載略同。安立森的小説體回憶録所披露的利害衝突事件也與此有關。據安立森所言,1930年,當他到實地做測量工作和著手進行修築新渠時,"高地"——即冶峪河舊冲積三角洲——上的居民堅信人們將會重建傳説中的古渠;有些人甚至投機地購下旱地,期待在新渠啓用之後地價會上升。安立森甚至引述了這樣的一個故事:在王橋鎮舉行的一次群衆集會中,臺地居民力求證實他們的觀點,把《水經注》也捧了出來當歷史助證。然而最後采納的方案只能令"清河以南"的耕地得到灌溉水。這使那些投機者深感失望,也許引起他們對安立森産生仇視:他被劫持的事件或即與此有關。

無論如何,有一點是毋庸置疑的:儘管社會環境隨著西方先進技術的引進而發生了前所未有的變化,但這一切卻未能改變古渠悠久的歷史對當地民衆意識根深蒂固的影響。可是不久他們畢竟看到了一條全新型的引涇大渠以及有别於古代方式的新型管理體制。以下我們會注意到另外一個問題,即上述新型管理體制或者該水利管理重新組合。這一新組合乃是當年省水利局倡導的一體化和合理化改革中的一個重要環節,儘管其時的陝西省正當陷於饑荒、政治危機、軍閥混戰、社會動蕩、經濟蕭條這樣的一個歷史低谷。傳統的地方管理在改革中受到了質疑,就此,我們可以提出以下幾個問題:省水利局當年著意革新的是哪些傳統?社團是怎樣看待水利組織的混亂的,尤其是他們怎樣去解釋引起這混亂的社會變故?能幫助他們伸張自身權益的是哪些團體組織?此外,保護權益的方法手段又是甚麽?劉屏山的《記事簿》可以幫助我們解答一部分以上的問題。

據前所述,劉屏山受過傳統教育,亦掌握一些皮毛的現代知識。他的才能令他成爲大旱災期間維護源澄渠利益的出頭人。清濁河水利協會於 1935 年成立時,他被選爲涇惠渠分會會長,又是原來的渠紳。正是作爲水户,他才熱切地關心到村落間發生的利害衝突和劇變。這一切都與暴力和貧窮分不開。劉氏手稿主要記録了危機前當地社團的水利治理秩序。從該簿入手來探討傳統水利組織,看來是可行的。在此,我們想談一談的是過去鄉村團體在水源分配利用過程中據以爲公義之保證的章程守則。

如水册所載,同一灌溉渠内水源分配依照一固定周期進行(通常以一月爲一循環)。利户於每一周期内擁有各自配給的精確灌溉時間和時刻,即所謂"水程"。時限通過點香來計算。一支香的長度等同於一塊作爲面積計算單位的水地。然而,這種按土地大小比例進行的分配令人感到疑惑,儘管它保證了形式上的公平,但亦導致人們把水程視作水源支配權(利)。正如高門通渠水册序文、劉屏山記事簿及 1951 年的水利報告所載,"當水"現象層出不窮,"賣地不帶賣水"和"當水不賣地"等交易無可避免地破壞行使中的受水制度和引起利户間的矛盾①。

與此同時,存在著另一種水源分配形式,如以清峪河的沐漲渠爲例:灌溉時限水額權與公共義務相連結,渠長根據各利户對維修工程的參與程度來決定水程的享受權。只有對集體工作定時參與,利户才有權每月使用灌溉水。其結果是,這種以爲社團作貢獻爲目的的公平制度最終只是加强了優越者們的地位,如一些大村莊的水户和一些佔有地理優勢,尤其是居住在引水口附近的水户。或許就此原因,1951 年的調查小組不甚贊同這種分配形式。事實上,在該時期流行的改革風氣下,調查人員所倡議的是一種"理性"與"科學"的灌溉方式:"按作物按成",即以比例分配的制度將取代舊章程的地位。

此外,開築在同一條河上的灌溉渠就更難在公平分水的問題上達成共識。劉屏山記事簿所載的,大部分是違章侵權的事例而并非則例所昭章的公義精神的體現。劉氏手稿自始至終記録了清峪河衆渠間無休止的紛争與械鬥。據劉氏所言,争端通常由兩種原因引起:

(1)上游沿河居民對水源的侵用。佔有地理上的優勢,這些上游農户不顧下游合法利户通過納税獲得的權益,任意開鑿灌溉私渠。後者認爲前者對水源不受管制的使用是違法的,皆因下游利户需向當局交納水糧地的地税。身受其害,他們所揭露的不公是:正當他們爲被

① 蕭正洪先生在指出水册制形成於元代的同時表明,該制度是在明清兩代才最後代替了最晚於唐代已經實行的申帖制。水册制的施行使利户有可能漸漸地把水程和原先與水程相關連的地畝分隔開來,由此而產生兩個後果:(1)儘管地畝分散,利户有權根據注册水地總面積一次性集中使用所有水程;(2)水程可不連帶田産單獨出售。見蕭正洪《歷史時期關中地區農田灌溉的水權問題》,中國經濟史研究,1999,1,頁 48—64。

奪去水源的耕地繳納水糧地稅的同時,上游盜水灌溉的農民仍只需爲他們名義上的旱地交納微薄的糧税。就清峪河爲例,據劉屏山所説,有將近400公頃的耕地是由二十多條未經申報而開鑿的非法渠堰灌溉的。

(2)某些合法渠或其利户在不顧成文則例的情況下使用水源。以灌溉系統的變遷爲名,他們意欲强行增加自己的水程額。水量的減少導致下游水户要求進行水源重新分配的談判。據規定,除每月的頭八天,全部河水由八復渠單獨使用外,其餘時間,任何渠堰都有權不斷地利用水源。自此,重新談判的目的則在於限制上游水户的權益。但以需向當局繳納税務爲名的上游水户,亦顧不得下游利户的申訴,只是竭力維護自身的既得利益。由此,我們可以理解爲何劉屏山對俗成權益的合法性如此竭力地擁護,皆因其村莊所依的源澄渠正好夾在私渠下游的合法渠之間。

此外,記事簿亦録下了一些反對"維持現狀"的人的意見。劉屏山的反對者毛慧生曾建議仿照八復渠系統,每渠各自擁有河水的單獨使用時限。此時限内,其它渠堰須一律關閉。這種分配方式得到沐漲渠的贊同,值此機會沐漲渠以爲能復得愈來愈稀罕的水源。新設立的水利機構在嘗試的原則下,允許每渠以五日爲限單獨使用河水。新協定未能得到徹底的執行,皆因上游水户不願輕易放棄他們的權益。據劉氏的資料顯示,該分配形式未足兩月即行告止。1936年,即劉氏去世後一年,該年度的報告確定了"維持現狀"的決議。省水利局在《增修清峪河渠受水規條》的第一條内指出,除河水由八復渠單獨使用的八天外,其餘時間衆渠可同時受水。然而,該決定確立的同時,在一份《核准規定整頓清、濁峪河水利簡章》裏,我們可以看到以下的提議:"毛坊、工進、源澄、下五、沐漲同日同時均沾,即水之微最下沐漲亦無話可説,是各渠糾紛無由而起,久則前之惡感無形消化。"該決議顯然不是共識下的産物,而是經省水利局首肯認可的規章制度而已:章程保留了劉屏山所維護的傳統分配原則。

圍繞改革而爆發的論戰,其意義在於令不同的立場變得清晰可辨,利户就各自所抱的立場,意識到他們維護的是集體的利益。在他的申辯中,劉屏山非常清楚地指出了兩種不同的利益立場之間的關係:各渠維護的團體利益和政府當局捍衛的公共利益。劉屏山認爲,既然國家不直接管理清峪河的渠堰,那麼只是在不同的利益團體間起著中介仲裁的作用。正因爲如此,爲了力求證實自己的權利和誠信,及申明自身的權益被侵奪,是冤情及狡詐的受害者,各渠都必須收集對自己有利的鐵證。劉屏山撰寫手稿的目的正是與此有關。據劉屏山的看法,秩序及公正的維護在於恪守歷史遺留下來的規章與原則,而并不是否認它們的功效。與此相反,毛慧生,據劉氏所言,却認爲在"革命年代"裏,這老一套已不合時宜。這一看法最終反映在1951年的調查報告中。針對這一變革的立論,劉氏指責毛慧生是"無事尋事"。這場論戰最令人費解的一點就是,它發生在屬同一灌溉渠的兩名渠紳之間。他們的對抗到底象徵著甚麼?若爲此作答,必須首先回到劉氏搜集資料這一行動的社會意義層面上來。

劉屏山收集文稿的目的并非在於撰寫一部歷史書,他期待這些材料有朝一日會作爲呈堂證供,在一場維護源澄渠利益的官司裏發揮作用。收集地方圖籍的碑鐫文字的目的在於證明衆渠各自的歷史地位和當局對它們的合法地位的認可。官方典籍的援引起著憑證的效用;而記載在石碑上,有關就過往争端官方所作的裁奪應被視爲解決當代問題的借鑒。在劉屏山眼中,歷史的先例仍保存著它的功效。當以往的判决有利於他所維護的利益時,這一點是不言而喻的;但當某些裁奪有逆這些利益時,劉屏山仍是不逃避對它們進行詮釋而同時揭露它們的不妥之處。劉屏山的工作——這亦是該手稿的可貴之處——是當地水利治理規範化的歷史過程中的一環。他的貢獻在於收集了有關以下四種情況的材料:一方面,是衆人都應該認同的歷史遺産和道德價值觀;另一方面,是水户間的對立矛盾關係和弱肉强食事件中强弱者間的力量對峙狀態。劉氏的舉措在於證明對傳統權益的質疑直接動摇了總體性的社會平衡與秩序;而這固有的嚴密組織方式之合理與合法性卻是利户、社團及政府當局各方都認同的。正如劉屏山在其記事簿的序言中所言,值天下大亂,“專權”政治當道之際,撰寫手稿搜集材料,他所熱切期待的是一個具有公信力的新政權的誕生,只有這樣,傳統成規才會得到遵守,水利秩序才會得到恢復,紛争、無理要求和破敗現象亦會隨而終止。

簡單地説,劉氏記事簿是一件鬥争工具,需要與之進行鬥争的是三原龍洞涇原清濁兩河水利管理局1929年間的某些不當行爲。提及1928年第一次設局計劃失敗之餘,手稿十分詳細地記録了水利管理局從1929年3月(管理局設立日期)至同年7月(管理局被改爲三原縣建設局水利股)數月間的運作情況。正因爲記事簿所見證的是水利管理新機構的設立和水利秩序新調整的過程,劉屏山——所有事件的見證與當事人之一——的手稿亦可作爲歷史材料來閲讀。

1929年,劉氏“有感而特筆”,列舉出一份有關清峪河系統的問題的清單。他首先著重揭露了上游水户盗水的行徑;他明確地指出,盗水灌溉,雖然要繳納罰款,但仍被視爲有利可圖。此外,劉屏山還提到儘管盗水得實而上告無門的情況;這一點歸咎於兩個原因:首先,是因爲行政轄權的隔絶;其次,是因爲涇陽縣文獻於1862年的“回亂”中被焚毁,一些居心不良的利户利用偏袒於上游渠堰的地畝重新測量之機擴增水程。最後,劉氏楬櫫了在名爲代表水户利益而設的水利管理局裏,盛行著挪用公款、貪污受賄和玩忽職守等歪風。

正如收集在記事簿裏的文稿與資料所顯示的一樣,1929年,村民們所遭受的水利危機是長期以來水權被侵現象的延續。但頻繁的營私舞弊現象不足以解釋危機的産生,不可能是一勞永逸地保持的秩序,它的存在與否主要取决於權力機關的健康狀況。然而,1929年正值天下大亂,綱紀廢弛,關中地區軍閥横行。單就其所在地方而言,劉氏揭發了建設局水利股不負責任的行爲。該機構質疑原有的水源分配原則,而令其聲譽掃地的則是一些被證實了的貪污舞弊醜聞。不但未能以伸張法紀,平息糾紛和維護水户利益爲己任,水利股反而幹起挪用公款的勾當。行賄貪贓、對亂紀行爲刻意隱瞞及不法之徒互相包庇,這一切不但造成無法對犯事者作出裁決處分,更甚者,是導致各渠堰代表失去公信力。背叛者是地方上的精英分子。然而,他們的使命本在於尋求一個能滿足集體利益的方案及維護地方章程據以爲標準的價值觀念。面對地方士紳對使命的背叛,劉屏山的激憤是一種瘋狂而又無奈的情緒發泄。

1933年,李儀祉主持下的省水利局似乎有能力清除清峪河灌溉系統内存在著的問題。劉氏記事簿最後收録的兩篇文稿,一篇是擬定於1933年,有關即將成立的陝西省水利協會組織的大綱手抄本;另一篇是一份名爲"源澄渠各村斗記事"的文稿,可能是承新成立的省水利機構之命而撰寫的。省水利局的設立標志著水利管理權集中授予一特别行政機構,其轄權的效力直達小型灌溉系統,此舉具有劃時代的意義。自此,利户們被迫根據該局規定的模式組織成立地方水利協會。然而,省水利局下達的命令是否得到了各渠的遵從?這點仍有待探討。魯橋鎮以西數公里處的冶峪河系統,它的水利管理似乎未因此改革而脱離混亂狀態,這正是1997年,當地受采訪的幾位舊渠紳所作的回憶。那麽,清峪河方面的水利治理曾否是异常的出色呢?就此,我們未敢輕易作答。但在富平縣的文獻資料裏,我們找到一些有關"水利協會"之設立的確切證據。有鑒於此,我們應該承認李儀祉所籌劃和劉屏山所期待的水利重整的確在某些地方得到了實行。但新建立起來的秩序,在衆多成功與否的例子中,總是有别於劉氏曾認識的舊秩序。

水利治理方式起了變化,以上所述及報告,規條内容所載都表明了這一點。小型民間灌溉系統的負責人從此經選舉産生,候選人必須具備競選資格,參選條件儘管很寬但卻十分的明確。負責人的工作與職能範圍,權限及其與縣級政府間的關係都受到了明文的規定。水權的確定在某程度上只取決於一部分的歷史前因,而水利局著意推行的是集權制的水利管理模式,水源成爲一種有必要作合理分配的經濟資源。一份在富平縣找到的章程使我們知道省水利局自1935年年底起便明文規定了每年灌溉水的使用期限,它通常定在農曆二月至八月間;章程同時聲明稻、麥、棉、麻是惟一准許灌溉的農作物,而蓮田、菜田一律禁止澆灌。1951年,水利局官員在清峪河系統内進行了一系列的調查工作,此後,提出了根據作物種類進行水源分配的建議,該建議可以説是上述演變的進一步發展。

换言之,自20世紀30年代中葉起,小型灌溉渠渠紳的權力,儘管仍未完全消失,但已大大受到系統化管理的限制。他們與地方官員對渠堰進行合作性的治理成爲等級制水利治理中的一個環節，而省水利局則是該制度的最高權力機關。以工程師與技術人員爲主導的水利資源治理漸漸地取代了以地方士紳爲中心的舊水利秩序。

魏丕信、藍克利、任德(Pierre Gentelle)
白爾恒

2002年6月，巴黎—北京

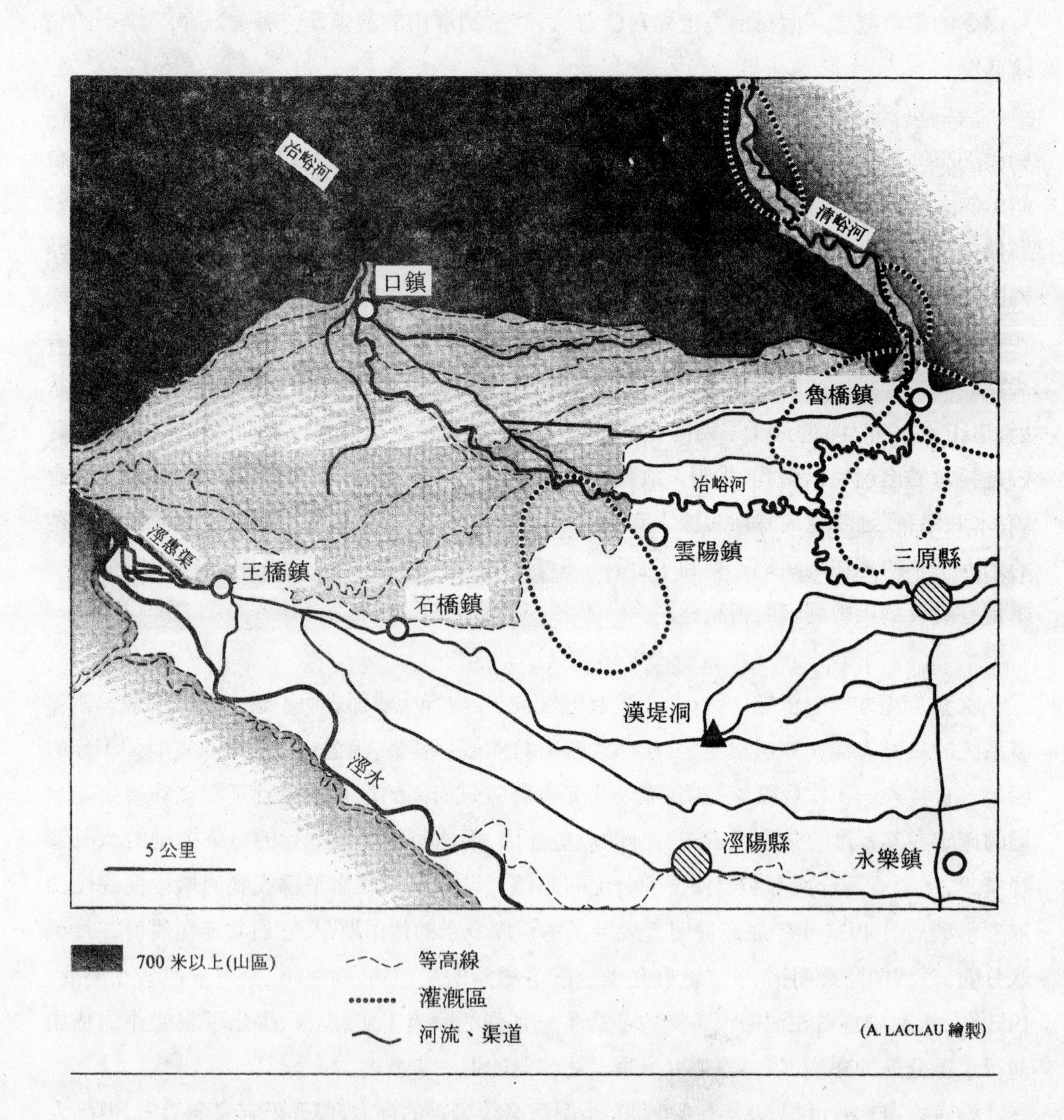

圖4　涇陽、三原二縣水利圖(現在地名)

致　謝

《溝洫佚聞雜録》的資料收集和編輯工作,前後歷時四年。我們難以忘懷其間各級領導與學界同仁的支持:有中國水利水電科學研究院的周魁一先生和譚徐明女士的陪同考察,及其熱烈討論,陝西省水利廳謝方五先生的意見和建議,陝西省涇陽縣前縣長王普藩先生的友好接待,陝西省涇惠渠管理局程茂森、李林兩位先生的指正與收集工作中的辛苦陪同,均彌足珍貴,令人感念。在資料收集方面,我們特別要感謝陝西省涇惠渠管理局和三原縣水利局、清惠渠管理局諸位領導給予的大力支持。涇惠渠管理局提供了有關碑刻拓片。該局王智民先生曾經主持編注了《歷代引涇碑文集》,除收録所存拓片之外,還廣泛收録了其他有關資料。其中大部分内容已於1992年出版。白爾恒先生曾應王先生邀請參與該次編注。此次《溝洫佚聞雜録》衹選擇收入了8通涇渠碑文,其注釋另有側重。爲此白先生特地徵求王智民先生意見,蒙王先生欣然相允。在此我們向他致以誠摯的謝意。另外三原縣水利局和清惠渠管理局領導也慷慨相助,同意出版其收藏的部分文檔。涇陽縣政協主席吕祥盛先生,同樣表示可將該縣收自民間的一本水册付梓,以使這些"沉睡"的文字活起來,爲國内外學術界服務。對此,我們一併表示由衷的欽佩和感激!

編者於巴黎-北京

2002年6月11日

凡　例

一、本資料集之資料以所出之水利區域分爲兩輯。第一輯爲冶、清、濁三河灌溉區資料，收有册、簿和存檔公牘三種，并附録反映石川河水利的公牘多件。第二輯爲涇陽縣涇惠渠現存明、清、民國碑刻八通。兩輯端首各撰“河渠狀況”以略述各河源流、水文及古今渠道建設演變等内容，并輔以圖版説明。

二、本資料集力求保存資料的原貌，對文字衹作分段標點。原文中的小注，碑文中的上下題款、人名、日期均保留，并用小字排出。至於舊式公文和碑文中的所謂大小“抬頭”，因與文意無關，不再保留。

三、册、簿、公牘、碑刻碑文之前均加按語以介紹其來歷、時代背景、相關人物以及撰著者。并對其中的某些内容作了必要的説明、考訂或評論。碑文録寫皆據原碑或原碑拓片，并附以照片參看。

四、原件文字、語句的錯訛處均加以校正。明顯的錯誤有：1.别字或者手書過程中使用的假借，如：地名“紅崖坡”誤作“弘崖坡”，姓氏中“段”誤作“叚”；2.錯亂，如“弊竇”誤爲“竇弊”，“行使”誤爲“使行”；3.脱漏，如“然則”脱一“則”字，“清光緒二十六年”脱“光緒”二字；4.衍文，如：“是否該水大户劉遜之所報告符合議案與否”，衍“與否”二字；5.文句不通，如：“不能不因其無用而謀衆另行修造以加之意也”等。句中凡改正和補闕的字均用六角括號〔　〕標出，原誤或應删去的衍字均用圓括號（　）標出，并用小字排。

五、漶漫不清無法識讀的文字用□以示闕；若據上下文意得以揣補者，則於□内填以揣補之字。

六、注釋部分主要是對方言、俗語、特殊字詞加以解釋，附於當頁下，以方便讀者。

第　一　輯

冶清諸渠册、簿及公牘

編者按:此處收録的册指水册。水册是古代渠長們所執持行水的依據,關中各地皆同,介乎契約和法典之間。水册與"水程"相關,實水册即是對水程的載記。"水程"似有兩種含義,一是用水程規,水册中載明某渠某斗某村以至某户的用水次序,交接起止,并記載渠道、閘口、流程狀況;一為用水程值,即某渠某斗某村某户於每一月内(傳統灌溉方式皆以一月為輪流用水周期)應享有的用水時間,載明何日何時何刻起,何日何時何刻止,并注明每户的水地數量和水地等級。水程從制定到實施十分嚴肅,世代不替,所以至今許多老農還能一口報出自己家庭當年水程是多少,起於什麼時辰止於什麼時辰;有人還能説出自己村莊以及相鄰村莊的水程是什麼時日。故水程即是一種權益,户屬水程可以轉讓出賣或典當,也可能會以强凌弱侵犯或霸佔别人的水程。水册一般每渠一册,從水册中不難檢索統計出該渠灌溉的總土地面積、土地分配情況、村莊大小、寺廟祠堂佔地狀況;也可從中領略某種社會文化信息。水册可以修訂,歷時過長或經兵燹、朝代更迭之後可以重修。本次考察見過的幾部水册中,以冶峪河渠的《劉氏家藏高門通渠水册》内容最為豐富。

簿是涇陽縣魯橋鎮(此鎮於1956年改歸三原縣管轄)地方人士劉屏山所著之《清峪河各渠記事簿》,如同一部未刊行的野史筆記,記清峪河(兼及冶峪河)源流及渠道歷史甚詳,更多地記録了用水則例、水程水規、鄉約民俗、故事新聞、災异狀況等等。按目前鄉間老人所談到的情形多可與簿中所記相印證。

文書公牘指30年代中期和50年代初前陝西省水利局和清、濁、石川河水利協會存檔公文幾種。文書發生的時間雖為現代,内容則很大程度上反映了古代冶、清諸河渠的管理狀况;也能從中了解到中國民營水利從古至今長期處於簡陋狀態這一事實。

河渠狀况

冶、清、濁三河與漆水、沮水交匯而成的石川河,它們自北山出谷後是以大致平行的走向瀉入渭北平原。濁河東側還有一條小河趙氏河,流程較短;石川河東岸又有一細流名温泉河,流程更短。此六者皆爲鄭國渠曾"横絶"過的河谷。後世有人認爲所謂"六輔渠"便是在此六河横絶部位上游開修的渠道,構成了鄭白渠以北的灌區;另一意見則以爲不必拘於六河,可能是在冶、清、濁、石川四河上開鑿的六道渠。在此可以不論。就水系而言,此六者最終匯於石川河而注入渭水,構成了石川河水系。

冶峪河源出淳化縣北之英烈山，南流繞淳化縣城東，南折，於涇陽縣口鎮鎮西出谷。谷内岩層中有鐵礦，據史載因秦代曾在此設過冶鐵工場而得名。出谷後東南流約15里至水磨村處東折，經雲陽鎮於鎮東的興劉村附近(古稱辛管匯)注入清峪河，幹流全長77.8公里，古代灌區即集中於水磨村至雲陽鎮之間的平原上。

清峪河和濁峪河皆源出於耀縣西境的高原地段，溝谷深切，前者以谷多割切基岩，故稱清峪；後者多土谷而稱濁峪。分别於三原縣北魯橋鎮和樓底鎮附近出谷。清河出魯橋鎮後宛轉西流約6里，折南，納冶水，再東折而穿三原城後東流60餘里至臨潼縣櫟陽鎮(古秦國都城櫟陽之西)的于渡村處注入石川河。因其這一特殊走向和河谷所呈形態，所以目前水利史界和地理學界有人認爲此即鄭國渠、白渠故道，或因兩渠擾動而改道後的結果，并非原始面目。在此可置不論。清河幹流長143公里，在古代主要灌區在魯橋鎮附近一帶。

濁峪河略小，也很特殊，按《水經注·沮水注》記載，南北朝時期濁河出谷後是注入鄭國渠殘存的一段故道東流，於今西安市閻良區北約4公里之斷原村(漢太上陵之下)附近投石川河。而明代《陝西通志》則記爲出谷後“東折而南，過東寨(村)，東南入武官里(武官坊村)，又東過西陽村，又東北，過端陵(唐代陵墓)南，分爲渠，至唐村盡矣”。即此時鄭渠故道已經完全湮滅，濁河另取水道，并經人工引導成爲灌溉渠。而近四十年的狀態則是因濁河流量已甚小，出谷後即被引入小渠灌溉附近小片土地，偶然漲河亦無大妨。古今變化概如此。

沮水源出耀縣西北之長蛇嶺；漆水發源耀縣東北的鳳凰山下，南流貫穿今銅川市市區，下至耀縣縣城南3里之岔口(谷口名)處與沮水匯合，乃稱爲石川河——以河床滿布礫卵石得名。亦自此入富平縣境，東南流經富平縣城南後至姚村處出富平境入臨潼縣注渭。由岔口至富平縣城段長約30公里，其古代灌區即在此一區間河道兩側的谷川和平原内。

各河處於相同地理和氣候植被環境下，同屬黄土高原區發育之溝谷狀河流，故水文泥沙特點相似；視各自集水面積大小區别流量大小，一年之内冬春季水流較小，夏多暴雨而致漲河，漲河時泥沙亦陡增，而天旱枯水也常見於盛夏。各河主要狀況指標略如下表：

各河概略狀况表

河流 指標	冶峪河	清峪河	濁峪河	石川河
集水面積 (平方公里)	541.7	900.0	241.0	4478.0 (包括各支流)
幹流長 (公里)	77.8	143.0	50.0	137.0 (由沮水源頭計)

(接下頁表)

河流 指標	冶峪河	清峪河	濁峪河	石川河
年逕流總量 （億立方米）	0.30	0.33	0.08	2.15 （包括各支流）
常見流量 （每秒立方米）	0.8—1.0 （口鎮附近）	0.8—1.2 （魯鎮附近）		4.0—5.5 （岔口附近）
最大洪水 （每秒立方米）	1215.0 （1933 年 7 月）	1656.0 （1933 年 7 月）	843.0 （1933 年 7 月）	
年均輸沙量 （萬噸）	100.0	112.0		331.0 （包括各支流）

各河古代渠道皆簡陋，呈多首制，即視地形之勢在河槽中多處設堰，或於左岸或於右岸開口，每一開口自成一渠，互不相屬。冶河古有九渠，清河五渠，石川河多至二十餘渠。這許多渠是長時間逐漸增多而形成的，到現代還有新的增加。如石川河渠據明萬曆《富平縣志》載兩岸共渠二十一條，清乾隆增至廿七條，民國初年多至三十條以上；冶河渠 40 年代增至十一條。但從上表不難看出各河常見流量很小，故渠道不可能大，引水能力不過每秒數十或數百公升，灌溉區自亦不可能很大，冶清渠有略大至灌溉萬畝以上者，石川河渠則有小至僅能灌溉幾百畝者。引水既小，爲了周遍灌溉便只能月月引水，按田户輪流分時用水。

自 50 年代初起，各地方逐漸改造古渠，廢多首制爲一首制，即於河中適當位置設大壩開新型渠系以統灌大片土地；又繼修水庫蓄積河水，以調劑渠道供水大小，以使按各種農作物不同需要供水，遂廢除月月引水輪灌方式。并且更結合庫壩建設擴大或改變灌區。以冶峪河渠最爲典型。冶河自 1958 年建成上游黑松林、官山兩座小庫後，乃開新渠灌溉上游自古從未有過灌溉的高原區，而幾乎完全放棄了原古代灌區。此舉稱之爲“高水高用”，即上游河身本高，設庫壩攔截之以灌溉高地，下游低地則另覓水源，如設法利用涇惠渠水或鑿井汲取地下水源等。其它河渠也不同程度作過類似變革。故目前所有古渠早已不存。

還要説明，上表所列各河指標各值，乃是 50 年代觀測統計值，也可以大致代表明清時期狀況，而自 70 年代起，特别是近二十年以來，隨着水庫攔截和各種塘壩建設以及城鎮供水、污水排放等迅速增加，各河道面目變化極大，幾已不復原貌，且下游俱已乾涸，鄰近城鎮工礦者則污水縱横。石川河目前已無注渭之水了。

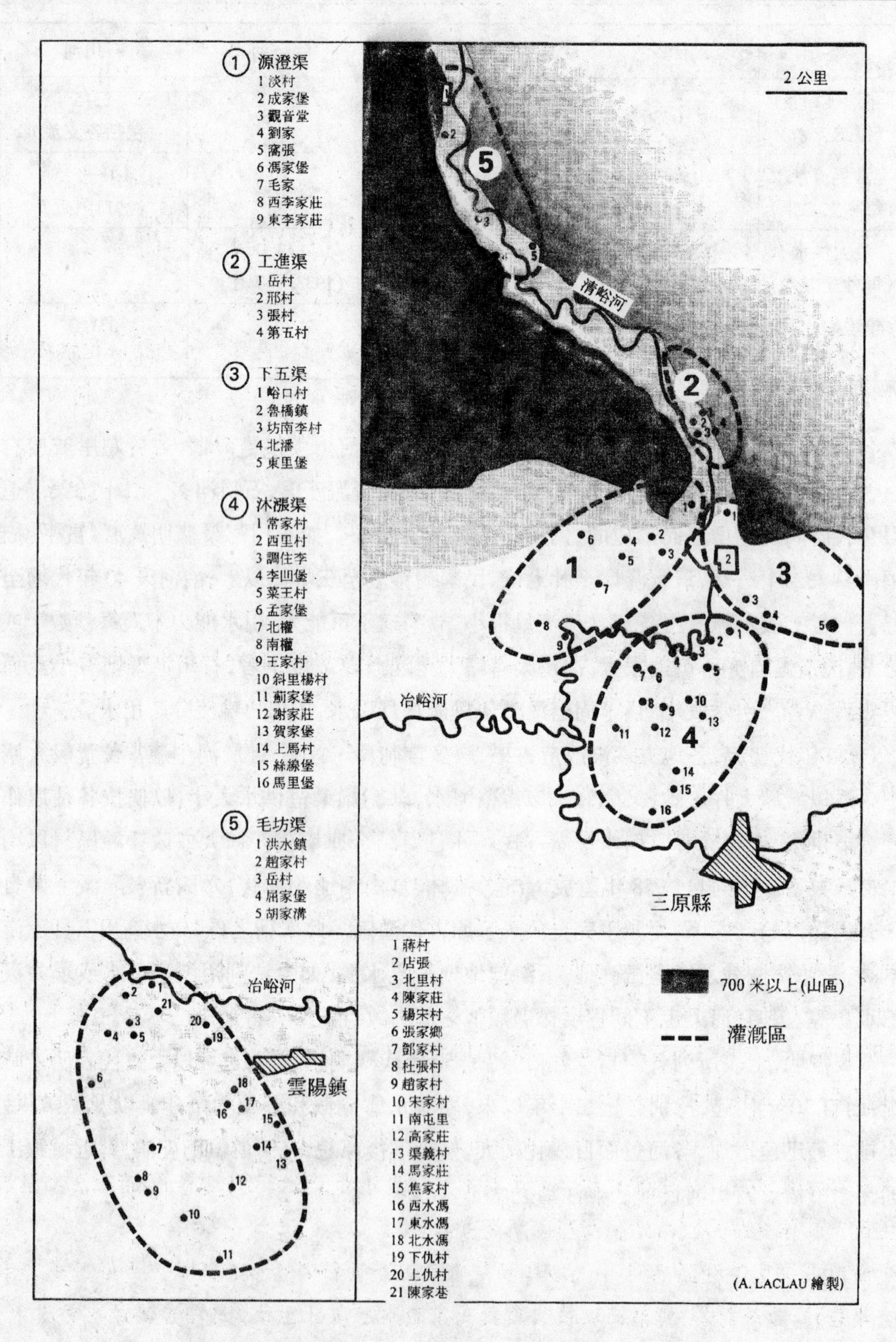

圖 5 冶峪河高門渠、清峪河諸渠舊灌溉區圖(現在地名)

劉絲如《劉氏家藏高門通渠水册》

按:《劉氏家藏高門通渠水册》顧其名是劉家家藏的水册,非渠長所執持以行水者,形式上當與後者有所不同。册前序言對此家藏的原委有詳細説明,從中很能反映民間的規約用水秩序以及産生的糾紛等具體情形。

劉絲如家族世居今涇陽縣掃宋鄉招義屯村,現在該村劉姓人家已繁衍至近百户,已不知劉絲如的嫡裔為哪一户或哪些户了。水册録製於清道光廿六年,至今仍保持十分完好,尚屬罕見。可知劉絲如的子、孫、曾、玄們必曾不負先人期望而細心珍藏過。直至本世紀50年代初才從其家庭流失(是從劉絲如的嫡裔手中流出或轉至他人之手再流出已不可考),由冶峪河水利管理處一位工作人員在農村發現而携回該管理處(今涇陽縣口鎮冶峪河管理局)。自此保存於冶局資料室。1986年由涇陽縣水利局水利志編寫組暫時收存。册寬19公分,長32公分,共122頁,册前序言之下附有《冶渠圖形》和《清渠圖形》畫圖兩幀;册線裝,封於靛藍色布質函套内;恭楷抄寫,紙質白而柔韌,蓋清代常見的書寫用紙,亦稱綿紙。

高門渠是冶河右岸一較大渠道。按水册中所繪《冶渠圖形》看,冶峪河右岸渠道凡五條,依次為天津、高門、廣利、海泗(本地人又稱為海西渠)、海河;左岸六條,依次為上王公、磨、下王公、泗(也稱上北泗)、下北泗、仙里,共計十一條。與民間傳説的"九渠四眼"不符。惟不知九渠之説起於何時,據目前雲陽鎮一帶諳於掌故的老人談,右岸廣利渠修建較晚,出自清朝中期乾、嘉時,倡修者是一位衙役班頭(鄉人謂之差人頭),雲陽鎮西門口人;左岸磨渠也較晚(創製不詳);而現代1945年雲陽鎮名流崔貫一又創雲惠渠,位於海河渠之下。可見冶渠和清峪河渠一樣是逐漸增開的。

本水册所列的水程,到了民國時代自然有了很大的變化,但水程制度仍然維持著,因為如果没有水程灌溉是無法實施的。而强霸不法的事就會層出不窮(可參看《清濁河小型水利民主改革工作總結》及《冶峪河小型水利調查報告》)。

高門渠一直運用至1958年。1951年統計之灌溉面積為1.085萬畝(《冶峪河小型水利調查報告》),此統計為"實灌田面積",與劉氏家藏水册所計面積之1.209萬畝有較大之差。渠首在今涇陽縣掃宋鄉蔣村村邊河崖下(古今不變),幹渠全長9公里(亦古今一致)。灌溉區包括今埽宋鄉之居智、招義屯、南屯、董家、高家、水馮、仇家、蔣村，和雲陽鎮之棗陽、丁村、焦家等約二十個村莊。

此水册是如此之詳，并不難與現在的村莊和地形相參照，而按册中所列的村落、廟宇、小渠、彼此灌溉面積和用水交接次序，可以自下而上勾繪出一張當年的灌區平面略圖。看此略圖，會驚异當年那些野外的廟宇庵堂之類固然現在早已消失；而且不少村落如西鍾村、石家莊、中陽店、積善橋等等，現在也已經不存，相反當年未注明村落只列記利户土地與姓名，如仇姓、焦姓、馮姓、韓姓等等，現在則發展為相當大的村莊。固然這些姓氏在當時或可能已經是小型聚落，但斷不至如目前這樣龐大。這反映了人口的移動或因某種災變而使某些村落消亡，也反映人口的增長、外來人口遷入以及土地墾殖的演變情形。(如"招義屯"這一特殊村名)。總此一切，參以清代陝西地方和涇陽地方史，可以印證出各大的歷史時間中有如災荒、兵燹、移民、屯墾等史實。

除此從册中也可看出當時土地分配情形和對水地等級的清楚劃分。另則瀏覽廟宇廟産，還有那麽多農民的名字，似乎取名皆相當文雅。這又是一種文化的資訊了。

本次采訪還在三原縣清惠渠管理局資料室見到一册《工進渠水册》，也是手抄本，很薄，共24頁，只列全渠的水程和各斗水程，無各利户水程。當同樣不是渠長所執持行水之册，或係該渠長渠紳録存備忘之本。惜未置年代，抄録人和主持人姓名。經辨别所録之序言和各斗水程，與上劉屏山記事簿中所録之工進渠水册相同，故不再重列。此外今年陝西師範大學蕭正洪教授也曾在清峪河灌區發現過一部水册，名為《清峪河五渠受水時刻地畝清册》①。内容較詳，記載清乾隆、光緒兩個時期五渠各户水程，并附有各户花名册和各户水地的數量、等級、位置等。可惜蕭先生没有介紹該水册的發現情形，我們亦未見到原册。另如劉屏山記事簿記到的其它若干水册(今皆已佚)，説明水册很多，形式和内容也頗多樣。

① 蕭正洪《歷史時期關中地區農田灌溉中的水權問題》，《中國經濟史研究》1999年第一期。

劉氏家藏高門通渠水册
原書封套

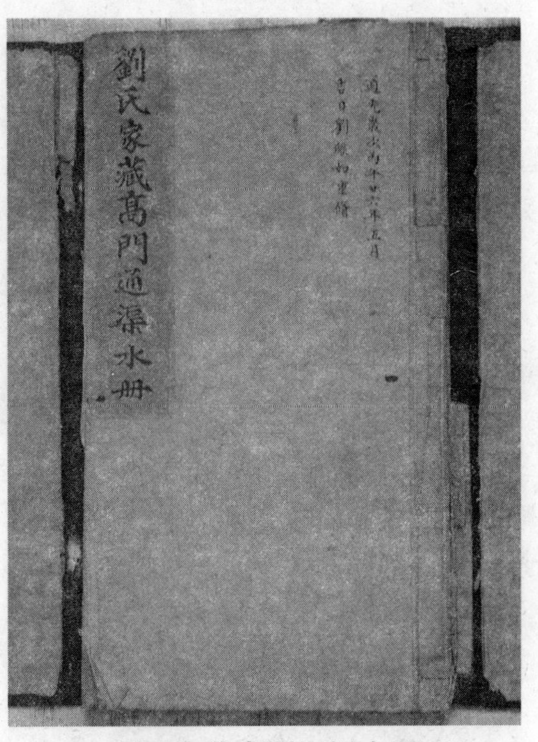

劉氏家藏高門通渠水册
原書封面

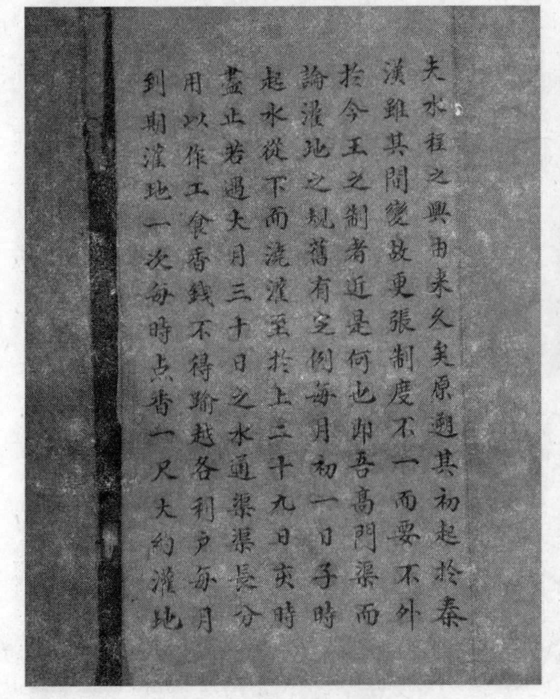

夫水程之興由來久矣原遡其初起於秦
漢雖其間變故更張制度不一而要不外
於今王之制者近是何也即吾高門渠而
論灌地之規舊有定例每月初一日子時
起水從下而流灌至於上二十九日亥時
盡止若遇大月三十日之水通渠渠長分
用以作工食香錢不得踰越各利户每月
到期灌地一次每時点香一尺大約灌地

劉氏家藏高門通渠水册　序(1)

五十畝上下即或水小灌地不完亦無異
言各渠有各渠渠長管理永爲常法久而
弗替無如世湮代遠人心不古風氣偷薄
漸染汚俗如逢灌地之時竟有点水不能
見者或水主軟弱已過時候而不準接水
者或未澆灌至時而打鬭强奪者更有水
行半路而窃賣者或瞞水主不知而私通
下河賣堰者其類甚夥種種不法實難枚

劉氏家藏高門通渠水册　序(2)

畢雖曰叔季之變盖亦人情之可根而宜
深痛絶之也耶 予 先世所遺水程每月
初六日灌地子時三刻五分八釐起寅時
一刻二分七釐止受水一時七刻六分九
釐不意乾隆末年 先祖年邁諸事孱弱
俾吾鄉之無賴劉太忠強古去水程二十
餘年 先祖辭世 先父始理家政不知
水歸何處每思 祖遺水地緣何無水滋

劉氏家藏高門通渠水册　序(3)

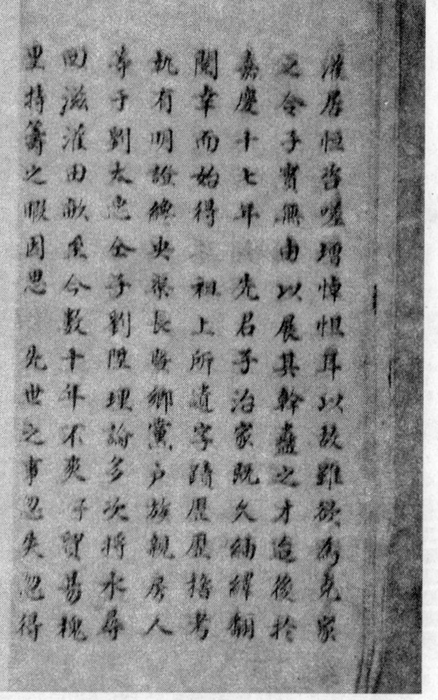

灌居恒當嗟增悼恨耳以故雖欲為克家
之令子實無由以展其幹蠱之才迨後於
嘉慶十七年 先君子治家既久紬繹翻
閲幸而始得 祖上所遺字跡屢屢稽考
執有明證轉央族長暨鄉黨戶族親房人
等于劉太忠之子劉隆理論多次將水程
回滋灌田畝至今數十年不爽予貿易塊
里持籌之暇因思 先世之事忽失忽得

劉氏家藏高門通渠水册　序(4)

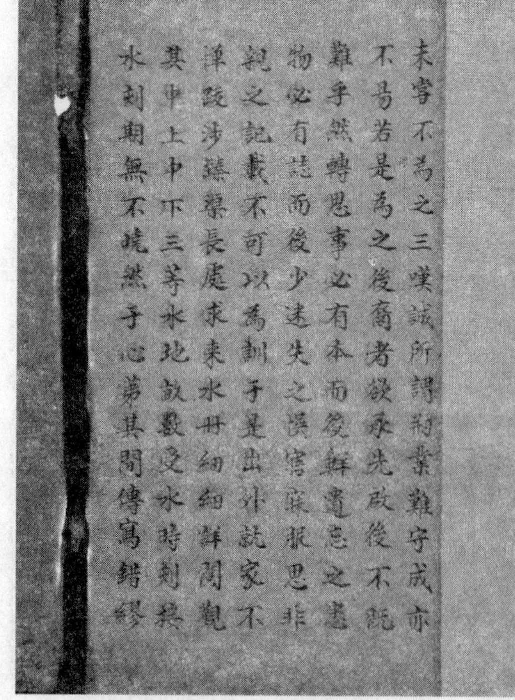

未嘗不為之三嘆誠所謂創業難守成亦
不易若是為之後裔者欲承先啟後不既
難乎然轉思事必有本而後鮮遺忘之患
物必有誌而後少迷失之誤寫家報思非
親之記載不可以為訓乎是出外就家不
憚跋涉躋登長處求來水冊細細詳閲見
其中上中下三等水地畝數受水時刻按
水刻期無不曉然于心第其間傳寫錯繆

劉氏家藏高門通渠水册　序(5)

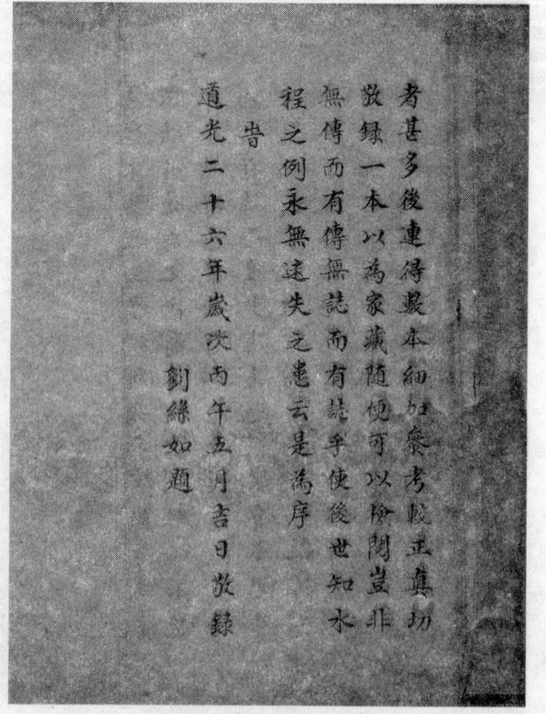

者甚多後連得數本細加參考校正真切
效録一本以為家藏隨便可以檢閲豈非
無傳而有傳無誌而有誌乎使後世知水
程之例永無迷失之患云是為序
旹
道光二十六年歲次丙午五月吉日效録
劉綠如題

劉氏家藏高門通渠水册　序(6)

冶峪河分渠圖形

清渠圖形

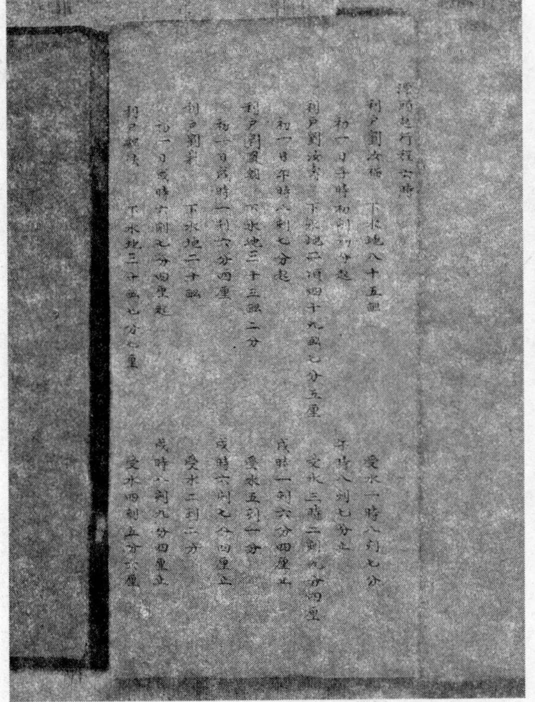

水册正文首一頁

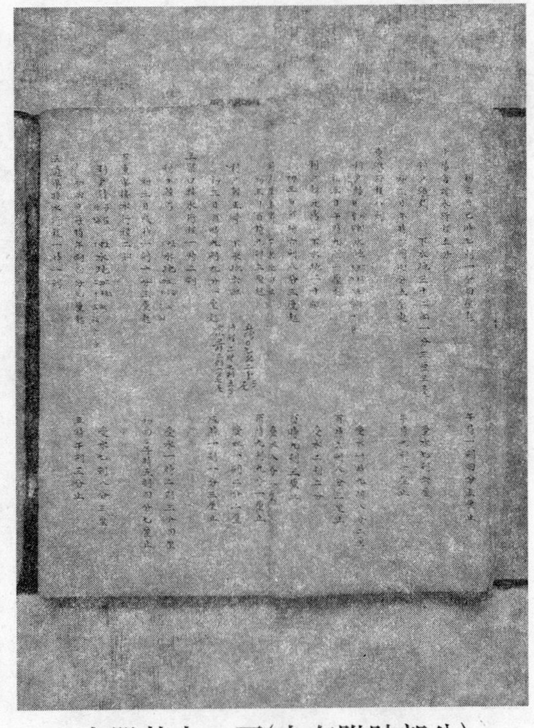

水册其中一頁(中有附貼部分)

序

夫水程之興，由來久矣，原遡其初，起於秦漢，雖其間變故更張，制度不一，而要不外於今王之制者近是。何也？即吾高門渠而論，灌地之規，舊有定例。每月初一日子時起水，從下而澆灌至於上，二十九日亥時盡止；若遇大月三十日之水，通渠渠長分用以作工食香錢，不得踰越。各利户每月到期灌地一次，每時點香一尺，大約灌地五十畝上下；即或水小，灌地不完，亦無异言。各渠有各渠渠長管理，永爲常法，久而弗替。無如世湮代遠，人心不古，風氣偷薄，漸染污俗。如逢灌地之時竟有點水不能見者；或水主軟弱，已過時候而不准接水者；或未澆灌至時而打鬧强奪者，更有水行半路而竊賣者；或瞞水主不知而私通下河賣堰者。其類甚夥，種種不法，實難枚舉，雖曰叔季之變，蓋亦人情之可恨而宜深痛絶之也耶！予先世所遺水程，每月初六日灌地，子時三刻五分八厘起，寅時一刻二分七厘止，受水一時七刻六分九厘。不意乾隆末年，先祖年邁，諸事孱弱，俾吾鄉之無賴劉太忠强佔去水程二十餘年。先祖辭世，先父始理家政，不知水歸何處，每思祖遺水地，緣何無水滋灌，居恒咨嗟，增悼怛耳。以故雖欲爲克家之令子，實無由以展其幹蠱之才。迨後於嘉慶十七年，先君子治家既久，紬繹翻閲，幸而始得祖上所遺字蹟，歷歷稽考，執有明證，纔央渠長暨鄉黨、户族、親房人等，〔與〕(于)劉太忠仝子劉陞理論多次，將水尋回。滋灌田畝，至今數十年不爽。予貿易槐里，持籌之暇，因思先世之事，忽失忽得，未嘗不爲之三嘆。誠所謂創業難，守成亦不易若是。爲之後裔者欲承先啓後，不既難乎！然轉思事必有本而後鮮遺忘之患，物必有誌而後少迷失之悮，寤寐服思，非親之記載不可以爲訓。於是出外就家，不憚跋涉，臻渠長處求來水册，細細詳閲，觀其中上、中、下三等水地畝數，受水時刻，接水刻期，無不曉然於心。第其間傳寫錯繆者甚多，後連得數本，細加參考，較正真切，敬録一本以爲家藏。隨便可以檢閲，豈非無傳而有傳、無誌而有誌乎！使後世知水程之例永無迷失之患云。是爲序。

時

道光二十六年歲次丙午五月吉日敬録

劉絲如題

〔正　文〕

道光廿六年前五月廿日將水册抄〔完〕(莞),舊本與所抄新本細對一毫不錯,後用算盤細算接水行程時刻并灌地之畝數、暨受水時刻、皆與首章總數不合,不知是舊本原日錯寫,亦未可知。隨後再借水册細查,今將目今算就灌地數目、受水時刻、接水行程、開列於後:

共地壹百二十頃○九十六畝二分七厘三毫

共行程八十四時二刻四分四厘

共受水二百六十一時六刻五分六厘

源頭起行程六時

利户劉汝福　下水地八十五畝　受水一時八刻七分　初一日子時初刻初分起　午時八刻七分止

利户劉汝壽　下水地二頃四十九畝七分五厘　受水三時二刻九分四厘　初一日午時八刻七分起　戌時一刻六分四厘止

利户劉鳳朝　下水地三十三畝二分　受水五刻一分　初一日戌時一刻六分四厘〔起〕戌時六刻七分四厘止

利户劉袞　下水地二十畝　受水二刻二分　初一日戌時六刻七分四厘起　戌時八刻九分四厘止

利户魏法　下水地三十畝七分七厘　受水四刻五分六厘　初一日戌時八刻九分四厘起　亥時三刻五分止

利户項鄉官　下水地二十七畝五分　受水三刻八分五厘　初一日亥時三刻五分起　亥時七刻三分五厘止

利户韓惟升　下水地七畝　受水一刻五分四厘　初一日亥時七刻三分五厘起　亥時八刻八分九厘止

利户楊景明　下水地八畝　受水一刻七分六厘　初一日亥時八刻八分九厘起　初二日子時六分五厘止

接水行程三刻

利户劉衮　下水地三十三畝二分五厘　受水七刻三分五厘　初二日子時六分五厘起　丑時一刻止

接水行程八刻

利户王寧　下水地三十二畝八分　受水七刻二分一厘　初二日丑時一刻起　寅時六刻二分一厘止

接水行程二刻

利户楊夫禮　下水地二十八畝　受水三刻九分六厘　初二日寅時六刻二分一厘起　卯時二刻一分七厘止

利户李九旺　下水地三畝　受水六分六厘　初二日卯時二刻一分七厘起　卯時二刻八分三厘止

接水行程一刻

利户袁弘德　下水地四十二畝七厘　受水九刻二分五厘　初二日卯時二刻八分三厘起　辰時叁刻八厘止

接水行程二刻

利户雷克忠　下水地四十九畝五分五厘　受水一時五刻三分　初二日辰時叁刻八厘起　午時三分八厘止

利户劉鳳朝　下水地三十畝　受水四刻五分

接水行程二時

利户牛克成　下水地二十畝　緒寫受水二刻二分　初二日午時三分八厘起　申時二刻五分八厘止

利户雲可道　下水地九十三畝二分　緒寫受水二時〇二分八厘　初二日申時二刻五分八厘起　戌時二刻八分六厘止

利户王海　下水地三十三畝　緒寫受水七刻二分六厘　初二日戌時二刻八分六厘起　亥時一分二厘止

利户賈彦春　下水地三十五畝　緒寫受水七刻七分　初二日亥時一分二厘起　亥時七刻八分二厘止

利户劉允中　下水地三十五畝　受水七刻七分　初二日亥時七刻八分二厘起　初三日子時五刻五分二厘止

利户孫克讓　下水地四十六畝　受水一時一分二厘　初三日子時五刻五分二厘起　丑時五刻六分四厘止

利户賈彦春　下水地二十二畝五分　受水二刻七分五厘　初三日丑時五刻六分四厘起

丑時八刻三分九厘止

利户吕讓　下水地三十三畝四分叁厘　受水七刻三分五厘　初三日丑時八刻三分九厘起　寅時五刻七分四厘止

利户張耿　下水地五畝八分　受水一刻二分七厘　初三日寅時五刻七分四厘起　寅時七刻一厘止

利户張時敬　下水地八畝三分　受水一刻八分二厘　初三日寅時七刻一厘起　寅時八刻八分三厘止

廟西行程二刻五分

利户楊謙　下水地三十三畝六分　受水四刻九分七厘　初三日寅時八刻八分三厘起　卯時六刻三分止

利户楊韓宋劉　下水地三十五畝　受水五刻五分　初三日卯時六刻三分起　辰時一刻三分止

石家莊行程三刻

利户張彦和　下水地四十三畝四分　受水九刻五分四厘　初三日辰時一刻三分起　巳時三刻八分四厘止

利户焦十三　下水地五畝四分　受水一刻一分八厘　初三日巳時三刻八分四厘起　巳時五刻二厘止

利户石景景　下水地二十畝四分二厘　受水二刻一分二厘　初三日巳時五刻二厘起　巳時七刻一分肆厘止

利户宋得　中水地三畝一分　下水地二十七畝五分三厘　受水四刻三分一厘　初三日巳時七刻一分四厘起　午時一刻四分五厘止

中陽店接水行程五分

利户張顯　下水地三十二畝一分三厘三毫　受水七刻六厘　初三日午時一刻四分五厘起　午時九刻一厘止

東渠行程八刻

利户韓瑰　韓爾魯　上水地三畝　中水地三十五畝　下水地七十二畝一分　受水一時九刻八分二厘　初三日午時九刻一厘起　酉時六刻八分三厘止

利户韓元鼎　下水地二十畝　受水二刻二分　初三日酉時六刻八分三厘起　酉時九刻三厘止

利户韓真儒　下水地四畝　受水八分八厘　初三日酉時九刻三厘起　酉時九刻九分一厘止〔按:此處前夾寫:“行程二時七刻五分受水十一時五刻八分七厘”。〕

利户韓正學　下水地六畝　受水一刻二分二厘　初三日酉時九刻九分一厘起　戌時一刻一分三厘止

三渠口接水行程一時二刻

利户韓鼐　上水地三畝　中水地二十畝　下水地四十三畝　受水一時二刻三分四厘　初三日戌時一刻一分三厘起　初四日子時五刻四分七厘止

下東渠接水行程二刻

利户韓子俊　韓作梅　上水地二畝　中水地四十畝　下水地二十三畝六分　受水七刻八分三厘　初四日子時午刻四分七厘起　丑時午刻三分止

三道渠接水行程一時一刻

利户鄒君受　上水地五畝五分　中水地四畝六分　下水地二頃三十三畝三分五厘　受水三時五分六厘　初四日丑時五刻三分起　巳時六刻八分六厘止

分三道渠接水行程一刻

利户韓玉　下水地二十四畝四分　受水三刻一分六厘　初四日巳時六刻八分六厘起　午時一刻二厘止

利户韓爾侗　韓浩　下水地二十畝　受水二刻二分　初四日午時一刻二厘起　午時三刻二分二厘止

文家莊南渠接水行程五刻

利户韓作梅　下水地三十五畝　受水七刻七分　初四日午時三刻二分二厘起　未時九刻五分二厘止

高頭村接水行程三時四刻

利户王仲禮　中水地三十七畝一分五厘　下水地六十九畝七分　受水二時五分六厘　初四日未時五刻九分二厘起　初五日丑時二刻二分九厘止

利户閆茂盛　中水地三畝八分　下水地三十畝　受水二刻五分六厘　初五日丑時二刻二分九厘起　丑時四刻八分五厘止

利户由其倫　中水地三畝三分四厘　下水地三十一畝　受水四刻八分六厘　初五日丑時四刻八分五厘起　丑時九刻七分一厘止

利户徐五　下水地二十畝四分　受水二刻八厘　初五日丑時九刻七分一厘起　寅時一刻七分九厘止

廟西渠接水行程三時

利户葛一奇　下水地二頃二十二畝七分　受水二時五刻三分四厘　初五日寅時一刻七分九厘起　未時七刻一分三厘止

接水行程一時五刻

利户董才下　董繼恩　下水地二頃五十三畝□分八厘　受水三時一刻四分五厘　初五日未時七刻一分三厘起　初六日子時三刻五分八厘止

利户劉文秀　下水地三畝八分　受水七分六厘　初六日子時三刻五分八厘起　子時四刻三分四厘止

利户劉鉉　劉光裕　下水地七十八畝一分五厘　受水一時六刻九分三厘　初六日子時四刻三分四厘起　寅時一刻二分七厘止

利户梁玉　下水地六畝七厘　受〔水〕一刻二分一厘　初六日寅時一刻二分七厘起　寅時二刻四分八厘止

利户張茂　下水地三十六畝七分二厘　受水七刻三分六厘　初六日寅時二刻四分八厘起　寅時盡止

西鐘村接水行程一時

利户張安　下水地二頃四十三畝九分八厘　受水二時八刻五分八厘　初六日卯時一刻起　午時九刻五分八厘止

接水行程二刻

利户葛汝才　下水地三十六畝五分　受水七刻三分　初六日午時九刻五分八厘起　未時八刻八分八厘止

接水行程二刻

利户董繼光　下水地四十五畝五分　受水九刻一分　初六日未時八刻八分八厘起　申時九刻九分八厘止

接水行程二刻

利户董守第　下水地二十畝四分　受水二刻八厘　初六日申時九刻九分八厘起　酉時四刻六厘止

利户賈興　下水地二十一畝　受二刻二分水　初六日酉時四刻六厘起　酉時六刻二分六厘止

利户馬成　下水地六畝　受水一刻二分　初六日酉時六刻二分六厘起　酉時七刻四分六厘止

利户孫萬金　下水地二十畝八分　受水二刻一分六厘　初六日酉時七刻四分六厘起　酉時九刻六分二厘止

接水行程二刻

利户張仁美　下水地三十三畝二分　受水六刻四分六厘　初六日酉時九刻六分二厘起

戌時八刻六厘止

利户李六　下水地六十畝八分　受水一時二刻一分六厘　初六日戌時八刻六厘起　初七日子時二分二厘止

利户王九　下水地六十九畝二分　受水一時三刻八分四厘　初七日子時二分二厘起　丑時四刻六厘止

利户宋八　下水地五畝二分　受水一刻四厘　初七日丑時四刻六厘起　丑時五刻一分止

利户楊可信　下水地二畝六分　受水三分二厘　初七日丑時五刻一分起　丑時五刻四分二厘止

利户劉茂德　下水地三畝八分　受水五分六厘　初七日丑時五刻四分二厘〔起〕　丑時五刻九分八厘止

接水行程七刻

利户張大業　下水地三十六畝三分　受七刻二分六厘水　初七日丑時五刻九分八厘起　卯時二分四厘止

利户單成　劉昌宗　下水地五十七畝六分五厘　受水一時一刻五分三厘　初七日卯時二分四厘起　辰時一刻七分七厘止

接水行程四刻五分

利户王翼忠　下水地二頃四十六畝五分　受水二時九刻三分　初七日辰時一刻七分七厘起　未時五刻五分七厘止

接水行程七刻

利户劉宿　下水地三十六畝二分　受水五刻二分四厘　初七日未時五刻五分七厘起　申時七刻八分一厘止

接水行程六刻

利户劉起魁　下水地三十七畝五厘　受水七刻四分一厘　初七日申時七刻八分一厘起　戌時一刻二分二厘止

接水行程一刻一分三厘

利户劉鼎昌　劉光積　劉鋐　下水地九十二畝九分　受水一時八刻三分八厘　初七日戌時一刻二分二厘起　初八日子時七分三厘止

接水行程四刻

利户劉耀　下水地六畝三分　受水一刻二分六厘　初八日子時七分三厘起　子時五刻九分九厘止

利户劉芳　下水地三十三畝五分　受水四刻七分　初八日子時五刻九分九厘起　丑時六分九厘止

利户劉光前　下水地三十七畝二分　受水五刻四分　初八日丑時六分九厘起　丑時六刻一分三厘止

接水行程六刻七分二厘

利户劉體乾　劉昌宗　下水地三頃八十三畝二分　受水五時六刻六分四厘　初八日丑時六刻一分三厘起　未時九刻四分九厘止

利户張國紀　下水地二畝六分　受水三分二厘　初八日未時九刻四分九厘起　未時九刻八分一厘止

利户賈興　下水地三畝五分　受水七分　初八日未時九刻八分一厘起　申時五分一厘止

利户馬惟遠　下水地九畝　受水一刻八分　初八日申時五分一厘起　申時二刻三分一厘止

利户董九獻　下水地二十畝　受水二刻　初八日申時二刻三分一厘起　申時四刻三分一厘止

衙塚渠接水行程三刻

利户韓作梅　口水地三十畝　口水地三十七畝五分五厘　受水九刻九厘　初八日申時四刻三分一厘起　酉時六刻四分止

利户韓鼐　下水地三畝五分　受水四分五厘　初八日酉時六刻四分起　酉時六刻八分五厘止

利户韓子俊　下水地三畝　受水五分四厘　初八日酉時六刻八分五厘起　酉時七刻三分九厘止

利户韓博　下水地二畝七分　受水三分　初八日酉時七刻三分九厘起　酉時七刻六分九厘止

利户韓和祥　下水地一畝七分　受水三分　初八日酉時七刻六分九厘起　酉時七刻九分九厘止

利户韓子偉　下水地七畝　受水一刻二分六厘　初八日酉時七刻九分九厘起　酉時九刻二分五厘止

利户韓可宗　下水地三畝　受水三分六厘　初八日酉時九刻二分五厘起　酉時九刻六分一厘止

常渠接水行程三刻

利户韓士英　下水地八畝五分　受水一刻四分四厘　初八日酉時九刻六分一厘起　戌時四刻五厘止

利户韓景琦　下水地十畝六分　受水一刻九分　初八日戌時四刻五厘起　戌時五刻九分五厘止

利户韓可宗　下水地五畝三分五厘　受水九分六厘　初八日戌時五刻九分五厘起　戌時六刻九分一厘止

利户韓光炳　下水地五畝　受水九分　初八日戌時六刻九分一厘起　戌時七刻八分一厘止

利户韓光祚　中水地五畝　受水九分　初八日戌時七刻八分一厘起　戌時八刻七分一厘止

利户韓光裕　下水地一畝三分　受水二分三厘　初八日戌時八刻七分一厘起　戌時八刻九分四厘止

利户韓爾質　下水地六畝五分　受水九分九厘　初八日戌時八刻九分四厘起　戌時九刻九分三厘止

利户韓玉　上水地三畝　受水三分六厘　初八日戌時九刻九分三厘起　亥時二分九厘止

莊科渠接水行程四刻

利户韓爾魯　上水地二畝　中水地七畝　下水地六畝　受水二刻七分　初八日亥時二分九厘起　亥時六刻九分九厘止

利户韓瑰　下水地二十五畝　受水二刻七分　初八日亥時六刻九分九厘起　亥時九刻六分九厘止

龍口渠接水行程三刻

利户韓博　上水地五畝　中水地二十五畝　下水地三十二畝三分　受水九刻二分三厘　初八日亥時九刻六分九厘起　初九日丑時一刻九分二厘〔止〕

利户韓靈　下水地三十三畝六分　受水四刻二分四厘　初九日丑時一刻九分二厘起　丑時六刻一分六厘止

利户韓爾魯　下水地二十三畝　受水二刻一分六厘　初九日丑時六刻一分六厘起　丑時八刻三分二厘止

利户韓瑰　下水地二十六畝六分　受水二刻九分八厘　初九日丑時八刻三分二厘起　寅時一刻三分止

利户韓舜民　下水地八畝　受水一刻四分四厘　初九〔日〕寅時一刻三分起　寅時二刻

七分四厘止

利户韓祉　下水地四畝七分　受水八分四厘　初九日寅時二刻七分四厘起　寅時三刻五分八厘止

利户韓玉　下水地七畝　受水一刻二分六厘　初九日寅時三刻五分八厘起　寅時四刻八分四厘止

利户韓孺初　下水地三十畝八分　受水三刻七分四厘　初九日寅時四刻八分四厘起　寅時八刻五分四厘止

利户韓鼎鎮　下水地九畝九分　受水一刻七分八厘　初九日寅時八刻五分四厘起　卯時三分二厘止

利户韓和祥　下水地二十五畝　受水二刻七分　初九日卯時三分二厘起　卯時三刻二厘止

利户韓翔漢　下水地二十五畝八分　受水二刻八分四厘　初九日卯時三刻二厘起　卯時五刻八分六厘止

利户韓士英　下水地二十六畝　受水二刻八分四厘　初九日卯時五刻八分六厘起　卯時八刻七分四厘止

車廂渠接水行程四刻

利户韓方暘　上水地一畝　中水地四畝　下水地七畝八分　受水二刻二分九厘　初九日卯時八刻七分四厘起　辰時五刻三厘止

利户韓鼐　下水地三畝　受水五分四厘　初九日辰時五刻三厘起　辰時五刻五分七厘止

利户韓來極　下水地十四畝九分　受水二刻六分八厘　初九日辰時五刻五分七厘起　辰時八刻二分五厘止

利户韓重儒　下水地六畝二分　受水一刻一分一厘　初九日辰時八刻二分五厘起　辰時九刻三分六厘止

利户韓一奇　下水地七畝二分　受水一刻二分九厘　初九日辰時九刻三分六厘起　巳時六分五厘止

廟前渠接水行程三刻

利户韓鼐　下水地二十三畝五分　受水二刻四分三厘　初九日巳時六分五厘起　巳時六刻八厘止

利户韓作梅　上水地五畝　中水地十畝　下水地二十一畝七分五厘　受水三刻三厘　初九日巳時六刻八厘起　巳時九刻一分一厘止

利户韓昌棨　下水地二十三畝三分　受水二刻三分九厘　初九日巳時九刻一分一厘起　午時一刻五分止

利户韓可宗　下水地三畝五分　受水六分三厘　初九日午時一刻五分起　午時二刻一分三厘止

利户韓俊　下水地五畝　受水九分　初九日午時二刻一分三厘起　午時三刻三厘止

利户韓一奇　下水地八分　受水一分四厘　初九日午時三刻三厘起　午時三刻一分七厘止

利户韓士英　下水地四畝五分五厘　受水八分一厘　初九日午時三刻一分七厘起　午時三刻九分八厘止

利户韓景琦　下水地叁畝　受水五分四厘　初九日午時三刻九分八厘起　午時四刻五分二厘止

利户韓來極　下水地三十二畝二分　受水三刻八分一厘　初九日酉時一分七厘起　酉時三刻九分八厘止

利户韓孺初　下水地二十三畝　受水二刻三分二厘　初九日酉時三刻九分八厘起　酉時六刻二分二厘止

利户韓鼐　下水地一畝二分　受水二分一厘　初九日酉時六刻二分二厘起　酉時六刻四分三厘止

利户韓翔漢　下水地三畝三分　受水五分九厘　初九日酉時六刻四分三厘起　酉時七刻二厘止

文家墳前渠接水行程四刻

利户韓孺初　下水地六畝　受水一刻八厘　初九日酉時七刻二厘起　戌時二刻一分止

利户韓修　上水地二畝　中水地三畝　下水地八畝　受水二刻一分六厘　初九日戌時二刻一分起　戌時四刻二分六厘止

利户韓鼐　下水地七分　受水一分二厘　初九日戌時四刻二分六厘起　戌時四刻三分八厘止

利户張起宏　下水地七分　受水一分二厘　初九日戌時四刻三分八厘起　戌時四刻五分止

利户韓來極　下水地八畝　受水一刻四分四厘　初九日戌時四刻五分起　戌時五刻九分四厘止

阿賀渠接水行程二時二刻

利户楊太如　下水地五十二畝七分　受水一時一刻三分七厘　初九日戌時五刻九分四

厘起　初十日丑時九刻三分一厘〔止〕

利户楊傑　下水地四畝六分二厘　受水一刻一厘　初十日丑時九刻三分一厘起　寅時三分二厘止

利户楊昌祚　楊昌言　下水地七畝八分　受水一刻七分一厘　初十日寅時三分二厘起　寅時二刻三厘止

利户楊天潤　下水地三畝　受水四分四厘　初十日寅時二刻三厘起　寅時二刻四分七厘止

利户楊倫　下水地三畝八分八厘　受水六分三厘　初十日寅時二刻四分七厘起　寅時三刻一分止

利户邢寬　下水地三畝　受水四分二厘　初十日寅時三刻一分起　寅時三刻五分四厘止

利户邢惟簡　下水地一畝　受水二分二厘　初十日寅時三刻五分四厘起　寅時三刻七分六厘止

利户劉其明　下水地三十畝七分　受水四刻五分五厘　初十日寅時三刻七分六厘起　寅時八刻三分一厘止

利户郗元稑　下水地一畝六分五厘　受水三分六厘　初十日寅時八刻三分一厘起　寅時八刻六分七厘止

利户楊呈瑞　下水地三畝一分三厘　受水六分八厘　初十日寅時八刻六分七厘起　寅時九刻叁分五止厘〔止〕

利户楊名　下水地三畝　受水四分四厘　初十日寅時九刻三分五厘起　寅時九刻七分九厘止

利户楊九有　下水地九分　受水一分九厘　初十日寅時九刻七分九厘起　寅時九刻九分八厘止

利户楊聚　下水地三畝四分　受水七分四厘　初十日寅時九刻九分八厘起　卯時七分二厘止

利户邢彝　下水地四十五畝　受水九刻九分　初十日卯時七分二厘起　辰時六分二厘止

利户邢惟簡　下水地四十五畝　受水九刻九分　初十日辰時六分二厘起　巳時五分二厘止

利户王璽胤　下水地四十七畝九分　受水一時五分三厘　初十日巳時五分二厘起　午時一刻五厘止

利户張光彩　下水地八畝　受水一刻七分七厘　初十日午時一刻五厘起　午時二刻八分二厘止

利户劉允中　下水地三十六畝五分　受水五刻八分三厘　初十日午時二刻八分二厘起　午時八刻六分五厘止

利户杜六　下水地六十七畝九分　受水一時四刻九分三厘　初十日午時八刻六分五厘起　申時三刻五分八厘止

趙家莊接水行程四刻

利户楊謙　下水地四十六畝一分　受水八刻二分九厘　初十日申時三刻五分八厘起　酉時五刻八分七厘止

接水行程二刻

利户張彦和　下水地七十畝三分　受水一時二刻六分五厘　初十日酉時五刻八分七厘起　亥時五分二厘止

利户楊祥　下水地二十三畝五分　受水四刻二分四厘　初十日亥時五分二厘起　亥時四刻七分六厘止

利户張靖　下水地九畝一分　受水一刻六分三厘　初十日亥時四刻七分六厘起　亥時六刻三分九厘止

接水行程五刻

利户趙敬甫　下水地九十畝七分　受水一時六刻三分二厘　初十日亥時六刻三分九厘起　十一日丑時七刻七分一厘止

利户張林　下水地二十四畝　受水二刻五分二厘　十一日丑時七刻七分一厘起　寅時二分三厘止

三道渠口接水行程一時

利户韓士寬　下水地八十畝六分　受水一時七刻七分三厘　十一日寅時二分三厘起　辰時七刻九分六厘止

利户張永德　下水地五十六畝　受水一時二刻三分二厘　十一日辰時七刻九分六厘起　午時二分八厘止

接水行程八刻

利户董洪義　上水地三十七畝三分　中水地五十七畝六分　下水地二頃四十畝三分　受水四時七刻四厘　十一日午時二分八厘起　亥時五刻四厘止

十二道渠口接水行程一時二刻

利户文十三　下水地三頃二十八畝六分八厘　受水七時二刻二分九厘　十一日亥時伍

刻四厘起　十二日未時九刻三分三厘止

接水行程九刻伍分

利户蔣謙　上水地六十畝　下水地六十畝　受水二時六刻　十二日未時九刻三分三厘起　亥時四刻八分三厘止

利户李守全　中水地二十五畝　受水五刻五分　十二日亥時四刻八分三厘起　十三日子時三分三厘止

利户張騰蛟　中水地三十九畝一分　受水六刻四分　十三日子時三分三厘起　子時六刻七分三厘止

利户馬徐　上水地五十畝一分　下水地三頃四畝　受水五時五刻九分　十三日子時六刻七分三厘起　午時二刻六分三厘止

積善橋接水行程一時

利户焦時來　下水地三十五畝　受水七刻七分　十三日午時二刻六分三厘起　申時三分三厘止

利户焦時謙　下水地二十一畝二分　受水二刻四分六厘　十三日申時三分三厘起　申時二刻七分九厘止

利户焦文焕　下水地八十畝　受水一時七刻六厘　十三日申時二刻七分九厘起　戌時叁分九厘止

利户焦汝柏　下水地二十八畝八分　受水六刻三分三厘　十三日戌時三分九厘起　戌時六刻七分二厘止

利户焦文達　下水地十畝八分　受水二刻三分七厘　十三日戌時六刻七分二厘起　戌時九刻九厘止

利户焦希賢　下水地二十四畝三分　受水三刻一分四厘　十三日戌時九刻九厘起　亥時二刻二分三厘止

利户焦希儒　下水地二畝　受水四分四厘　十三日亥時二刻二分三厘起　亥時六刻六分七厘止

利户張幹成　中水地三畝二分　受水七分　十三日亥時六刻六分七厘起　亥時七刻三分七厘止

利户張興　中水地十五畝五分　上水地二畝　受水三刻八分五厘　十三日亥時七刻三分七厘起　十四日子時一刻二分二厘〔止〕

利户董盛　下水地二十一畝七分　受水二刻五分七厘　十四日子時一刻二分二厘起　子時三刻七分九厘止

利户杜一諫　下水地二十三畝　受水二刻八分八厘　十四日子時三刻七分九厘起　子時六刻六分七厘止

利户岳言　下水地五畝　受水一刻一分　十四日子時六刻六分七厘起　子時七刻七分七厘止

利户張子敬　下水地九畝六分　受水二刻一分一厘　十四日子時七刻七分七厘起　子時九刻八分八厘止

利户杜相南　下水地十畝五分　受水二刻三分一厘　十四日子時九刻八分八厘起　丑時二刻一分九厘止

利户杜友蘭　下水地五畝五分　受水壹刻二分一厘　十四日丑時二刻一分九厘起　丑時三刻四分止

利户董守才　下水地二十五畝　受水五刻五分　十四日丑時三刻四分起　丑時八刻九分止

接水行程九刻

利户董承業　下水地四十四畝二分　受水九刻七分二厘　十四日丑時八刻九分起　卯時七刻六分二厘止

利户杜範民　下水地二十一畝八分　受水二刻五分九厘　十四日卯時七刻六分二厘起　辰時一分四厘止

利户杜條玉　下水地三十四畝五分　受水七刻五分九厘　十四日辰時一分四厘起　辰時七刻七分三厘止

橋頭渠接水行程五刻二分

利户焦汝栢　下水地三十三畝　受水五刻六厘　十四日辰時七刻七分三厘起　巳時七刻九分九厘止

利户焦文達　下水地六畝三分　受水一刻三分八厘　十四日巳時七刻九分九厘起　巳時九刻三分七厘止

利户焦時謙　下水地四畝八分　受水一刻五厘　十四日巳時九刻三分七厘起　午時一刻四分二厘止

利户焦希賢　下水地四畝二分　受水九分二厘　十四日午時一刻四分二厘起　午時二刻三分四厘止

利户焦希儒　下水地五畝　受水一刻一分　十四日午時二刻三分四厘起　午時三刻四分四厘止

利户焦士鄉　下水地二畝七分五厘　受水六分　十四日午時三刻四分四厘起　午時四

刻四厘止

利户焦文焕　下水地五十六畝三分　受水一時二刻三分八厘　十四日午時四刻四厘起　未時六刻四分二厘止

利户蔣一表　下水地七畝三分　受水一刻六分　十四日未時六刻四分二厘起　未時八刻二厘止

利户李天福　下水地三畝　受水六分六厘　十四日未時八刻二厘起　未時八刻六分八厘止

利户張幹成　中水地六畝五分　受水一刻四分三厘　十四日未時八刻六分八厘起　申時一分一厘止

利户張興　中水地六畝五分　受水一刻四分三厘　十四日申時一分一厘起　申時一刻五分四厘止

利户杜鳳羽　下水地二畝五分　受水五分五厘　十四日申時一刻五分四厘起　申時二刻九厘止

利户杜一諫　下水地九畝五分　受水二刻九厘　十四日申時二刻九厘起　申時四刻一分八厘止

利户董盛　下水地六畝一分　受水一刻三分四厘　十四日申時四刻一分八厘起　申時五刻五分二厘止

利户馮雲躋　下水地三畝八分　受水八分叁厘　十四日申時五刻五分二厘起　申時六刻三分五厘止

利户王葵仲　下水地三畝五分　受水七分七厘　十四日申時六刻三分五厘起　申時七刻一分二厘止

利户張子敬　下水地四十八畝　受水一時五分六厘　十四日申時七刻一分二厘起　酉時七刻六分八厘止

利户祁秀　下水地二十二畝五分　受水二刻五分三厘　十四日酉時七刻六分八厘起　戌時二分一厘止

利户馮志九　下水地三畝八分　受水八分三厘　十四日戌時二分一厘起　戌時一刻四厘止

利户馮雲躋　下水地二十六畝五分　受水三刻六分三厘　十四日戌時一刻四厘起　戌時四刻六分七厘止

接水行程三刻

利户杜承業　下水地四十畝　受水八刻八分　十四日戌時四刻六分七厘起　亥時六刻

四分七厘止

利户董守才　下水地五畝　受水一刻一分　十四日亥時六刻四分七厘起　亥時七刻五分七厘止

利户杜學孟　下水地八畝六分　受水壹刻捌分九厘　十四日亥時七刻五分七厘起　亥時九刻四分六厘止

接水行程二刻

利户馮一順　馮恭　下水地十二畝四分　受水二刻五分二厘　十四日亥時九刻四分六厘起　十五日子時三刻九分八厘止

接水行程三刻

利户馮一魁　馮天盛　馮雲蹟　下水地二十二畝六分　受水四刻七分五厘　十五日子時三刻九分八厘起　丑時一刻七分三厘止

利户馮友法　下水地十畝五分　受水二刻三分一厘　十五日丑時一刻柒分三厘起　丑時四刻四厘止

利户馮友法　下水地九畝七厘　受水一刻九分九厘　十五日丑時四刻四厘起　丑時六刻三厘止

接水行程五刻

利户馮一魁　馮天盛　下水地十四畝四分七厘　受水三刻一分八厘　十五日丑時六刻三厘起　寅時四刻二分一厘止

利户馮金章　下水地十二畝六分五厘　受水二刻五分五厘　十五日寅時四刻二分一厘起　卯時一刻二分六厘止

利户馮治本　下水地二十二畝　受水五刻二分八厘　十五日卯時一刻二分六厘起　卯時六刻五分四厘止

利户祁珍　下水地六畝三分　受水一刻三分八厘　十五日卯時六刻五分四厘起　卯時七刻九分二厘止

利户馮文昭　下水地五畝　受水一刻一分　十五日卯時七刻九分二厘起　卯時九刻二厘止

利户馮雲達　下水地三十畝七分　受水二刻七分九厘　十五日卯時九刻二厘起　辰時一刻八分一厘止

利户馮明時　下水地七十六畝二分　受水一時六刻七分六厘　十五日辰時一刻八分一厘起　巳時八刻五分七厘止

接水行程三刻九分一厘

利户馮自修　馮奇胤　馮揚予　下水地三十五畝　受水五刻五分　十五日巳時八刻五分七厘起　午時七刻九分八厘止

接水行程八刻

利户馮文選　下水地八十七畝一分一厘　受水一時九刻一分六厘　十五日午時七刻九分八厘起　酉時五刻一分四厘止

利户馮文昭　下水地九畝五分　受水二刻九厘　十五日酉時五刻一分四厘起　酉時七刻二分三厘止

接水行程二刻三分七厘

利户楊耐菴　下水地十二畝一分五厘　受水二刻六分七厘　十五日酉時七刻二分三厘起　戌時二刻二分七厘止

接水行程八刻一分三厘

利户馮明時　下水地十三畝九分四厘　受水三刻七厘　十五日戌時二刻二分七厘起　亥時三刻四分七厘止

利户楊郁　下水地四畝　受水八分八厘　十五日亥時三刻四分七厘起　亥時四刻三分五厘止

利户馮愛　下水地四畝五分　受水九分九厘　十五日亥時四刻三分五厘起　亥時五刻三分四厘止

利户馮雲逵　下水地三畝三分　受水七分二厘　十五日亥時五刻三分四厘起　亥時六刻六厘止

利户馮金章　下水地二十七畝　受水五刻九分四厘　十五日亥時六刻六厘起　十六日子時二刻止

利户馮建章　下水地二十九畝　受水六刻三分八厘　十六日子時二刻起　子時八刻三分八厘止

利户馮祥美　下水地四畝　受水一刻三分二厘　十六日子時八刻三分八厘起　子時九刻七分止

利户祁珍　下水地二十三畝二分　受水二刻九分　十六日子時九刻七分起　丑時二刻六分止

招義囤接水行程五時五刻

利户沈敬甫　下水地五十六畝　受水一時二刻三分二厘　十六日丑時二刻六分起　未時九刻九分二厘止

利户何彦　下水地四十八畝　受水一時五分九厘　十六日未時九刻九分二厘起　酉時

四分八厘止

利户張什一　下水地一十九畝　受水四刻一分八厘　十六日酉時四分八厘起　酉時四刻六分六厘止

利户王一魁　下水地三畝　受水六分六厘　十六日酉時四刻六分六厘起　酉時五刻三分二厘止

利户閆景先　下水地二畝二分　受水四分八厘　十六日酉時五刻三分二厘起　酉時五刻八分止

利户孟才卿　下水地二十八畝五分　受水四刻七厘　十六日酉時五刻八分起　酉時九刻八分七厘止

利户張純　張連　下水地二十八畝　受水三刻九分六厘　十六日酉時玖刻八分七起　戌時三刻八分三厘止

利户張喜　下水地二十二畝　受水二刻六分四厘　十六日戌時三刻八分三厘起　戌時六刻四分七厘止

利户丁四　下水地五畝　受水一刻一分　十六日戌時六刻四分七厘起　戌時七刻五分七厘止

利户王耀忠　下水地三十七畝一分　受水八刻一分六厘　十六日戌時七刻五分七厘起　亥時五刻七分三厘止

利户李文翰　下水地一十六畝　受水三刻五分二厘　十六日亥時五刻七分三厘起　亥時九刻二分五厘止

接水行程七刻

利户張仁美　下水地四十八畝二分　受水一時六分　十六日亥時九刻二分五厘起　十七日丑時六刻八分五厘止

利户李定生　下水地四十一畝　受水九刻二厘　十七日丑時六刻八分五厘起　寅時五刻八分七厘止

利户韓孺初　下水地三畝五分　受水七分七厘　十七日寅時五刻八分七厘起　寅時六刻六分四厘止

利户韓瑰　韓爾魯　中水地八畝七分　下水地四十三畝三分　受水一時一刻四分四厘　十七日寅時六刻六分四厘起　卯時八刻四厘止

利户張喜　下水地四畝八分　受水九分六厘　十七日卯時八刻四厘起　卯時九刻四厘止

接水行程三刻

利户張思忠　下水地八畝　受水一刻六分　十七日卯時九刻四厘起　辰時三刻六分四厘止

接水行程一刻

利户沈敬甫　下水地十畝五分　受水二刻一分　十七日辰時三刻六分四厘起　辰時六刻七分四厘止

利户王耀忠　下水地七十七畝二分　受水一時五刻四分四厘　十七日辰時六刻七分四厘起　午時二刻一分八厘止

利户李文翰　下水地二畝　受水四分　十七日午時二刻一分八厘起　午時二刻五分八厘止

接水行程一時

利户董繼思　下水地二十六畝　受水五刻二分　十七日午時二刻五分八厘起　未時七刻七分八厘止

接水行程五刻

利户劉茂得　下水地十五畝　受水三刻　十七日未時七刻七分八厘起　申時五刻七分八厘止

接水行程七刻

利户董加詔　下水地二十五畝　受水五刻　十七日申時五刻七分八厘起　酉時七刻七分八厘止

利户馮惟速　下水地三畝　受水六分　十七日酉時七刻七分八厘起　酉時八刻三分八厘止

利户張宏儒　下水地五畝　受水一刻　十七日酉時八刻三分八厘起　酉時九刻三分八厘止

利户賈興　下水地四畝五分　受水九分　十七日酉時九刻三分八厘起　戌時二分八厘止

利户王胤錫　下水地四十二畝　受水八刻二分　十七日戌時二分八厘起　戌時八刻四分八厘止

利户劉昌宗　下水地八畝五分　受水一刻七分　十七日戌時八刻四分八厘起　亥時一分八厘止

利户單成　下水地十二畝七分　受水二刻三分四厘　十七日亥時一分八厘起　亥時二刻五分二厘止

利户董九獻　下水地三十六畝　受水七刻二分　十七日亥時二刻五分二厘起　亥時九

刻七分二厘止

南渠接水行程四刻

利户韓翔漢　中水地八畝　下水地十三畝　受水四刻七分　十七日亥時九刻七分二厘起　十八日子時八刻四分二厘止

利户韓瑰　下水地二十六畝　受水六刻二分四厘　十八日子時八刻四分二厘起　丑時四刻六分六厘止

利户韓來忠　下水地五畝　受水一刻二分　十八日丑時四刻六分六厘起　丑時五刻八分六厘止

利户韓鼐　下水地二畝二分　受水五分二厘　十八日丑時五刻八分六厘起　丑時六刻三分八厘止

利户韓可宗　下水地二畝五分　受水六分　十八日丑時六刻三分八厘起　丑時六刻九分八厘止

東渠接水行程六刻

利户韓孺初　中水地十二畝　下水地十畝　受水三刻一分二厘　十八日丑時六刻九分八厘起　寅時六刻一分止

利户張起宏　下水地八畝　受水一刻八分二厘　十八日寅時六刻一分起　寅時七刻九分二厘止

利户韓舜民　下水〔地〕七畝五分　受水一刻八分　十八日寅時七刻九分二厘起　寅時九刻七分二厘止

利户韓祉　下水地六畝五分　受水一刻五分七厘　十八日寅時九刻七分二厘起　卯時一刻二分九厘止

利户韓修　下水地十八畝　受水四刻三分二厘　十八日卯時一刻二分九厘起　卯時五刻六分一厘止

利户韓來極　下水地十六畝三分　受水三刻九分一厘　十八日卯時五刻六分一厘起　卯時九刻五分二厘止

中渠接水行程四刻

利户韓博　中水地二十二畝　下水地四十二畝　受水一時五刻一分二厘　十八日卯時九刻五分二厘起　巳時八刻六分四厘止

西渠接水行程六刻

利户韓玉　下水地十七畝五分　受水四刻二分　十八日巳時八刻六分四厘起　午時八刻八分四厘止

丁家窑接水行程四刻

利户韓社　下水地二畝　受水四分八厘　十八日午時八刻八分四厘起　未時三刻三分二厘止

利户韓一俊　下水地三畝五分　受水八分四厘　十八日未時三刻三分二厘起　未時四刻一分六厘止

利户韓子偉　下水地十畝　受水二刻四分　十八日未時四刻一分六厘起　未時六刻五分六厘止

利户韓荆士　下水地三畝　受水七分二厘　十八日未時六刻五分六厘起　未時七刻二分八厘止

利户韓孺初　下水地十三畝　受水三刻一分二厘　十八日未時七刻二分八厘起　申時五分止

接水行程一時七分

利户張仁美　下水地九十七畝　受水二時二刻三分一厘　十八日申時五分起　亥時三刻五分一厘止

利户圓湛　下水地十五畝　受水三刻四分五厘　十八日亥時三刻五分一厘起　亥時六刻九分六厘止

利户閆景先　下水地三畝三分　受水七分五厘　十八日亥時六刻九分六厘起　亥時七刻七分一厘止

利户沈敬甫　下水地四十畝　受水九刻二分　十八日亥時七刻七分一厘起　十九日子時六刻九分一厘止

利户孟才卿　下水地二十八畝　受水六刻四分四厘　十九日子時六刻九分一厘起　丑時三刻三分五厘止

利户宋敬禮　下水地二十三畝五分　受水二刻八分八厘　十九日丑時三刻三分五厘起　丑時六刻二分三厘止

利户沈國印　沈國傑　沈國鳳　下水地九畝　受水一刻九分八厘　十九日丑時六刻二分三厘起　丑時八刻二分一厘止

利户韓士寬　下水地十一畝　受水二刻四分　十九日丑時八刻二分一厘起　寅時六分一厘止

接水行程二刻五分

利户張承得　下水地二頃八十五畝　受水四時七分　十九日寅時六分一厘起　午時三刻八分一厘止

利户文起鵬　下水地十八畝二分　受水四刻　十九日午時三刻八分一厘起　午時七刻八分一厘止

接水行程九刻五分

利户蔣恵　上水地九十三畝　中水地二十六畝　受水三時一刻五分三厘　十九日午時七刻八分一厘起　戌時八刻八分四厘止

利户李守全　上水地十七畝　受水四刻五分　十九日戌時八刻八分四厘起　亥時三刻三分四厘止

利户張騰蛟　下水地十三畝　受水三刻一分三厘　十九日亥時三刻三分四厘起　亥時六刻四分七厘止

利户馮禄　中水地十四畝　受水三刻一厘　十九日亥時六刻四分七厘起　亥時九刻四分八厘止

利户馮徐　下水地五十畝　受水一時三刻二分　十九日亥時九刻四分八厘起　二十日丑時二刻六分八厘止

利户劉文義　下水地三頃二十八畝　受水三時三刻九分二厘　二十日丑時二刻六分八厘起　辰時六刻六分止

利户魏七　下水地四畝七分五厘　受水二刻五分　二十日辰時六刻六分起　辰時九刻一分止

利户杜克義　下水地四十五畝　受水一時一刻九分　二十日辰時九刻一分起　午時一刻止

接水行程八刻

利户馮秀　下水地五十畝　受水一時　二十日午時一刻起　未時九刻止

利户馮錫連　下水地四十畝二分　受水八刻四厘　二十日未時九刻起　申時七刻四厘止

接水行程六刻

利户馮永昌　下水地四十五畝　受水九刻　二十日申時七刻四厘起　戌時二刻四厘止

利户馮宗禮　下水地十六畝二分　受水三刻二分四厘　二十日戌時二刻四厘起　戌時五刻二分八厘止

利户王來貢　下水地五畝五分　受水一刻一分　二十日戌時五刻二分八厘起　戌時六刻三分八厘止

利户馮斑　下水地一畝八分　受水三分六厘　二十日戌時六刻三分八厘起　戌時六刻七分四厘止

利户趙昉輝　下水地七畝五分　受水一刻五分　二十日戌時六刻七分四厘起　戌時八刻二分四厘止

利户馮坤　下水地三十四畝　受水四刻八分　二十日戌時八刻二分四厘起　亥時三刻四厘止

利户馮文選　下水地四十畝　受水八刻　二十日亥時三刻四厘起　二十一日子時一刻四厘止

利户楊錫詔　楊郁　楊毓芳　上水地二十一畝　受水六刻三分　二十一日子時一刻四厘起　子時七刻三分四厘止

接水行程六刻

利户楊詔震　楊郁　楊毓芳　中水地二十九畝八分四厘　受水八刻九分五厘　二十一日子時七刻三分四厘起　寅時二刻二分九厘止

利户上官福全　中水地六畝　受水一刻八分　二十一日寅時二刻二分九厘起　寅時四刻九厘止

利户王文思　中水地十畝一分六厘　受水三刻五厘　二十一日寅時四刻九厘起　寅時七刻一分四厘止

利户何鳴秀　下水地二畝　受水六分　二十一日寅時七刻一分四厘起　寅時七刻七分四厘止

利户張汝西　下水地五畝五分　受水一刻六分五厘　二十一日寅時七刻七分四厘起　寅時盡止

接水行程七時

利户楊秀　楊得春　下水地三十五畝一分　受水五刻五分二厘　二十一日卯時一分起　戌時五刻五分二厘止

利户趙之福　趙之進　下水地二十二畝　受水四刻八分四厘　二十一日戌時五刻五分二厘起　亥時三分六厘止

利户孟嵜　孟嵐　孟嵲　下水地三十五畝二分　受水五刻五分四厘　二十一日亥時三分六厘起　亥時五刻九分止

接水行程三刻

利户趙有策　下水地四十二畝八分　受水九刻四分一厘　二十一日亥時五刻九分起　二十二日子時八刻三分七厘止

利户劉敏道　下水地五畝　受水一刻一分　二十二日子時八刻三分七厘起　子時九刻四分七厘止

利户祁雲路　下水地二畝三分　受水五分　二十二日子時九刻四分七厘起　子時九刻九分七厘止

利户趙養志　下水地六十四畝二分　受水一時四刻一分二厘　二十二日子時九刻九分七厘起　寅時四刻九厘止

利户趙養威　下水地四畝七分　受水一刻三厘　二十二日寅時四刻九厘起　寅時五刻一分二厘止

接水行程三時三刻九分

利户張純仁　下水地二頃四十六畝四分　受水三時二刻二分　二十二日寅時五刻一分二厘起　酉時一刻二分二厘止

六渠接水行程二時三刻三分八厘

利户劉和輕　下水地二頃二十畝　受水二時六刻四分二厘　二十二日酉時一刻二分二厘起　二十三日寅時一刻一分四厘止

利〔户〕張士芳　下水地十七畝九分　受水三刻八分四厘　二十三日寅時一刻一分四厘起　寅時四刻九分八厘止

利户張受岱　下水地三十三畝六分　受水七刻二分二厘　二十三日寅時四刻九分八厘起　卯時二刻二分止

利户張和順　下水地五十畝　受水一時七分四厘　二十三日卯時二刻二分起　辰時二刻九分四厘止

利户劉其明　下水地二畝　受水四分三厘　二十三日辰時二刻九分四厘起　辰時三刻三分七厘止

利户楊胤祥　下水地六畝　受水一刻二分九厘　二十三日辰時三刻三分七厘起　辰時四刻六分六厘止

利户楊宏士　下水地二畝　受水四分三厘　二十三日辰時四刻六分六厘起　辰時五刻九厘止

利户張大烈　下水地三畝　受水六分四厘　二十三日辰時五刻九厘起　辰時五刻七分三厘止

利户楊九芳　下水地一畝六分　受水三分四厘　二十三日辰時五刻七分三厘起　辰時六刻七厘止

利户楊光前　下水地二畝九分　受水六分二厘　二十三日辰時六刻七厘起　辰時六刻六分九厘止

利户邢惟良　邢惟扑　邢惟恕　下水地七畝三分　受水一刻五分六厘　二十三日辰時

六刻六分九厘起 辰時八刻二分五辰止

利户張興娃 下水地三畝五分 受水六分五厘 二十三日辰時八刻二分五厘起 辰時八刻九分止

利户楊子隆 下水地二頃三十八畝三分三厘 受水二時九刻七分四厘 二十三日辰時八刻九分起 未時八刻六分四厘止

利户楊惟俊 下水地五畝 受水一刻七厘 二十三日未時八刻六分四厘起 未時九刻七分一厘止

利户王鼎 下水地九畝 受水一刻九分三厘 二十三日未時九刻七分一厘起 申時一刻六分四厘止

利户楊惟恒 下水地五畝五分 受水一刻一分八厘 二十三日申時一刻六分四厘起 申時二刻八分二厘止

利户楊之玉 下水地六畝 受水一刻二分九厘 二十三日申時二刻八分二厘起 申時四刻一分一厘止

利户楊爾升 下水地二畝 受水四分三厘 二十三日申時四刻一分一厘起 申時四刻五分四厘止

利户楊璘 下水地三畝五分 受水七分五厘 二十三日申時四刻五分四厘起 申時五刻二分九厘止

利户任望 下水地十五畝五分 受水三刻三分三厘 二十三日申時五刻二分九厘起 申時八刻六分二厘止

利户趙漢 下水地十六畝四分 受水三刻五分二厘 二十三日申時八刻六分二厘起 酉時二刻一分四厘止

利户楊九芳 下水地二畝五分 受水五分三厘 二十三日酉時二刻一分四厘起 酉時二刻六分七厘止

利户張丕祚 下水地三畝一分 受水六分六厘 二十三日酉時二刻六分七厘起 酉時三刻三分三厘止

利户楊發陳 下水地五畝三分 受水一刻一分三厘 二十三日酉時三刻三分三厘起 酉時四刻四分六厘止

利户楊呈瑞 下水地十畝七分 受水二刻三分 二十三日酉時四刻四分六厘起 酉時六刻七分六厘止

利户楊爾升 下水地七畝 受水一刻五分 二十三日酉時六刻七分六厘起 酉時八刻二分六厘止

利户李天泰　下水地三十五畝九分　受水七刻七分一厘　二十三日酉時八刻二分六厘起　戌時五刻九分七厘止

利户李玉體　下水地十七畝八分　受水三刻八分二厘　二十三〔日〕戌時五刻九分七厘起　戌時九刻七分九厘止

利户李元美　下水地十畝七分五厘　受水二刻三分一厘　二十三日戌時九刻七分九厘起　亥時二刻一分止

利户李爾植　下水地十畝七分　受水二刻三分　二十三日亥時二刻一分起　亥時四刻九分止

利户張時亮　下水地三十二畝　受水六刻八分四厘　二十三日亥時四刻九分起　二十四日子時一刻八分四厘止

利户蘇周　下水地三十二畝　受水四刻七分　二十四日子時一刻八分四厘起　子時六刻五分四厘止

利户蘇鳳　下水地三畝　受水六分四厘　二十四日子時六刻五分四厘起　子時七刻一分八厘止

利户蘇自明　下水地三畝　受水六分四厘　二十四日子時七刻一分八厘起　子時七刻八分二厘止

利户安振英　下水三十八畝一分　受水八刻一分　二十四日子時七刻八分二厘起　丑時五刻九分八厘止

接水行程三刻

利户南李三　下水地三十畝　受水六刻四分　二十四日丑時五刻九分八厘起　寅時五刻三分八厘止

利户焦更　下水地六畝六分　受水一刻四分一厘　二十四日寅時五刻三分八厘起　寅時六刻七分九厘止

利户李友梅　下水地十畝　受水二刻一分五厘　二十四日寅時六刻七分九厘起　寅時八刻九分四厘止

利户張守業　下水地三畝八分　受水八分一厘　二十四日寅時八刻九分四厘起　寅時九刻七分五厘止

利户陳起蛟　下水地五畝三分　受水一刻一分三厘　二十四日寅時九刻七分五厘起　卯時八分八厘止

利户李應魁　下水地九畝六分　受水二刻六厘　二十四日卯時八分八厘起　卯時二刻九分四厘止

接水行程八刻

利户安振英　下水地十七畝七分　受水三刻八分　二十四〔日〕卯時二刻九分四厘起　辰時四刻七分四厘止

利户李光茂　下水地七畝五分　受水一刻六分一厘　二十四日辰時四刻七分四厘起　辰時六刻三分五厘止

接水行程一刻

利户張胤昌　下水〔地〕二十四畝七分　受水五刻三分　二十四日辰時六刻三分五厘起　巳時二刻六分四厘止

利户馬學言　下水地七畝七分　受水壹刻六分五厘　二十四日巳時二刻六分四厘起　巳時四刻二分九厘止

接水行程一刻

利户王鼎　下水地十四畝八分　受水三刻一分七厘　二十四日巳時四刻二分九厘起　巳時八刻四分六厘止

利户張嘉言　下水地十八畝　受水三刻八分五厘　二十四日巳時八刻四分六厘起　午時二刻三分一厘止

接水行程五刻

利户劉文宣　下水地十五畝　受水三刻二分二厘　二十四日午時二刻三分一厘起　未時五分三厘止

利户劉繕　下水地二十四畝五分　受水五刻二分六厘　二十四日未時五分三厘起　未時五刻八分二厘止

接水行程一時六刻

利户劉經　下水地五十五畝九分　受水一時二刻　二十四日未時五刻八分二厘起　戌時三刻八分二厘止

利〔户〕劉文貴　下水地一畝四分　受水三分　二十四日戌時三刻八分二厘起　戌時四刻一分二厘止

利户馬尚和　下水地十七畝五分　受水三刻七分六厘　二十四日戌時四刻一分二厘起　戌時七刻八分八厘止

利户馬尚志　下水地十畝　受水二刻一分五厘　二十四日戌時七刻八分八厘起　亥時三厘止

利户張加俸　下水地十畝六分　受水二刻二分七厘　二十四日亥時三厘起　亥時二刻三分止

利户温言禮　下水地十畝四分　受水二刻二分二厘　二十四日亥時二刻三分起　亥時四刻五分二厘止

利户李汝洞　下水地十畝　受水二刻一分五厘　二十四日亥時四刻五分二厘起　亥時六刻六分七厘止

利户温三楚　下水地四畝五分　受水九分六厘　二十四日亥時六刻六分七厘起　亥時七刻六分三厘止

利户楊一清　下水地十畝　受水二刻二分　二十四日亥時七刻六分三厘起　亥時九刻八分三厘止

利户潘供　下水地十畝一分　受水二刻二分二厘　二十四日亥時九刻八分三厘起　二十五日子時二刻五厘止

利户王守志　下水地四畝五分　受水九分五厘　二十五日子時二刻五厘起　子時三刻止

接水行程三時五刻

利户任良卿　下水地八十七畝九分　受水二時　二十五日子時三刻起　巳時八刻止

利户景先　下水地七十五畝九分七厘　受水一時七刻　二十五日巳時八刻起　未時五刻止

利户張一貫　下水地七畝　受水一刻五分　二十五日未時五刻起　未時七刻五分止

利户王國治　下水地四十畝九分　受水九刻二分　二十五日未時七刻五分起　申時六刻七分止

利户文諒　下水地十七畝九分　受水四刻六厘　二十五日申時六刻七分起　申時盡止

利户劉其明　下水地二十三畝九分　受水五刻三分　二十五日申時盡起　酉時五刻止

利户吕守已　下水地六畝　受水一刻二分　二十五日酉時五刻起　酉時七刻二分止

利户任澧　下水地四十二畝　受水九刻二厘　二十五日酉時七刻二分起　戌時六刻一分止

利户邢福　下水地八畝　受水一刻六分　二十五日戌時六刻一分起　戌時七刻七分止

利户張東銘　下水地四十畝八分　受水八刻六分　二十五日戌時七刻七分起　亥時五刻止

利户張其中　下水地三十七畝五分　受水六刻　二十五日亥時五刻起　二十六日子時一刻止

接水行程一刻五分

利户張振祚　下水地五十四畝　受水一時二刻二分　二十六日子時一刻起　丑時五刻

七分止

接水行程五刻

利户張士芳　下水地十四畝六分　受水三刻二分　二十六日丑時五刻七分起　寅時三刻八分止

利户陳言榮　下水地十畝　受水二刻二分　二十六日寅時三刻八分起　寅時五刻八分止

利户岳伯榮　下水地三十八畝　受水六刻二分　二十六日寅時五刻八分起　卯時一刻止

利户文子義　下水地九畝　受水二刻　二十六日卯時一刻起　卯時三刻止

利户張士榮　下水地六畝四分　受水一刻四分　二十六日卯時三刻起　卯時五刻四分止

利户左承德　下水地六畝四分　受水一刻四分　二十六日卯時五刻四分起　卯時六刻八分止

接水行程四刻

利户張士芳　下水地三十五畝一分七厘　受水七刻七分　二十六日卯時六刻八分起　辰時八刻五分止

利户鄭法　下水地一畝二分　受水二分六厘　二十六日辰時八刻五分起　辰時八刻八分止

利户王位兒　下水地九畝三分　受水二刻一分　二十六日辰時八刻八分起　巳時一刻三分止

利户文煜　下水地二畝五分　受水六分　二十六日巳時一刻三分起　巳時二刻止

利户張胤祚　下水地五畝　受水一刻一分　二十六日巳時二刻起　巳時三刻一分止

利户任景先　下水地二十畝五分　受水四刻六分　二十六日巳時三刻一分起　巳時七刻七分止

利户任璉　下水地九畝六分　受水二刻二分　二十六日巳時七刻七分起　巳時九刻止

接水行程五刻

利户岳伯榮　下水地八十三畝　受水一時八刻三分　二十六日巳時九刻起　申時三刻三分止

接水行程一時

利户王顯卿　下水地八十八畝二分　受水一時九刻四分　二十六日申時三刻三分起　亥時二刻七分止

利户王應彩　下水地十八畝　受水三刻九分　二十六日亥時二刻七分起　亥時六刻五分止

接水行程四刻

利户張振祚　下水地五十式畝八分　受水一時一刻五分　二十六日亥時六刻五分起　二十七日丑時一刻止

利户田忠　下水地九畝　受水二刻　二十七日丑時一刻起　丑時三刻止

利户楊雨　下水地四十三畝八分五厘　受水九刻六分四厘　二十七日丑時三刻起　寅時二刻六分四厘止

接水行程二刻五分

利户馬益　上水地五畝　中水地二十一畝　受水五刻七分二厘　二十七〔日〕寅時二刻六分四厘起　寅卯時八分四厘止

接水行程七刻五分

利户馬彦祥　上水地五十二畝五分　中水地六十畝五厘　下水地七畝五分　受水二時六刻三分一厘　二十七日卯時八分四厘起　午時四刻六分一厘止

接水行程八刻

利户李和甫　下水地四十六畝二分五厘　受水一時一分七厘　二十七日午時四刻六分一厘起　申時二刻七分八厘止

利户楊文道　楊寵　上水地二畝五分　下水地四十三畝　受水一時一厘　二十七日申時二刻七分八厘起　酉時二刻七分九厘止

利户王守志　下水地四畝五分　受水九分九厘　二十七日酉時二刻七分九厘起　酉時三刻七分八厘止

利户王明孔　下水地十畝九分　受水二刻三分九厘　二十七日酉時三刻七分八厘起　酉時六刻一分七厘止

利户仵宗範　下水地三畝一分　受水六分八厘　二十七日酉時六刻一分七厘起　酉時六刻八分五厘止

接水行程五刻

利户田純宇　下水地十九畝三厘　受水四刻四分三厘　二十七日酉時六刻八分五厘起　戌時六刻二分八厘止

利户王安　下水地二十三畝　受水五刻三分五厘　二十七日戌時六刻二分八厘起　亥時一刻六分三厘止

利户杜良　中水地二畝六分　下水地七畝四分　受水二刻三分三厘　二十七日亥時一

刻六分三厘起　亥時三刻九分六厘止

利户王之林　下水地十七畝五分　受水四刻七厘　二十七日亥時三刻九分六厘起　亥時八刻叁厘止

利户趙啓芳　下水地十畝八分　受水二刻五分二厘　二十七日亥時八刻三厘起　二十八日子時五分五厘止

利户趙學新　下水地二十三畝　受水五刻三分五厘　二十八日子時五分五厘起　子時五刻九分止

利户趙守起　下水地十九畝五分　受水四刻五分四厘　二十八日子時五刻九分起　丑時四分四厘止

利户王孟秋　下水地十一畝　受水二刻五分八厘　二十八日丑時四分四厘起　丑時三刻二厘止

利户賈志忠　下水地三畝　受水七分五厘　二十八日丑時三刻二厘起　丑時三刻七分七厘止

利户杜鳳羽　下水地四畝　受水一刻　二十八日丑時三刻七分七厘起　丑時四刻七分七厘止

接水行程二刻五分

利户程宗孔　下水地四十三畝七分　受水一時九分二厘　二十八日丑時四刻七分七厘起　寅時八刻一分九厘止

利户楊日葵　下水地四十一畝四分　受水一時三分五厘　二十八日寅時八刻一分九厘起　卯時八刻五分四厘止

利户楊錫詔　下水地二十二畝　受水五刻五分　二十八日卯時八刻五分四厘起　辰時四刻四厘止

利户楊紉輝　下水地七畝二分　受水一刻八分　二十八日辰時四刻四厘起　辰時五刻八分四厘止

利户楊郁　下水地十二畝　受水三刻　二十八日辰時五刻八分四厘起　辰時八刻八分四厘止

利户王命綸　下水地二十二畝　受水五刻五分　二十八日辰時八刻八分四厘起　巳時四刻三分四厘止

文昌閣　下水地二畝五分　受水五分一厘　二十八日巳時四刻三分四厘起　巳時四刻八分五厘止

利户王荃季　下水地六畝　受水一刻五分　二十八日巳時四刻八分五厘起　巳時六刻

三分五厘止

利户趙之鼎　下水地三畝　受水七分五厘　二十八日巳時六刻三分五厘起　巳時七刻一分止

利户馮昱　下水地四十二畝一分　受水一時五分二厘　二十八日巳時七刻一分起　午時七刻六分二厘止

利户張性愷　下水地五畝五分　受水一刻三分八厘　二十八日午時七刻六分式厘起　午時九刻止

接水行程三刻

利户趙師忭　下水地三十七畝　受水九刻二分五厘　二十八日午時九刻起　申時一刻二分五厘止

利户趙天序　上水地五畝　下水地二十八畝　受水八刻二分五厘　二十八日申時一刻二分五厘起　申時九刻五分止

利户王廷福　上水地二十三畝　受水五刻七分五厘　二十八日申時九刻五分起　酉時五刻三分二厘止

利户雷九厚　下水地二十八畝　受水六刻一分　二十八日酉時五刻三分二厘起　戌時一刻四分二厘止

利户劉維運　下水地二十二畝一分　受水四刻五分九厘　二十八日戌時一刻四分二厘起　戌時六刻一厘止

利户王文思　下水地三畝　受水六分六厘　二十八日戌時六刻一厘起　戌時六刻六分七厘止

利户趙思問　下水地十七畝　受水三刻七分　二十八日戌時六刻六分七厘起　亥時三分七厘止

利户劉復貴　下水地九畝一分　受水一刻九分八厘　二十八日亥時三分七厘起　亥時二刻三分五厘止

利户趙景侃　下水地十五畝二分　受水三刻三分一厘　二十八日亥時二刻三分五厘起　亥時五刻六分六厘止

利户王孝禮　下水地三十九畝二分七厘　受水八刻五分六厘　二十八日亥時五刻六分六厘起　二十九日子時四刻二分二厘止

利户張振祚　下水地八畝五分　受水一刻八分五厘　二十九日子時四刻二分二厘起　子時六刻七厘止

利户邢清　下水地二畝五分　受水五分四厘　二十九日子時六刻七厘起　子時六刻六

分一厘止

利户掃大儒　下水地五畝　受水一刻九厘　二十九日子時六刻六分一厘起　子時七刻七分止

利户王振生　下水地三畝五分　受水七分六厘　二十九日子時七刻七分起　子時八刻四分六厘止

利户王文思　下水地三十八畝七分　受水八刻四分三厘　二十九日寅時一刻四分七厘起　寅時九刻九分止

利户趙文儒　下水地八畝七分七厘　受水一刻九分二厘　二十九日寅時九刻九分起　卯時一刻八分二厘止

利户王文之　下水地六畝　受水一刻三分　二十九日卯時一刻八分二厘起　卯時三刻一分二厘止

利户魏逢聖　下水地一畝四分　受水三分　二十九日卯時三刻一分二厘起　卯時三刻四分二厘止

玄帝堂　下水地八分　受水一分七厘　二十九日卯時三刻四分二厘起　卯時三刻五分九厘止

利户仇克讓　下水地一頃九十一畝　受水四時三刻五分一厘　二十九日卯時三刻五分九厘起　未時七刻一分五厘止

利户張漢成　下水地五畝　受水一刻九分　二十九日未時七刻一分五厘起　未時八刻二分止

利户仇學儒　下水〔地〕三十七畝三分　受水八刻一分三厘　二十九日未時八刻二分起　申時六刻三分三厘止

利户王家楫　下水地八分　受水一分七厘　二十九日申時六刻三分三厘起　申時六刻五分止

利户劉大房　下水地九畝三分　受水二刻二厘　二十九日申時六刻五分起　申時八刻五分二厘止

利户王之成　下水地七畝　受水一刻五分二厘　二十九日子時八刻四分六厘起　子時九刻九分八厘止

利户馮英　下水地十畝二厘　受水二刻一分八厘　二十九日子時九刻九分八厘起　丑時二刻一分六厘止

利户白顯彩　下水地三畝　受水六分五厘　二十九日丑時二刻一分六厘起　丑時二刻八分一厘止

利户甯克敬　下水地二畝　受水四分三厘　二十九日丑時二刻八分一厘起　丑時三刻二分四厘止

白衣堂　下水地二畝四分　受水五分二厘　二十九日丑時三刻二分四厘起　丑時三刻七分六厘止

利户羅世宰　下水地四畝一分　受水八分九厘　二十九日丑時三刻七分六厘起　丑時四刻六分五厘止

利户李山秀　下水地三畝五分　受水七分六厘　二十九日丑時四刻六分五厘起　丑時五刻四分一厘止

利户劉百川　下水地二十一畝三分　受水七刻七厘　二十九日丑時五刻四分一厘起　寅時五厘止

利户王大化　下水地三畝五分　受水七分七厘　二十九日寅時五厘起　寅時八分二厘止

利户杜士元　下水地三畝　受水六分五厘　二十九日寅時八分二厘起　寅時一刻四分七厘止

利户趙邦泰　下水地一畝二分　受水二分六厘　二十九日申時八刻五分二厘起　申時八刻七分八厘止

利户木張大　下水地二十畝　受水四刻三分六厘　二十九日申時八刻七分八厘起　酉時三刻一分四厘止

利户秦之騰　下水地九畝　受水一刻九分六厘　二十九日酉時三刻一分四厘起　酉時五刻一分止

利户劉中元　下水地八畝五分　受水一刻八分八厘　二十九日酉時五刻一分起　酉時六刻九分八厘止

利户劉金　下水地十一畝八分　受水二刻六分　二十九日酉時六刻九分八厘起　酉時九刻五分八厘止

利户王思登　下水地四畝　受水八分七厘　二十九日酉時九刻五分八厘起　戌時四分五厘止

利户張振祚　下水地七畝　受水一刻五分　二十九日戌時四分五厘起　戌時一刻九分五厘止

利户岳玄　下水地四十四畝三分　受水玖刻八分五厘　二十九日戌時一刻九分五厘起　亥時一刻四分五厘止

利户李會廷　下水地九畝　受水二刻　二十九日亥時一刻四分五厘起　亥時三刻四分

五厘止

利户常宜公　下水地二十三畝四分二厘　受水五刻二分　二十九日亥時三刻四分五厘起　亥時八刻六分五厘止

利户張廷洞　白焕章　下水地六畝　受水一刻三分五厘　二十九日亥時八刻六分五厘起　亥時盡止

劉屏山《清峪河各渠記事簿》

按:《清峪河各渠記事簿》現存三原縣魯橋鎮清惠渠管理局。手製,以印有紅色行線之紙張裝訂,共九十三張,對折為一百八十六頁(現缺損兩頁),折縫上印有"黄金萬兩,大十字口菁華紙社"字樣(似民初西安城内某印紙作坊出品),頁寬29厘米,高20厘米,每頁16行,行腰印一横線。無論頁面及整個簿形,均如舊式商號帳簿狀。殆作者即援此空白帳簿書寫者。按首頁"弁言自序"自稱平時"於志書碑記水册等文"常"録而藏諸笥",至民國十七八年極度困苦無聊之時檢出重新録為一册。而記載十七八年災荒前後事件則最多,後數頁尚續記有民國廿二年事。

作者本渠紳,民國廿四年(1935)成立清濁河水利協會時被推舉為源澄渠分會長,但此時似乎衰病或因公務忙碌,未能筆述協會成立之時的章程、人事、社會輿情等,殊為可惜。作者既任過分會長,必預總會事,很可能因此他的記事簿留在了清濁河水利協會,後作為遺檔資料由蟬聯的清濁河水利管理處和清惠渠管理局收存。保存基本完好。

劉屏山名維藩,"屏山"為表字,又自號一民、悟覺道人、知津子等,今涇陽縣龍泉鄉劉德村人。生於1883年農曆正月初十。父親劉步顔中年時棄農於省城西安經營某種商業。劉屏山幼讀私塾,長大或未應科舉考試或未考取秀才皆不詳,20歲左右入涇陽縣味經書院肄業。1914年後赴西安隨其父從商,因時局變幻,不久商店倒閉,即回鄉務農。經歷許多波折又未能做官發達,大約是"一民"、"悟覺"、"知津"這些自號的由來。但以家境中産,又是讀書人,仍被鄉人目為紳士。劉年齡居長,人們咸稱之"大先生"。很熱心渠事,遂被舉為渠紳。他的一位同學周心安(附近宋家莊人)與他同道,任沐漲渠渠紳。周的一位弟弟做過劉德村村塾教師,與劉很能合作,兩人共同調處過許多水利糾紛,倡導過不少善舉,受到鄉民稱道。劉的父親去世時劉循舊禮制舉辦過很隆重的喪儀,迄今還為一些老人所記憶。從記事簿自序和許多篇段看,劉當"民國十八年"災荒前後是一直留住農村的,社會破敗民生凋零對他刺激很深,自序中有"而政治之專横,直不啻專、專、專己也!"那樣的忿懣語。從後面一些片段中又可看到他作為渠紳時敢於擿奸發伏、不畏權勢的强亢作風。

不幸1935年春當選源澄渠分會長半年後,十月間即病逝於魯橋鎮紳商毛念修新創之棉花運銷合作社(毛是劉德村鄰近毛家村人,也是劉屏山的好友)。終年53歲。遺有四子,長子早夭,次子幼患小兒麻痹症,長大後跛足,也夭折;三子為農民,現已去世;四子於1950年從軍"抗美援朝",後居蘭州,現已退休。有孫六人,居劉德村者四,蘭州者二。因50年代後農村階級鬥争漸次升級,劉家定為地主,其原居所被没收,原聚居之家族也早已星散,亦無什麽遺物存留。

清峪河各渠記事弁言自序

自余棄讀業農以來,因種有水地,往往因水屢起争競,始而賠情、傷臉[①] 花錢,繼而認罪受罰,甚至涉訟。倘有因水興訟,則立刻傾家破産矣!所以訟終之後,必歸於凶也。故余於志書、碑記、水册等文,凡有關於水程之處,必録而藏諸笥。民國十七八年,旱魃〔居〕(足)然爲虐,比歲連年,夏秋各田,直未下種,即薄收亦云無矣,尚能望其諸禾以登場哉!天道久旱不雨,新栽之樹,居然旱死。秋禾既然未播,二麥仍莫下種,以致糊口無資,困苦已達極點。而餓死之人,無村無之。且苛捐雜項,糧秣、柴草、鞋襪、借款,以及格外特別之派出,急如星火;而正供賦税,徵收嚴厲,又有無名色之派項,額外之附加捐税。用强權以壓迫民衆,用〔非〕(飛)刑强硬手段以徵收,直不講公理,全不行人道,敲民衆之骨,吸民衆之髓,而〔刮〕(剮)地皮之風,於焉大張矣。何云民生,何有於民權?而政治之專横,直不啻專專專己也!軍閥、貪官、惡紳、土豪、污吏、惡差等,無非爲錢,而始有此虎狼之行也。時余固乏食,因結借[②] 無門,公款、私債交相逼迫,只有垂頭待斃而已。無聊之中,遂將余從前所録水程之文,由笥中取出,重複録過,并校正而修改之;及余平日聞於鄉老之言,有談水程之處,并各渠舊日相沿之習慣,特筆述之,製成篇〔幅〕(副),都爲一册,名曰《清峪河各渠記事簿》,以便臨時檢閲,兼以備查考云耳。

民國紀元後十八年冬月陽生春至日屏山書

龍洞渠管理局涇、原、高、醴四縣水利通章

第一章、管理

一、引涇工程未成,現時龍洞渠水量有限,舊章陵夷,争水構訟,層見叠出,急宜暫定規

---

① 傷臉:本地土語,有傷面皮,有失體面,自取其辱的意思。

② 結借:也作揭借,指付出很高利息的借貸。

則,調濟分配;俟大功告竣,水量充裕,再另立法程,以廣灌溉。

二、龍洞渠設管理專局,設主任一人,統管全渠事務。三原、高陵各仍舊案,另設龍洞渠水利局;涇陽、醴泉龍洞渠水利局,即附於管理局内,二縣境内渠務,即由管理局主任兼轄。各縣另舉渠紳二人,醴泉若難於推舉,一人亦可,渠紳宜與管理局主任〔和〕(合)衷共濟,遵守定章,以勉維渠務。又各民渠管理制度,如涇陽之水老、值月利夫,三原之堵長等悉仍其舊。

三、管理局應辦之事:

甲、監督水利規章之實行;

乙、調處用水之紛争;

丙、保護及修理上源官渠;

丁、暫促民渠之修治;

戊、保存龍洞渠官産及基金;

己、指揮水夫沿上源官渠種樹。

四、各縣龍洞渠應辦之事:

甲、管理開閉堵口事宜;

乙、調查各縣境内渠身有無壅遏破壞,報告管理局;

丙、調查用水人民有無違章、妨害渠務等情,報告管理局;

丁、勸導人民沿渠種樹。

五、管理局主任之職權:

甲、奉行第三項甲至己各事;

乙、處罰違章者以相當之罰款;

丙、招集各縣渠紳,會議龍洞渠要務;

丁、徵收劃歸龍洞渠各項官款,及水利罰款。

六、各縣渠紳之職權:

甲、第四項甲下事務,或由渠紳兼轄,或不兼轄,依各縣情形而定,乙丙丁下則爲渠紳同應均負之責;

乙、對於龍洞渠事務,有建議之權;

丙、有推舉管理局主任之權;

丁、有輔助管理局主任行〔行使〕(使行)職權之義務;

戊、有清查管理財政之權。

七、龍洞渠所達各縣,雖屬一條,但各縣舊日規程習慣,亦難更易,苟此縣與彼縣不相妨害,仍應遵守無違。其奉行,責成各縣之龍洞渠水利局。

第二章、水程

一、水程時刻,仍遵舊章:

甲、三限閘三原水程:陰曆每月初十日初刻,水至三限閘上,十二日卯盡時止;

乙、彭城閘高陵水程:陰曆每月初四,寅時初刻起,初七日子時六刻止;

丙、各縣水程,有誤時期者,由該縣水利局報告管理局查明原由理處;

丁、各斗用水時刻,悉循各處舊章,自下而上。宜由管理局定製水簽,簽上烙印戳記,每斗至開斗期,由各斗長或值月利夫,執簽爲憑,點香記時,監視開斗。時刻已足,即繳簽於上斗之斗長,或值月利夫。上斗用完,即交於再上一斗,周而復始;

戊、各斗内地畝用水之分配,由各斗長自處,或按涇陽利夫名下貼夫辦法,悉仍舊規。

第三章、管理

一、管理局須籌常年歲修費,以爲老龍王廟下、王屋一斗上官渠之需。

二、官渠損壞,修理需款較鉅,非常年歲修所可濟者,得請於省署及陝西水利分局。

三、各縣境内官渠,由各縣行政公署及水利局籌款修理。

四、各縣民渠,由各斗水老、堵長,督同利夫負責修理疏浚。

五、沿渠樹木,由各斗利夫負責添種、保護,以護渠岸。

第四章、官産

一、對於龍洞渠以前基金、地産,須查清存案。

二、罰款收入,歸管理局經理。

三、王橋頭十月會徵收税項,由管理局經理。

四、每年出入,須造報〔銷〕(消)一次,呈報省署及陝西水利分局,并咨交四縣縣署及各縣渠紳查核。

五、無論官民渠,兩岸樹木悉歸龍洞渠公有,由管理局及各縣龍洞渠水利局分劃管理。

第五章、罰款

一、上斗佔下斗開斗之時期過一小時者,罰洋十元;爲時更多者,加倍處罰。

二、不修支渠岸故意失水者,按水所及地,每畝罰三元。

三、無籤私自開斗灌地者，打斗口之人及私開斗口之人①，各罰洋五元以上至十元以下。

四、每逢開斗灌田，由支渠開口澆地，復由該地地頭開口，直爲彌畛透水澆地；又有私行開渠，不遵正渠者。每畝罰洋三元以上至五元以下。

五、强霸人家水程者，罰洋十元。

六、本斗之水，澆外斗者，每畝罰洋三元以上至五元以下。

七、私伐渠岸樹木者，按樹之大小，每樹一株罰洋十元以下一元以上，樹充公。

八、罰款按章無有争執疑〔義〕(意)者，由管理局主任逕直施〔行〕(在)；若有疑義争執者，由渠紳會議評斷，交主任施行。

涇陽縣水利會簡章

按：民國初龍洞渠管理悉沿清制。民國五年陝西水利分局成立，郭希仁任局長，翌年郭委涇陽王橋鎮著名富紳于天錫、姚秉圭(介方)為龍渠正副"渠総"；民國十一年始設龍洞渠管理局，改渠総為"主任"，第一任主任姚介方(按：于天錫可能已去世或垂垂老矣)。此時郭希仁正與李儀祉計劃引涇工程，全省興修水利的聲浪甚高。劉屏山因關心水利，特作此抄録。

龍渠管理局設王橋鎮社樹村内(清代龍洞渠公所原地)。按此通章第一章第二條："三原、高陵各仍舊貫，另議龍洞渠水利局。"三原縣龍洞渠水利局確已設立，由設立到改組記事簿後文有記。高陵縣尚不詳。

以下的《涇陽縣水利會簡章》和《全國防災委員會水利公會規則》兩文，產生時間大致與此《通章》同時，皆郭希仁與李儀祉相繼掌陝西水利分局(李儀祉於民國十一年冬由南京河海工專回陝接任局長)時的水利機關功令。陝水利分局名義上是全國水利局分局，但此時北洋政府各部局多如虚設，因而李儀祉民國十三年在西安作的一篇《我之引涇工程進行計劃》(講演稿)中便説道："現在中央政府無錢無人，多少國立的水利機關，如全國水利局，何嘗能作一件事，如治運，如治江、導淮……等等，哪一樣給做前去呢？"可見所謂全國防災委員會及其所頒文告，大抵皆虚空。惟陝西水利分局當時尚勉力做事，略有實績，如涇陽縣水利會便曾成立過。此會日後對涇惠渠建設頗有所助力。可惜現在涇陽縣已無該會任何遺檔，惟此抄件《涇陽縣水利會簡章》尚可略補空白。

第一條、遵照本省水利分局現行辦事規章，設立涇陽縣水利會。

---

① "打斗口之人及私開斗口之人"：此句不可解，疑抄録有誤。

第二條、本會以[1]研究全縣水利事宜爲宗旨。

第三條、本會事務所暫設於鄉治局。

第四條、本會辦理文牘，得由知事呈請水利分局發給木質圖記，但非關於水利事務，不得以私人名義鈐用。

第五條、本會長遵照水利分局規章第九條，由縣知事兼任之。

第六條、本會會員不限定數。

第七條、本會得設評議員調查員四員，均係名譽，不支薪水。

第八條、本會設書記兼會計一員，暫盡義務，每月津貼火食四元。

第九條，凡有左列資格之一者，得充爲本會會員：

一、有水地十畝以上者，心地公正，明晰事理者；

二、富於水利經驗，熟悉情形者；

三、熱心公益者，于水利素有研究者。

第十條、本會會員，由縣知事采訪，發給證書。

第十一條、對於本會，能捐款百元以上者，公推爲名譽會員。

第十二條、本會員紳，如有假本會名譽，營私舞弊，藉事招摇，經會員二人以上或由人民報告，本會會長得公佈撤〔銷〕(消)之。如情罪重大者，得呈明省長并水利分局嚴辦。

第十三條、本會爲全縣水利總機關，對於人民舉辦水利，有應行取締之任務如左：

一、審查水利形勢或推廣舊有或計劃未成，確於農田有補益者；

二、全縣各渠及其它水利工程，如有〔弊竇〕(竇弊)，經調查確鑿，由本會長即行革除；

三、人民有關於水利之建議，經本會開會研究，多數議決，切實可行者；

四、全縣遇有水利工程籌集款項時，經開會議決，由會長呈報分局核准施行，工竣後應將收支各款造具清册，除報縣署轉呈外，得報本會備查；

五、凡勸辦水利員紳，均由本會會員投票公舉，并由會長呈請分局加委；

六、凡水利機關籌集生息之專款，本會有稽查之權，不得移作别用。

第十四條、本會每年陰曆二月開大會一次，日期由會長酌定。如有重要事件，得開臨時會議。

第十五條、本會職員，於每季開研究例會一次。

第十六條、本會除會長不適用選舉外，評議調查各員，均須會員票舉，以得票多者爲當選，任期以二年爲限。

第十七條、本會簡章，如有應增減之處，得隨時集議，呈明修正。

---

① 原文無“以”字，今補。

第十八條、本會經費，以沿渠一帶零星官地三百餘畝之租金作爲常年款，或更陸續募捐，或酌撥地方款一二元[①] 以資永久。

第十九條、本會簡章，自呈請核准公佈之日施行。

全國防災委員會水利公會規則

第一條、凡市鄉人民，爲興辦水〔利〕(地)，得設立水利公會。

第二條、水利公會由一鄉或聯合數鄉設立之。如市鄉有聯合關係時，亦得適用本規則之規定。

第三條、凡與公會興辦事業有利害關係之人民，得爲公會會員。

第四條、公會置會長一人，副會長一人或二人，幹事若干人，均由會員中互選之。

第五條、設立公會時，須具呈請書，呈請縣公署核准。其呈請書應列事項如左：一、設立之目的及事業；二、名稱(即某某市鄉水利公會)及會所；三、公會會長及會員之姓名住址；四、興辦水利之區域及工程圖説；五、經費分擔及事業保管之規約。

第六條、水利公會，因興辦水利，所用之地畝，得照公用地畝辦法呈請備價徵收，或向地主租用。

第七條、水利公會，須受縣知事之指揮，監督辦理有成績時，得由縣知事呈請核奬。

第八條、水利公會，每年終應將本年辦理情形，呈請縣知事轉呈備核。

第九條、水利公會，發現有破壞事業之行爲者，應即呈請主管官署嚴懲。

第十條、水利公會會長會員，有違背規約時，得由公會公議罰金，充公會經費。

第十一條、本規則，俟市鄉自治制實行時，廢止之。

源澄渠渠首之地權

按：本文是作者羅列源澄渠渠首擁有地權的資料和説明，旨在向該渠的管理者(渠長、渠紳等)提供證據，以便其與三原縣方面發生某種争論或引起訴訟時有所依憑。源澄渠之原渠口本在涇陽縣地界内，清朝以後，因地理水文環境變化，使渠口不能不上移於三原縣界内之岳家堡村村西，因而購買了該村土地作為渠口和渠首段渠堤之用地，并循章將該所買地之糧賦過户，成為地權最合理的擁有者。但因為水利糾紛，三原縣方面曾與源澄渠發生齟齬，并

① “元”字顯然是抄録時筆誤，應删去。

以地權問題刁難,作者乃列此資料以備理論。原文無題,本題目是編者所加。

原文所列資料稍欠條理,編者根據相關説明,把資料歸納為兩大部分,并以表格方式表示如次:

(甲)渠首段總土地面積分為六個段落(共 14.59 畝)

段落	四至				註
	東至	西至	北至	南至	
1	岳起成	岳彦朝	河心	林	人名表示該人的土地所在
2	岳建信	岳彦書	橋	本主	"本主"指源澄渠的土地所在
3	岳官地	渠心	渠心	河灘	
4	河灘	崖	本渠地	涇陽界	"本渠地"即"本主"。"涇陽界"指涇、三兩
5	河灘	渠心	岳彦書	渠心	縣縣界
6	渠心	堎①	岳彦書	渠心	

(乙)渠首段土地來歷和位置(共 14.98 畝,不包括新買之一畝)

序列	名稱	來歷	位置(四至)				面積(畝)
			東至	西至	北至	南至	
1	渠口地	早年購買	本主	堎	岳成山	邢盛公	0.55
2	渠口地 灘地	早年購買	河	崖	邢盛公	老渠	0.67
3	渠口地	早年購買	本主	崖	岳全孝	邢天福	0.99
4		買岳履端					3.00
5		買岳友洛					4.00
6		買岳彦安	河	買主	河	岳彦書	0.93
7		買岳彦安	本主	岳建信	堎	堎	1.54
8		早年購買	本主	本主	路	路	0.30
9		早年購買	渠心	堎	河	本主	3.00
10		民國十五年買岳彦安渠口河灘地一畝,價十元					1.00

* 在三原縣楊杜里閆村、岳家堡立有户名。全年完納正銀一兩四錢。

渠口地五分五厘

寬三丈,長十一丈

東至本主,西〔至〕(止)堎,南至邢盛公,北至岳成山

---

① 堎:本地土語以地面上較低的陡坎曰堎,而較高的則稱崖或"險崖"。

渠口河灘地六分六厘五毫

　　東至河,西至崖,南至老渠,北至邢盛公

渠口地九分八厘五毫

　　寬三丈,長十四丈五尺

　　東至本主,西至崖,南至邢天福,北至岳全孝

渠口寬一丈

　　買來岳履端地三畝正

　　買來岳友洛地四畝正

一段

　　東至岳起成,西至岳彦朝。南至林,北至河心

一段

　　東至岳建信,西至岳彦書。南北至本主橋

一段

　　東至岳官地,西至渠心。南至河灘,北至渠心

一段

　　東西至河灘崖。南至涇陽界,北至本渠地

一段東

　　東至河灘,西至渠心。南至渠心,北至岳彦書

一段

　　東至渠心,西至墩。南至渠心,北至岳彦書

以上六段共地十四畝五分八厘六毫九絲

　　買來岳彦安地九分二厘八毫

　　　　東至河,西至買主,南至岳彦書,北至河

　　又買來岳彦安地一畝五分四厘四毫八絲八微

　　　　東至本主,西至岳見信,南至墩,北至墩

又一段三分

　　東至本主,西至本主,南至路,北至路

又一段三畝

　　東至渠心,西至墩,南至本主,北至河

魯鎮顯王廟内西側送子菩薩殿南牆下,有先年移渠買地碑記一座,今字迹模糊,已不能觀看,有等於無。不能以備查考。

民國十五年十月，買來岳彦安渠口、河灘地壹畝。價洋十元。

渠上每年應完渠口糧正銀捌錢四分，幫岳彦安正銀一錢捌分，又幫岳彦安一宗正銀叁錢捌分

龍泉寺佛殿西邊有光緒十三四年三原清丈地時争回渠口地石碑記一座

中華民國暫行新刑律

妨害水利罪

按：這是作者抄録當時新訂刑律中《妨害水利罪》之條款，目的同樣是為了給本渠人員提供訴訟依據，或指導本渠人員明白法律規定，并在文後注明本渠的面積和糧賦數字（以《源澄渠序》為本）。此數字與以後各文所記數字不完全符合。

第一百九十七條

妨害他人灌溉田畝之水利者，處四等以下有期徒刑，拘役。或三百元以下罰金。

決水者照第一百九十二條，決水浸害第一百八十六條所列建築物、壙坑、或他人田圃、牧場及（其）他利用土地者，無期徒刑、一等有期徒刑；決水浸害他人建築物、壙坑、或土地前列以外者，處三等至五等有期徒刑，或一千元以上，一萬元以下罰金；因而致危險損壞者，處二等至四等有期徒刑照決水例處斷。

故意妨害水利，荒廢他人田畝者，處二等至四等有期徒刑。

因妨害水利，致合他人田畝荒廢者，處三等至五等有期徒刑。

因妨害水利決水鬥毆，争水持械，致人殘廢，或死傷者按律擬抵或死刑或無期或有期徒刑。

《源澄渠序》言地一百一十三頃二十二畝六分四厘，糧六百二十石一斗五升四合二勺。册載實地一百一十六頃三十二畝二分九厘，糧六百三十石六斗一升四合二勺。

清峪河源流説

按：本文雖題“清峪河源流説”，似重在介紹沿河古地名和歷史名人事迹。所記“鬼谷”、“石門”等今已絶傳；“二郎廟”、“藥師廟”等有關唐代名將李靖的紀念建築（在今涇陽縣龍泉鄉李家莊附近和三原縣北城一帶），現亦消失，如明代三原大儒王恕重刻的《唐李衛公故里》碑，碑甚高大，1958年之前尚立於三原縣北城西渾巷二郎廟門前（該廟於民國後期漸絶香

火，由該縣政府移作他用，至60年代拆除），該年被毁。另如所記"交龍堡"，本位於冶、清兩河匯口附近，緊臨河岸，近五十年來因岸壁坍塌，居民漸次遷移，今已無人，只剩殘破城垣數段。又如"辛管匯"，遍訪交龍堡一帶村民，均不知有此地名，問附近有無辛姓、管姓人家，亦無。惟清代此處有"辛管里"社區名稱，或因此而稱該匯口曰辛管匯。大抵陵谷變遷，七十年前劉屏山所聽到和看到的一切現多不存。下文《冶峪河源流記》亦多記地名典故。記事簿中文章常有這種借題發揮者，且不拘一格，屬古代"筆記"類型。

《水經注》："清水自祋祤縣，歷南原出，謂之清水口。東南絶流鄭渠，又東南入高陵縣"；《谿田通志》、《涇陽縣志》、《三原縣志》均云源出石門山石泉。《源澄渠碑記》碑在西坡山下西嶽廟大殿檐下，乾隆十六年立、《源澄渠水册序》、《工進渠水册序》均云清峪河發源於耀州之西北境蠍子掌山，流百餘里，至秀女坊張公崖，水流過兆金地，轉架子山，浸行一百四五十里，歷白土坡，草廟兒，夾翅鋪，穿谷口透嶺，下與淳化鳳凰山水合，添鳳凰〔峪〕(浴)泉水一道，又得各溝泉流匯歸，衆水畢集，波涌成河。至〔後〕(后)淤河〔紅〕(弘)崖坡，入淳化縣界，抵孟侯添藁泉水一道，及至白村、朱村耀州地界添水二道，朱坊、丁屯耀州所屬添水二道，又添小豆村水一道，以及底石堡，相沿二十里，入三原縣界。由楊家河南流爲三原北社里，東流爲義河，又東爲鬼谷。出鬼谷，東南流，有杜寨谷水一道入焉。其地爲横水鎮，南爲毛坊里，毛坊渠堰即在毛坊里内。河之東岸又云河之北岸横水鎮南門外添水四道，水泉一道。經過岳村添水一道。過屈家廟溝兒添水一道。傍七里原北，東流爲馮村亦名汾村，東西添水二道。復經樊家河，添水一道。至楊杜村，始開渠築堰以灌溉田畝。於河之東岸，開一渠曰工進堰。折而南流至閆村岳西，於河之西岸，開一渠曰源澄堰。南流經第五村西，於河之東岸，開一渠曰下五堰。添連沙石泉水一道魯鎮城内，居民吃水全靠此水，過峪口村西，於河之東岸，開一渠曰沐漲堰，自此歷谷口至魯橋鎮西，南流至三原縣所屬之杜村里即吴家道，直西流爲靖川，鹹水泉入焉。

靖川者清峪河沿岸，唐衛國公李靖所居故里也。遺迹有唐李衛公祠石碑，俗名藥師廟，以李靖號藥師也。又有東李靖莊、西李靖莊，即俗傳李家莊是也。又有三郎廟，在東西李家莊之間大路北。廟南百數十步，即福嚴寺也，寺内有牡丹，詳載《涇陽縣志》。二郎廟，唐李衛公故里石碑（廟在三原縣北城安議坊，二郎廟前有《唐李衛公故里》石碑，明王康僖公題）。自東李家莊南流，至涇陽縣屬之辛管匯、交龍堡東南。冶峪河自西來，會流而東，過潤里村，又東過鄭渠邢堰所，經三原縣治城内穿龍橋而過。東流過古城，經北踰村、李村。又北復東過吴村，更北復東，至櫟陽古城東南，石川河水自北來會，南流入渭，爲交口河。此水自石門山至楊杜村，兩岸皆石，清流不渾，故名曰清峪河也馬谿田《通志》云：此水自石門山至楊杜村兩岸皆石，水流不渾，故曰清谷。

唐李衛公屯軍處《涇陽縣志》云、在縣東北三十里孟店鎮，即今之東李靖莊西李靖莊，俗云李家莊也。

鬼谷《十道志·晉太康地》記："扶風池陽有鬼谷先生所居。"司馬彪云，在嵩山。《三原縣志》："扶風郡池陽縣，有鬼谷先生所居之地。"今三原縣屬之北社里，清峪之谷有號鬼谷者，在杜寨以北，謂即鬼谷先生所居地。且其地以鬼谷先生道號名之者，亦先生在日常僑居於此地。而司馬彪云嵩山，係必常遊於此，所言必定有因。

石門按耀州北有石門山、石門關。山上有廟，祠奉秦太子扶蘇。雲陽鎮西，有石門廟亦祀太子扶蘇。《涇陽縣志》云，天道亢旱，鄉民祈雨於石門山石泉，因而輙應。遂以石門山之神而建廟於雲陽鎮西以奉祀之。故廟即以石門名之也。又石門，亦名堯門，謂唐堯命大禹治水，鑿此石門以引水。《涇陽縣志》載之甚詳。

二郎廟即唐衛國公李靖廟。靖兄弟三人。長李端字樂王，以靖功襲封永康公。次即靖，號樂師。季即李克師，以累立戰功，封丹陽公。見《唐書》及《三原縣志》、《涇陽縣志》并《魯橋鎮志》。二郎廟即李靖廟也。廟前有石碑，大書"唐李衛公故里"，明王康僖公題。按康僖公即端毅公子，名承裕也。端毅公名恕，即俗言三原北城父子天官王氏也。

唐李衛公故里有石碑斷缺難考。明王端毅公有詩云："翊連成功屢出奇，文韜武略荷君知。故鄉居地今何在，獨有行人看古碑。"昔日有石碑斷缺無考，所以康僖公重立此碑，以作紀念也。

三郎廟在靖川東西李靖莊之間。廟內祀李端李靖李克師兄弟三人也。故廟名三郎。

藥師廟在管村馮家西，岳家堡以東。廟前有石碑，大書唐李衛公祠。祠前有二白楊樹，中空而繁茂。今樹無而廟傾倒矣。惟存石碑於土堆瓦渣之中。碑立於清乾隆年。

按七里原李姓最多，謂即衛國公兄弟之後裔。單面堡李族，即永康公之後，故堡名永康堡也。馬巷口即衛國公之後，餘李姓，謂即克師之苗。總之七里原李族雖分支派，實係同姓一宗也。

按吾處古語相傳，凡藥師廟會期時，首人等均焚香燒表。惟七里原李姓係後人，來廟燒化紙帛。如至期來遲，神即使馬覺脚① 問罪。此日首人款〔待〕(代)所來苗裔，如失主人之禮則馬脚示威，亦問罪如前。此世俗相傳如此必非無因者，先年總有异怪之處以示人也。

丑年重九悟覺道人書

冶峪源流記

《水經注》："鄭渠絶峪谷水，又東逕嶻嶭山南出，又東合清水。"《涇陽縣志》、《三原縣志》謂河源其山出鐵，民利冶鑄，故名冶峪河也。《三原縣志》李志、《涇陽縣志》王志言冶谷水自淳化縣界來，當仲山之東，峨山之西，出谷口而南，直東至辛管匯、謝家村與清水合流，入三原縣界，逕縣西城中，穿龍橋而過，東抵臨潼入渭。又河自峨山出谷此谷即俗名口子頭也，即百峪鎮，在清流鄉處，其名寒門，以谷皆飛泉〔峭壁〕(硝壁)，凛然有寒意。漢鄭子貞先生隱耕於此。至今有鄭巖、鄭泉，遺迹猶存葛志云，河源出淳化蝎子掌山。

先儒云，鄭子貞先生隱耕漢中。《涇陽縣志》云，隱於仲山之東，峨山之西。冶水出谷之處，曰谷口，曰寒門。先生當

① 馬脚：本地土語，稱在祈雨或賽社活動中的巫師爲馬脚。馬脚皆自命爲某神某仙的臨時化身。

日，亦必常往來僑居於漢中及此地者，謂隱於漢中可，謂耕於谷口亦可。所云兩境之地，必非無因者也。

巀嶭山一名荆山，一名嵯峨山，俗名操馬山。其山東邊有土山者，山上有梁，名走馬梁。謂黄巢造反，練兵操馬於此梁，故此梁因名走馬梁也。

按《淳化縣志·荆山辨》，謂黄帝鑄鼎於荆山，鼎成而仙去。云荆山即嵯峨山也。山南有仙里村、仙發村，其仙去遺念歟？又有流金泊，謂鑄鼎冶鐵於此，鐵流於地而成泊也。冶峪與冶谷之名，即由鑄鼎仙遊而得焉。其流金泊、仙里、仙發之得名者，均鑄鼎仙去遺迹，而爲後來者之遺念也。

冶峪鎮在清流區，又名百峪鎮，俗名口子頭，爲三、淳、邠各縣出山之要路，亦涇陽五鎮之一巨鎮也。

靖川即古五丈渠也，爲唐李衛公屯田養兵處，又爲其故里也。

十年中秋節知津子筆此

清峪河源澄渠記

按：這是作者給當時重修的源澄渠水册所寫的序言。惜該《水册》已無覓。文章歷叙河渠始末，認為源渠創於曹魏太和元年，其它工進、下五等渠皆在此後。這就與目前幾成定論的清渠為西漢"六輔渠"之説不符。可姑存不論。所記民國初年源渠的斗數、村莊數、面積、水程以及明代新增的廣濟、廣惠等，較可貴。特别是提到上游"私渠横開"問題，即"楊家河至於楊杜村止二十餘里"間的村莊人民與下游各渠激烈争水情形，此争執自清朝中期起已趨嚴重(後文還有記)，民國時代尤屢興訴訟而無能制止。

文中所説的"行程"、"水論時"、"時論香"、"香水"等涵義，不難於後文中明了。"香"是指禮拜敬神用的香枝(計時用的香枝是特製的)，用植物香料加膠汁融合拈抽成型，燃燒時香烟繚繞，香枝逐漸燃短，以所短之尺寸計時間短長。

以下六段《源澄渠》、《工進渠》等，均引據方志考訂各渠來歷，可能原附於該水册之後。

涇陽水利甲關中。龍洞渠爲秦中水利之始。六國時鄭國創鑿於前，名曰鄭渠。西漢時白公繼鑿於後，名曰白渠，實一涇渠也。而清峪河之源澄渠，即繼鄭白之後，開於曹魏太和元年，其用水制度規則，援龍洞水利章程而仿照以行之者也。故凡水之行也，自上而下，水之用也，自下而上。溉下交上，庸次遞寖，歲有月，月有日，日有時，頃刻不容紊亂。地論水，水論時，時論香，尺寸不得增减。彼村之水，此村不得亂澆。此斗之水，彼斗不得偷溉。禁畝寡之水佔畝多之水。如有違犯不遵規者，罰有差等，詳載縣志。是以溉厥田，灌厥園，澤彼桑麻，潤彼禾黍，歲穫豐登，年無荒歉。而畎畝收穫，恒加於常年之外，則闔渠利夫之仰賴，何可既耶！計渠下二十三村，十二斗口，十三閘口，共灌上中下田一百一十三(六)頃二(三)十二畝六(二)分四(九)厘,共上糧① 六百三十石六斗一升四合二勺。

其河發源於耀州西北境秀女坊。自石門山來,至清谷口,兩岸皆石,清流不渾。源澄渠爲清峪河西岸首開之渠,上無渠堰阻隔,清流入渠。故河名"清峪",渠即名"源澄"也。首一斗即名太和橋斗。究其斗橋取名太和之義,使人顧名思義,實誌創始也。後又於源澄堰下,河之東岸,開工進渠,開下五渠,開沐漲渠。一渠之水分爲四渠,水即微小,灌溉不周。昔所謂衣食之源者,今常嗟半菽之未飽也。

然(則)源澄渠所澆,盡涇陽縣屬民田。若工進下五沐漲三渠,涇原兩縣交錯互澆。實三原較涇陽所澆者多,涇陽不過十之三四焉。是當日源澄開渠時,水本足用,以一月爲滿,故每畝以三分香受水,共三百四十八時。自唐葬獻陵後,取清冶濁三河之水,以開八復渠爲潤陵之需。用水以灌陵故斗名"潤陵",令各渠閉斗潤陵。而源澄渠即從此每月少初一日至初八日八天水九十六時;初九日行程一十二時,因洪武年移堰〔佔〕(占)第五氏村中地,寬五尺,長四百餘步,又被第五氏奪去以酬業,至今名爲"阿婆水"是也。初十日本程十二時,改作行程,自堰口引水入渠至太和橋斗開斗澆田,延袤二十五里有奇,名曰浸潤行程,即今名爲潤斗水是也。故每畝拔香一分,自初一日子時起至初十日亥時止,共十天一百二十時,豁在本程以外,不在灌溉之內。十一日寅時三刻起,太和橋斗利夫受水澆地,至三十日寅時三刻止。二十三村利夫,挨村挨斗,以次遞澆。實以二分香受水,共二百二十八時。如無三十日,則於次月初一日寅時三刻止。自三十日寅時三刻起,至次月初一日寅時止。因月之大小建不等,利夫難以分受,原額除爲渠長老人修葺渠堰,雇覓人工之資。

明正德晚年,又於沐漲渠下,河之西岸,并開二小渠。上曰廣濟,下曰廣惠。承接沐漲餘水,以澆源澄不盡之田。然雨暘不時,沾利微小。倘河水暴發,易淤易澱;或旱澇無常,時有時無;更因濱河渠口崩壞,渠道高仰,引水更難。水不流通,廢弛湮没,至今不行久矣。惟源澄古稱老渠,爲利殊大,但近年以來,爲上游夾河川道,私渠横開,自楊家河起至楊杜村止二十餘里之沿河兩岸,計私渠不下十餘道。倘遇天旱,叠石封堰,涓滴不使下游,致下游四大堰,納水糧,種旱地,雖有水利,與無水利等也。所以下流四大堰利夫,糾衆結群,遂不惜相率成隊,動輙數百,抱堰② 决水。各私渠以形勢所在,鳴鐘聚衆,一呼百應,各持器械血戰肉搏,奮勇前鬬,以與下游四大堰利夫争水。於是豪奪强截之風,於焉大張矣。況私渠各田,本不在澆灌域内,居然不租不税,得膏腴之壤數千畝。嗟夫!滔滔巨〔津〕(浸),只爲私渠之〔慾〕

① 共上糧:民間通稱農民上繳的賦税(農業税)曰"糧"。"共上糧"中的"上"疑爲"正"字之誤,應爲共正糧,即正式註册應繳之農業税總數。以下各文所説的"水糧"是指水地的賦税,比旱地賦税高。

② 抱堰:"抱"在此應讀 bó,當地土語。實應作"刨",刨開堤堰之意。

竇。而下游四大堰，不沾其澤，名曰水地，無异石田，事之不平，孰有甚於此者！雖屢經告官，處罰懲戒，飭令填毁該渠道。然以所得重而處罰輕，仍屢犯不休，且成怙終賊〔刑〕(形)之勢。究因利慾薰心，爲利甚溥，即賣草儲粟，供訟有餘。是以水愈犯，膽愈大。屢告屢罰，愈罰愈犯，愈於争水一事，任意豪强，不肯少讓，以致下流四大堰，恒無水可得也。雖然，水雖涸也，而地猶在；地雖旱地也，而糧仍存。糧不稍减，水行非昔，豈當年按水定賦，無是水而有是賦哉？然而滄桑劫變，至今弊作久矣。而源澄以沃壤水利，本爲衣食之原者，於兹蓋渺小已。

其受水時刻，始例以地額上中下糧數之不同，而受水無等。故上水地，每畝受水二分一厘零八絲一忽，糧爲五升八合五勺。中水地，每畝受水一分九厘九毫九絲九忽，糧爲五升五合五勺。下水地，每畝受水一分八厘九毫一絲八忽九微，糧爲五升二合五勺。水分三等，糧爲三額，致民有不平者。遂一概以地糧多寡，均用二分香爲受水時刻定例，黎民始相安焉。

故將水程時刻次序，逐細造册，可以相考。至各村用水斗口，地畝多寡，香水時刻，起止定制，備載册中。惟願合渠各村衆利夫，恪遵前人之令緒，河水雖細，用食膏澤於維均。勿效豪强蟹行，奪人肥己。更因水釀訟，以致傷臉花錢，又嘔閑氣，以失相友相睦之道。并可追溯本源，究心渠事，以尋水争水於上游夾河川道各私渠，庶水量宏大，利益或可均沾。再勿於本渠地頁頭[①] 争水，致兄弟鬩牆，同室操戈，授他渠人以話柄，貽人口實而令人恥笑也。則合渠衆利夫幸甚！故撮其大要，而爲序次云耳。是爲記。

民國紀元後八年菊月知津子劉屏山筆此

源　澄　渠

《陜西通志》、《涇陽縣志》、《三原縣志》均云，於閰村岳堡西，清峪河之西岸，作堰開渠，〔専〕(耑)溉涇陽縣屬之魯橋鎮河西一帶田地。渠堰雖在三原縣楊杜堡地界，實三原無灌溉田地，爲涇陽之専利。共澆地一百一十三頃二十二畝六分四厘，糧六百三十石一斗零五合。渠開於三國時曹魏太和元年太和是魏明帝曹叡年號，叡係曹丕之子，曹操之孫也。

悟覺道人筆述

工　進　渠

《陜西通志》、《三原縣志》均云，楊杜村西清峪河之東岸，開渠築堰，經岳、邢、張、第五等

① 地頁頭：即地頭，田頭。頁在此讀 xié。

村,又從東支渠爲瓦礫斗,又東爲胡斗,自東而南爲佛面斗。又南爲木兒斗,其渠正身東西穿涇陽之魯橋鎮,與下五渠合灌三原之長孫里田,以及涇陽之盈村里田。共澆地六十三頃三十畝。每月初九日子時承水,先灌三原縣田地,至十九日丑時,始澆涇陽縣田地,到二十九日巳時,後澆三原縣田地至亥時滿止。涇陽共澆地三十八頃一十八畝七分二厘零六絲。三原共灌田二十六頃三十畝零。

知津子筆述

下五渠

《陝西通志》、《三原縣志》均載,縣北十五里,魯橋鎮北峪口内,峪口村北清峪河之東岸,開渠作堰,行三里許,穿魯橋鎮城内而過,南出流里許,至龍王廟分堵。上經留官、東陽、西陽、武官、長孫、豆村、諸里田地,與涇陽之大陽、丁梁、惜字、坊南、等村田地。共三百五十五頃。

每月初九日子時承水,至二十九日滿〔戌〕(戌)時止。言三百五十五頃者,就清濁兩河所澆之數而統言之也。實清峪河渠,共澆地一百二十七頃。濁峪河渠,共澆地二百二十八頃。

知津子筆述

八復渠

渠口開於涇陽之辛管匯,交龍堡南,謝家村西,收清冶兩河水,東流經三原縣治城北雙槐樹而過,至武官坊,與濁河之水會流而東,東走獻陵,首一斗即名潤陵斗也。迨今交龍堡南渠口,雙槐樹上石橋,形迹猶存。後因河〔低〕(底)渠高,不能引水上渠,始借下五渠以行水。今只用清濁二河之水以潤陵灌田,而冶峪河之水,從此割去矣。究其斗名"潤陵",即可知取名之義,實亦誌創始也陝西志、三原志。自龍王廟分堵,東行七十里,下經小畦、唐村、張村、三里。共灌田二百三十六頃五十六畝三原縣李志載之甚詳。每月初一日子時初刻承水,至初八日滿亥時止三原賀志亦載。此渠清峪河下流,會合濁峪河水東流。上半截與涇陽分用,彼此以涓滴結〔怨〕(構),蓋利在必争,因上游欲專用故耳。近竟涇陽無分厘地之灌溉矣利在必争,此亦人情之常。

知津子筆述

沐　張　渠 一名五丈渠。靖川即古五丈渠，後另有説

《陝西通志》、《三原縣志》均載，於魯橋鎮西谷口，清峪河之東岸，作堰開渠，灌三原之留坊、杜村等處田，及涇陽之孟店里田，共地一百零八頃。

通志、縣志又載，先年河〔低〕(底)渠高，水不能行，王端毅公命鄉人從谷口以上買地開渠，與沐漲舊渠相接。後因河水泛漲，渠口復行衝壞，端毅公子承裕康僖公，復於上游買地開新渠，水得通行。

舊時作堰，俱用河中小石，難以持久。梁中書希贄，捐輸三千金，買大石塊，壘砌深廣，名曰滚水堰，水便不漏云。

八復水，統於下五渠内。《三原縣志》舊志載李志，清康熙四十三年李瀛修每月初一日至初八日，此八天水。八復截全河水而東之，水既暢旺，不無溢漏之處。沐漲〔緊〕(近)接其下游。如王端毅公及梁中書希贄，并有功於渠堰之人，均得用水灌田。故承水日期以一月爲滿，不得與源澄、工進、下五各渠同例。而賀氏新志，竟爾删去。實不足以昭公允，謂云息事，實啓訟端耳。

知津子劉屏山筆述

毛　坊　渠

《三原縣志》李志賀志所載同、《陝西通志》馬谿田先生《通志》：渠在縣北三十五里，横水鎮南毛坊里内清峪河北岸即河之東岸開渠作堰，澆灌毛坊楊杜二里田地，共澆地一頃一十畝。

後因河倒岸，河北岸之地，灘在河南，遂不能澆於毛坊堰下，在河西岸即河之南岸開築荆笆渠，當初開渠時，實用荆條編笆以作堰，且只澆地與毛坊共一頃一十畝。此不過補澆毛坊倒岸之田，乃仍在一頃一十畝地以内，并不是一頃一十畝以外另開築荆笆堰，以澆灌餘田也。况以四大堰地畝多寡，照例分配，只准該渠每日以五畝爲限，且晝澆夜閉。五畝以外，如有多澆，及夜不閉堵，准下游四大堰按名指控，援照縣志所載處以相當之罰。

故當初開渠時，原不妨害下游四大堰水程。而四大堰利夫人衆心散，亦未深究其事。後以代遠年遥，相習成規，竟於五畝之外，澆灌旱地者，亦屬不少。何云一頃一十畝者，何云晝澆夜閉哉！今竟與四大堰抗敵，成清峪河首堰，爲當灌之利矣。是以歷年以來，蔓訟不休也。

荆笆渠以上，又有藉毛坊堰名稱，擅開私渠數道，如趙家、屈家、岳村、成家、胡家溝等村，無分厘之水糧，以旱作水，誠爲水利之大害也。

毛坊渠《陝西通志》、《三原縣志》均載灌田一頃一十畝。於清光緒十四年,因陝西回亂後①,各縣清丈地畝涇陽縣失守,檔册全無,同治十年清丈地畝,三原縣知縣,山西大同劉青藜號乙觀者,任三原。設立均墾局,清丈地畝。究因回亂後,人口減少,地多荒蕪,荒絶之地,糧無所著,始行清丈地畝。毛坊渠先前之所澆一頃一十畝,經此次丈地時,竊加水糧四頃有零後另有説明,此處不贅。

自楊家河起,至楊杜村止,二十餘里之沿河兩岸,計妨害下游四堰水利之私渠,一十八道。楊家河以上,係耀州地界,又有淳化縣屬地,均有私渠數道,亦妨害下游水利。

自横水往下,至楊杜村止,所有私渠,均藉毛坊名稱,實澆地五頃二十畝零,此清丈地畝時,竊加水糧地之實在畝數也。其外以旱作水者,尚有三十頃左右;而横水以上又有以旱作水之地,不下十餘傾。約共自楊家河起,至楊杜村止,所澆無水糧之旱地,計五十頃零。

靖國軍總司令于②,懲罰清峪河川道私渠一次。調查地畝以旱作水無糧者,每畝罰洋六元,三原縣三科有案可查。民國十八年興訟,三原水利局主任楊餘三先生,派員調查數次,核實水糧地畝,不過五頃二十畝零,而所澆無水糧之旱地,約二十頃零三原縣知事尚衛民又懲罰一次,每次約罰大洋六千元上下。三原任白修先生,曾奉命調查清峪河上游夾河川道私渠地畝,有底册存查。三原縣政府三科,亦有歷年案牘存檔,地畝罰項均有案可稽也後另有説明,茲不贅。

十八年,因天道亢旱,人民緊水如命。夾河私渠,一再截霸。下游涓滴不見,以致興訟,控屈克伸以旱作水,經政府罰銀元一千二百枚。復控劉積成以旱作水,經政府罰銀元四千五百枚。此均按畝科罰者也每畝罰麥一斗,作大洋五元,約地九頃。經此次判決從輕處罰以後,如有仍前違犯,以旱作水而妨害下游各渠堰水程者,按照縣志及龍洞渠現行罰款第五章内載五項强霸人家水程者從重加倍科罰,或按照土豪故意强霸人家水程,荒廢他人田畝者援法律處以徒刑,庶不失以罰爲禁之宗旨矣。

民國二年,屈克伸懇加水糧。經三原縣知事宋子貞,詳呈大都督兼民政長張③。經源澄渠渠長劉廷儉,及工進渠渠長賈永福,下五渠渠長陳忠有,沐漲渠渠長郭順明等,以潤私涸公等情控屈克伸等一案,旋由涇陽縣知事蒙儒香詳呈軍政府。大都督兼民政長批令涇原兩知事查明會呈詳覆。指令到原,復經三原縣知事師子敬布告,令屈克伸填毁該渠堰道以免妨害下游四堰水利。伊因屢犯屢罰不休,復於十三年,又復請加水糧於省長公署。旋經源澄等四

① 回亂:指19世紀60年代陝甘回民事件。事件平息後一些志史之書和文人的文章中,都把回族的回字寫犬旁,以示侮辱,現改正。

② 靖國軍總司令于:即國民黨元老于右任。民國初年于曾率部駐扎陝西。于係三原縣人,因而三原地方人士即以清河水利糾紛向他投訴。于曾派人對此作過一次處理。

③ 張:指辛亥革命時的陝西附義將軍張鳳翽,革命後張任第一屆陝西軍政都督。

渠復控,經三原縣知事趙引之援查舊案,詳覆省署,仍令填毁渠堰道,不得妄開私渠以妨害下游各渠水程,從寬免罰。十八年故智復生,又復偷截,以致水利局委員調查,按畝科罰大洋一千二百元,以爲炯戒。嗣後如辦理得法,私渠即可從此斂遺迹矣利之所在,人必趨之。此私渠不能禁止之原因也。

知津子劉屏山筆書

清、冶、濁三河各渠制度

《涇陽縣志》王志、《三原縣志》均云:"從河壅水入渠〔有〕(爲)堰。從渠析水入田有堵。渠各開一堰,每月引水入渠有定日。堵分自一渠,計各堵内田地之多寡,而以一月之日時差分之。一堵閉,然後一堵開,皆期月灌一周耳。"

清濁二河各渠則例

《三原縣志》劉志賀志所載同云:"各渠每月各以其地之上下爲序,自下而上。下地時刻盡,堵閉,上地乃開,謂之下閉上開耳。"

清冶二河各渠用水則例

《涇陽縣志》王志新志所載同云:"清冶用水則例,皆一月一周,以其地之上下爲序,自下而上,下地時刻盡乃交之上地。渠共堰者,亦如之。謂之下閉上開。"

清濁二河各渠,一渠一堰。惟冶河各渠,爲九渠四堰①:海河渠、仙里渠、上北泗渠、下北泗渠,爲一堰;上王公渠、下王公渠、磨渠,爲一堰,天津渠爲一堰;高門渠爲一堰,後雖於王公等渠内增一暢公渠,高門渠内增一廣利渠,海河渠内增一海西渠,究未增堰也。

《涇陽縣志》王志云:"其上下王公、天津、高門各渠,各置鐵眼,以均平水量。後利夫惡其害己,而皆去之。今無一存。言渠共堰者,就冶河一堰數渠也。"

---

① 作者在此所記之"九渠四堰"不確,因爲上、下王公渠之渠首相距20餘里,不可能同一堰;海河渠、仙里渠、上下北泗渠的渠首也相距甚遠,也不可能同堰。經本次訪問,灌區有老人謂古渠有"九渠四眼"之説,眼即鐵眼,正與下文所記之四渠各置鐵眼符合。可見劉屏山誤記。

涇渠用水則例 涇渠一名龍洞,又名鄭白,亦名白渠,又名鄭渠

《涇陽縣志》、《三原縣志》、《高陵縣志》均云:"凡用水,先令斗吏入狀,具斗内利夫苗稼。官給申帖,方許開斗。用畢,各斗以承水時刻、澆過頃畝田苗,申被水值(按,水值猶水程也)。"

"每歲自十一月一日放水,至七月中旬罷,凡麥苗秋禾,溉有定時。違者罪之。尋令聽民便,但不得過應有水限耳。"

"其水限,初每一夫溉夏秋田二頃六十畝,後改一頃七十畝,今一頃矣。"

"用水之序,自下而上。最下一斗,溉畢閉斗,即刻交之上,以次遞用。斗内諸利户,各有分定時刻。其遞用次序亦如之,夜以繼日,不得少違。有多澆者,罰亦有差等。"

"如本斗利夫,違規多澆者,每畝罰小麥五斗。若非利户者,罰麥一石。後各減半焉。"

"又斗吏匿盗水不報,利户修渠岸不堅,罰栽護岸樹,無故於三限閘口行立者,皆有罰《陜西通志》所載同。"凡曰限口、曰閘口、曰斗口,猶之門口也。恐防分水不均,故於限口、閘口、斗口,特立水門,以均平水量。若守閘官妄起閘一寸,即有數〔徼〕(繳)餘水以透别縣矣。故於三限分水之時,各縣官一員至限,公共分之。乃無偏私於其〔閘〕(間)也。

龍洞渠於成村斗置鐵眼,名曰水門,以平均水量。與各斗分配均用,兼防竊盗也。

凡水廣尺深尺爲一〔徼〕(繳)。王志載云:"其上下王公等渠、天津渠、高門渠,各置鐵眼,憑以〔佈〕(布)水,以防竊盗多寡不均。"故鐵眼之大小,均用徼以計算水量。看水量有幾徼,以堰渠之多寡,平均分配,各有差等。故用徼分水,又有鐵眼以限定之。即有强霸欲偷盗者,則鐵眼爲之限制,難以起手,此最便於民者也。後利夫惡其害己也,而皆去之,今無一存者。故各河渠皆云水幾徼者,即水廣一尺,水深一尺,始爲一徼水也就是方方一尺是也。

《三原縣志》、《涇陽縣志》、《高陵縣志》均云:"涇渠即龍洞渠,又名白渠乃渠身寬闊,容積最大,不患泛濫倒失,且防竊盗。故於三限、彭城、二限等各限口,各縣設立監户一名,與都監同守之,以防盗水。"

若清冶濁三河之各渠,均繼涇渠,爲後開之渠,其制度則例,皆援引龍洞渠而仿照以行之者也,其斗口、閘口,雖無專司,然河水暢旺之時,其渠容積有限,難免翻岸倒失,以有用之水歸於無用之處。既不能以有用之水,使之歸於〔有用〕(無用)之處,故看堰有專人;而看斗口、閘口之人,不能專派一人看守,即以巡渠之人,兼而顧之,既防竊盗截水,又免翻岸倒失。古人思患預防,原欲上下游鄉黨和睦,而使風俗敦厚,兼以絶訟端也。

《三原縣志》李志云:"邑北水程之家,每舉田,益以車牛廬舍願卸於人,而莫有應者。此其

情隱,不當堪念耶?然則清峪濁峪二河之各渠,水利固屬不多,而實亦等於白田,何也?國家設官,水有專司,豈無痛切民艱,使斯民實獲沃澆者哉?"此言近來河水,被夾河私渠霸截,是以渠水甚微,灌溉不周,以致争水鬥毆,釀成訟端。實不如無此水利,即無此水累也。所以有願卸於人,即舉田益以車牛廬舍而莫有敢應者,即此可見水害也。

《涇陽縣志》王志云:"蓋渠水通塞,視人勤惰。昔年限以時刻,意至美而法至良矣古人立法,莫有不善之處。然法久弊生,則良法壞矣,古今皆然,故人存政舉也。至清峪河之源澄渠,〔專〕(耑)溉涇陽田地外,則工進渠、下五渠、沐漲渠,乃涇陽三原交錯互溉,水利分沾。若能各守成規,無誤時刻,則俗敦和好,兩斷訟蔓矣若八復渠、毛坊渠,耑溉三原田地。"

民國紀元後十一年桂月悟覺道人筆述

倒失倒濕利害説

按:本文是一篇勸諭,似是劉屏山初任渠紳時所作(劉當時約 34 歲)。前半部勸勉渠衆敦睦友好、奉公守法;後半部强調加固堤防,注意防盗,并指出淘渠擺堰(擺堰是指整頓或重修渠首攔水堰)應及時而作,每年不可少於三五次。

源澄渠由渠首之吕村處引水,沿清河右岸高地經伍家村、淡家村、西嶽廟村,約 5 里許,渠身皆高懸,極容易發生"倒失",特别是伍家村段,因該伍家村灌溉面積較少,視渠水如他人之水,便有少數村民有意在此偷决渠堤,放水歸河(此處距河最近),以使水流入下游沐漲渠口,沐漲渠利户也有人出錢購買。偷賣偷買,防不勝防,因此劉屏山發出"市狗"、"世襲做賊"那樣的詈駡。

凡下利夫之水,由斗口、〔閘〕(甲)口倒下横流,是爲失水,故名曰"倒失"。水既由斗口倒失,流至上利夫地内,地即濕潤,是爲得水故名曰"倒濕"。此倒失倒濕之所由得名也。

由此而倒失之下利夫,請渠長以查驗上利夫倒濕之地,且計地畝之多寡而處罰,故名曰因下利夫之倒失以查驗上利夫之倒濕也。

在下利夫有倒失,請渠長查驗罰錢,誠爲有益而無害。在上利夫有倒濕,既要認罪傷臉,又要受罰出錢,誠爲無益而有害。

下利夫查驗倒失,每以偷澆、截霸等情訛賴上利夫。如上利夫順受,認罪受罰,則爲了事;倘駁查[1] 不服,稍不如下利夫之意,因水興訟,即以截霸水程、偷澆田畝等情誣控陷害

---

① 駁查:本地土語,辯駁,反詰之意。

矣。又有下利夫與上利夫,素有挾嫌,懷恨誣陷者,竟於黑夜無人時,偷放栽贜訛賴圖罰,以釋私仇者,此等暗昧喪良之事,亦時常有之。又有雨水和時,渠水本不吃緊,而漁利之徒往往因繳費無出,莫錢開支,故意不防範,不巡渠,任水之性,倒失横流,然後糾衆查驗,不同渠長,私下先以拉撻[①] 示威。如果事協,錢歸私囊;如上利夫不承認,始請渠長查驗理論,百般誣詐邀挾,且聲言非告官不可。渠長只打順風旗[②],不能慨然處决。上利夫無奈,明知渠長偏袒,且只得央請渠長,忍氣吞聲,聽渠長處息,認罪受罰,以爲小事好忍。若再經官,則事就大了,花錢豈至此數。此名曰"尋盤繳"[③],亦時常有之。總之不外利欲薰心,惟利是從,而有此無良之行爲也。

嗟夫!以水利而滋訟累,是福民利民之事,轉爲擾民病民之具,實水利而成水患,人心之不古,可勝歎哉!此上下利夫利害之所由分也。

又下利夫以水爲勢,故水爲莫大之利益。上利夫以水爲禍,不知何時倒濕地内,犯罪受罰,故水爲莫大之禍患;所以上利夫見下利夫,一味恭維奉承,稍有忽略,〔巴結〕(把給)不到者,就因水挾嫌,即從此多事矣。下利夫又言:"青龍頭上過,不知那一時與你降下禍",謂下利夫之水,月月從上利夫地頂頭而過,栽贜姑無足論矣,即乾渠爛口,蟻穴蟬孔,翻岸倒失,在所不免。况人各有生業,誰能守在一處,一定巡一節渠,看一處閘口哉!况一渠正身,自堰口引水入渠,至開斗灌田,延袤二十五里有奇,二十三村,十二斗口,十三閘口,是誰家[④] 一村,有此〔許〕(須)多人而〔耑〕(專)守定一處,巡一節渠,看一處閘口,不挪動不作别事者?此必無之事也。不過以上堰之人,兼巡渠、看〔閘〕(甲)口以防失水,而即刻楂塞[⑤] 之,以免倒失之患。

倘防範不嚴,難免倒失之虞。如水既已由斗口倒失,將他人之地又行倒濕,故倒濕之地主,即以犯水論罪,自此而請渠長查驗,認罪受罰,即爲了事;如不承認,難免决裂,則因水成訟矣。嗟乎!偷澆固屬不少,截霸亦所時有,此〔固〕(故)無恥之輩,不重罰,不足懲戒刁狡而息貪風,如此等偷澆截霸情事,誠爲有罪,即罰錢傷臉,〔尤〕(猶)屬格外體恤;倘告官按法律科罪,亦屬罪有應得。如倒濕,乃無心之罪,非偷澆截霸可比。既已倒失地内,認罪傷臉,猶爲心中難受,又要罰錢懲戒,何等嘔氣?此等情隱,只得忍受,實難與他人言也,不白之冤,誠爲

---

① 拉撻:本地土語,撕拉作勢,欲行强暴的形態。

② 打順風旗:本地俗語,附和别人意見的意思。

③ 尋盤繳:俗語,是故尋盤纏計較的意思,故應作"尋盤較"較正確。

④ 誰家:本地口語,在此處是哪裏的意思。

⑤ 楂塞:本地土語,指灌地時用鍁鏟掘得泥土雜草而堵塞某一缺口的意思。"楂"是動詞,讀 cá,本無此字,如欲爲此創新字,宜作"揸"較好。

抱屈莫伸！嗚呼！既傷臉，又罰錢，能得多大利益，是誰不肯計較利害，而犯偷澆霸水之罪，又以現款而買欠賬乎？人雖至愚，誰肯作此無恥喪良之事也？

上利夫辯駁倒濕，每以水量宏大，渠道窄淺，不能容納，以致翻岸倒失，又以蟻穴〔蟬〕(蟾)孔，乾渠爛口子，始而涓滴細流，終成崩决爲辯辭矣；又以因水漁利，偷放栽贓爲辯辭矣；又以夏日洪水暴發，渠岸鬧口，一齊决崩，兼之渠被泥壅，渠道淤塞不能容納大水，以致翻岸倒失爲辯辭矣；又以冬日天冷，水凍渠溢，以致渠滿，壅塞不流，成爲翻岸倒失爲辯辭矣。况查驗倒失者，原爲提防上利夫偷澆截霸下利夫之水程也，不能不請渠長，破除情面，不惜得罪人，惹人眼恨而必查驗以處罰者，何也？誠以水關民食，食關民命，竊恐私心自利者〔之〕徒，藉倒失爲名目，而偷澆自己田畝，以妨害他人水程者，故必須查驗處罰，以息貪風。然必須分别豪强良懦、初犯及久慣等情，計地畝多寡，再查看〔地〕(頭)頁頭口子，實係倒濕，或係偷澆，分别輕重，斟酌處罰，方爲公允。

如實係偷澆，此爲明知故爲，非照章處罰，按律科罪，不足以昭炯戒而遏偷截貪澆之風矣。果實係倒失，故屬無心之非，誠爲無罪，此又非偷截貪澆者可比。然既倒濕自己地内，即自認自己防範不嚴，以致地頁頭渠口封閉未固，致有倒失濕地之錯。倘自知認錯，央請渠長，向失水者懇情，即杯酒亦可釋過，或薄示傷臉，即可了事。不必一定處罰，争競多寡爲利而失鄉黨和氣也。

如既已請渠長查驗倒濕之後，是非未經渠長論定，而兩造持强争競，又不服渠長理處；或偷截貪澆者，累犯不休，怙惡不悛。此等行爲，非各議重罰，不足以息減惡風氣。倘再不服，不聽渠長處息，仍前争競長短，不顧顔面者，即告官鳴罪，不難盡法懲治矣。故倒濕與偷澆，當分别論事，不可一律問罪也。然又有水倒地内，即查驗而不爲倒濕者，〔固〕(故)不以犯水論罪也。

如夏日行雨，大雨滂沱，洪水暴發，渠被泥淤，不能行水，以致翻岸倒失者。冬日天氣嚴寒，冰凍渠溢，水不流通，難以行水，以致翻岸倒失者。又有穿垙① 者，即透垙也，以其水由斗口倒失，順渠直流，流至他人地内，地滿不能容水，旁流一垙以至他人地内者，謂由此一垙地口透彼一垙地也，名曰透垙地。又有水不由正渠直流乃從旁處一垙地而穿過，流至别一垙地者，名曰穿垙地。又有水盡頭者，以其水流至此處，地盡完没，而更無處可以流去者，故名曰地盡頭也。所以規例有不驗者，夏日洪水不驗，冬日凍冰不驗，穿垙透垙不驗，地盡頭不驗，此數不驗者，以其實由天造，非人力勉强能爲之者也。王道不外人情，此實人情之所當原諒，法律之所當能容也。

---

① 垙：本地土語，稱一個較大的地塊曰一垙(guān)地。

如此等倒失，全不在查驗之例内，即倒濕他人地内，請渠長查驗。渠長亦作罷論，不生效力，直與不驗等，故不在倒失之規則内也。

源澄渠自堰口引水入渠。南北直流經堰口伍家、淡村，至西嶽廟前朱砂堵止，惟險崖伍家閘口，爲害最大。一經倒失，渠岸閘口，一齊崩決，且渠高地底，取土更難，誠難楂塞，此實源澄渠最大之禍患也。但淡村城北一閘口，亦爲大害，較險崖特容易看守耳。且險崖之地，最爲危險。沐漲渠利夫盗水，即從此處下手。然〔則〕沐漲渠利夫，不親盗之於險崖，直盗之於源澄渠伍家利夫之手。

源澄渠伍家利夫賣水，即由險崖賣於沐漲渠利夫，故沐漲渠利夫，不敢私自來險崖偷盗放水。險崖係伍家屬地，不經伍家地主，沐漲利夫決不敢私自偷放，故在險崖偷放者，盡是伍家利夫也，所以沐漲利夫出錢，伍家利夫在險崖偷放也。

險崖之地，誠爲全渠之大患，實伍家最大之利益也，所以伍家水賊，世代相傳，不能洗心更改者，實以水可鬻利，兼能謀生活也。除卻作賊盗賣水程，則市狗[①]即失飯碗矣，故不惜世襲而作水賊也！

若沐漲渠利夫，直向源澄堰上分水，中有下五渠堰阻隔，攔路截分，不能直達沐漲渠堰，如由險崖及淡村城北偷盗，可越下五堰，而直達沐漲堰矣，既順且便，不盗何爲！

利夫人衆心散，不能齊心來捉，以致水賊横行，爲全渠大禍害患。倘利夫人各齊心，專一防守，若果將賊捉拿，即告官鳴罪，盡法懲治，或按民國法律科罪或重罰示戒，或罰水賊看守閘口，包險此處永不失水以快人心而昭炯鑑，兼可望水賊斂迹，而險崖及淡村城北各閘口，或可少免倒失之害矣。

此險崖倒失，及淡村城北失水而有水賊之害也，可勝言哉！利夫豈可緘默而漫不經心，以使水賊得以適意乎？

自朱砂堵往西流，至馮家城角蘇家閘口止，地勢傍原，渠高地低；且地形凹下，傍原又多溝，又其經過之觀音堵、成家閘口、蓮花池堵、張家堵、劉德堵、郭家堵、權家閘口、馮家堵諸地，如遇夏日大雨，山溝之水暴發洪流，水勢猛大，所過之地，凹下之處，被泥壅滿，凸高之地，即成深溝，是以渠被淤泥澱壅，不能容納。渠岸閘口，齊被冲崩，稍不留心，渠不深〔淘〕(掏)，閘口渠岸土不壅厚，修築稍有大意不堅固之處，則難免冲崩決裂翻岸倒失之禍，所以合渠失水之患，惟此數村諸斗最多。此固地勢使然，非全係人故意偷截貪澆也。

自馮家城角，至山社堵，以迄太和橋斗止，渠直南北流，〔而〕(且)且以次就下，堵口容易封閉，又無曝水之患。故倒失之處，時或有之，即或倒失，又容易楂塞，失水亦少，不若傍原諸村

---

① 市狗：駡人語、亦曰死狗。即無賴、潑皮之意。

各斗倒失之多且大也。

故於〔淘〕(掏)渠、打渠岸,修築閘口,不厭其頻。如能一年之中,多做幾次,則合渠利夫,受益真不少矣。如我們源澄渠,每月初一日至初八日與八復水閉堵,不得用水,所以每月都有此八天空日,無論何月,均可興工做活,又何必一定待至九月乎?

但利夫人各爲己,必須〔精〕(經)心耐勞,勿視爲渠長叫我們〔淘〕(掏)渠動工,我們才動工做活。做活之時,又不出力,視爲渠長私事,名曰做官活,盡行敷衍塞責,而不盡心實力以〔淘〕(掏)築者也。

倘渠果能〔淘〕(掏)深挑寬,渠岸打築牢固,閘口之土上飽壅厚,修築又結實堅固,且堰又擺寬叠高,渠又能鏟寬〔淘〕(掏)深,如昔年之底寬三尺,面闊六尺,堰口伍家村内,仍闊五尺,則水量自然宏大,流行亦暢旺,自無倒失之患矣。

渠上既無倒失,上下游各利夫,相安無事,亦不因水嘔閑氣也,又省多少口舌是非,免使鄉黨戚友世誼,因水細故而失和氣也,豈不誠爲一美事哉!

惟願渠長督工及各村衆利夫,凡有水程之家,於渠上諸利益事件,必須盡心竭力,任勞任怨,不避艱險,勿辭勞苦,用心力以經營,以期卒成厥功,則合渠幸甚。

所以合渠二十三村,凡有水地之利夫,於源澄渠上均爲一水份子,必須視渠上之利益,爲自己之痛癢,固利害相關,萬勿視渠上諸利益,以爲事關合渠,看衆利夫如何辦理,我一人能到何地,况利益干涉我者能有幾何而置之不理,則合渠幸甚。

向來九月閉堵空渠,始〔淘〕(掏)渠擺堰。歷有年所,相習成規。此就雨水和時,麥種以後人始空閑,才上渠動工。相沿已久,大失古規,况一年之中,渠堰只興工一次,所以渠淺,難容大水,倒失之患亦多,渠不深〔淘〕(掏),失水之害,誠爲大矣。

又清同治八年,天道亢旱,利夫緊水,沐漲渠利夫控各渠,伊援例九月用全河水。實以清峪河各渠,多九月空渠興工,不用水灌田,且此時麥已下種,秋禾已收,人亦空閑,且各渠每月均有八復水八天空日,無論何月,均可興工做活,惟八復借下五渠行水,一年爲滿,惟九月空渠興工爲定例。沐漲引八復空渠之規,謂各渠皆然,且伊堰居最下,全年之中,用水艱難,藉九月八復〔淘〕(掏)渠做堰之時,得用河中大水以澆灌田畝。且九月各渠所澆之麥豆等田,禾苗多不生發,惟獨沐漲所澆之苗,來年定獲豐收,故首與八復興訟。經劉撫帥判斷,准沐漲用全河水,以體恤下堰,且沐漲九月澆麥,名曰"巧上糞"。此實天道之巧,格外以矜念沐漲利夫也。人乃作爲勉强不到。光緒初年,天道亢旱,沐漲又與源澄興訟。三原縣知事,即援引劉撫帥判案,謂源澄、工進、下五各渠與八復水同係九月空渠興工之期,已成往規。沐漲得用全河水,源澄不服,復控沐漲於涇陽,知事判詞謂旱魃爲虐,人民視水如命。全河水沐漲渠既不能容,順河直流,不能以有用之水,棄於無用之處;准源澄渠上水漫地以種麥豆等田,勿失農時，自貽餓莩；此後旱澇無常，無論何月，均可興工做活，不必按定九月始行〔淘〕(掏)渠擺堰，以爲成規也。

如果九月，仍前閉堵空渠，始行興工，沐漲仍前援引爲例，要用全河水，復致興訟，不但奪源澄之利權，且生出多少事端，所以九月不空渠興工，亦不貽沐漲以口實，而坐失權利也。況每月又有八復水八天空日，興工無論何月均可，不厭其再一再二，再三再四五六也！一年之中，至少必須〔淘〕(掏)渠三五次才好，不然渠又淺又窄，泥草樹根，壅塞渠道，水行不利，且渠岸閘口，每月開口，澆地過水，取土楂塞又不堅固；倘有倒失，取土更難，即難塞楂，既有倒濕，必請渠長查驗，費唇舌而惹人眼恨，又使人心討厭而咒駡也。

敬告我渠利夫，凡屬水份子，要存公益心，於擺堰、〔淘〕(掏)渠、補修渠岸、築打閘口諸緊要事，各宜竭力盡心；監督經管，必使堅實牢固，永無失水之患害，則又省卻多少閑氣。上下游各利夫依然和好，鄉黨戚友仍然敦睦，則合渠衆利夫幸甚！此實予日夜心香禱祝之者也，將拭目待之矣。

民國五年陰曆荷月悟覺道人劉屏(屏山)書

〔清　谷〕

清谷即清峪河也，按古谷字，即作峪字解，所以古字通用也，《涇陽縣志》云："清谷在縣東北四十五里，一名靖川，即古五丈渠也。自嵯峨山東麓流入境，源出石門山石泉，東南流百餘里，至三原楊杜村，始折而南，出清凉、豐樂二原間，南行二三里，逕魯橋鎮西，流爲靖川，爲唐李衛公故里，鹹水泉入焉，又西十餘里，至謝家村，與冶谷合，入三原界。"馬谿田《通志》云："此水自石門山至楊杜村，水流不渾，故名清谷。"

悟覺道人生周四十五期日長至日筆述

清峪河各渠始末記

按：本碑刻原立之西嶽廟，今當地人稱作西山廟，附近已聚成村落，廟早毁，"西山廟"只作為村名。撰碑者岳翰平是清乾、嘉間縣學秀才，源澄渠渠紳，該地岳家村人，目前岳家村已發展成一巨大村莊，也已無人知道岳翰平。

碑文於記述渠事各因緣之外，提到上游"私渠"問題，當是為了指導其後世渠衆警惕此事。還提到湖廣人於乾隆年流入陝西此一僻地墾殖種稻事，頗可重視，可補相關歷史史料。

以下的《清峪河源澄渠始末記序》、《清峪河源澄渠始末記》、《源澄渠造册提過割定起止法程》、《源澄渠各堵所澆村堡行程定例》四文，是岳氏撰著的一部小册子(筆記)，或是此時(嘉慶九年)由岳氏主持重修源澄渠水册中自己附加於册前的文字？可惜劉屏山過録時没有説明。劉在中間插進自己的評述《源澄渠點香起止説》；又在最後作了一段似跋非跋的文字，記民國十七年大旱和伍家村盗水事。——有可能是他此時身為渠紳，最感困惑的已不是"擺堰修渠"，而是防備伍家村盗水了。

岳文所記皆清朝中期事，此時的清峪河氣象和魯橋鎮風物人情，對於劉屏山顯然感到還變化不大，所以劉尚有規復之志。目前這一切則早成歷史陳迹，現狀的變化可謂面目全非。

清峪河之源，起於耀州之西北境，由秀女坊轉架子山，浸行一百四五十里，歷白坡、草廟兒、夾翅鋪，下與鳳凰山水合，又得各溝泉流會歸，遂涌聚成河，迤邐南流，經淳化三原地界，至涇陽屬地，始開渠灌田。首一堰，即源澄渠是也，其渠起於第五氏村之東，上無渠堰阻隔，清流入渠，故名曰"源澄"。源澄堰而下，一百五六十步，東開一渠名曰工進。

"工進"者即計工進水[①] 之義也。其渠澆灌楊杜村、岳、邢、張、第五等村，并峪口、魯鎮、坊南、北潘、東里、樓底、東寨、東溝、全家坡一帶田地。今工進堰在上，而源澄堰反居其下，不惟與縣志不合，且與渠名亦不相符。其所以得開於源澄之上者，以先年河倒東岸，崩伊渠口，渠高河低，水不能入，將欲上下另開。北有源澄，南有下五，相去不遠，如何挪移。工進幾成水糧旱地，不得不鳴官處辦。然官乃朝廷命官，民乃國家子民，水利不均，官何以官，所以始令工進移堰於上，但源澄本屬上堰，豈甘心居工進之下。故斷令工進許〔淘〕(掏)渠，不許築堰，至今傳爲口談。雖五尺童子，亦知工進許〔淘〕(掏)渠不許築堰，孰意代遠年遥，竟獨擅其利，始移堰於河東第五村之北，繼又移於楊杜村之原下，不惟渠高數尺，而且於河底低下處，并浚爲渠。一遇水小，即河即渠，全水盡吞，倘遇大水，堰用蘆席鋪蓋泥〔抹〕(糢)，點水不使下流。外三渠利夫，弱者用錢覓買，强者率人硬揭河道，因此屢起争訟。莫思己堰本在第五村南，舊迹猶存，偶得移於源澄之上，幸已極矣，又於灌田而外，賣水漁利。若遇廉明縣主，豈能容其如是乎？此工進渠之始末也，工進者堰而下，南行一百六七十步，東開一渠，名曰下五。

下五者以其在第五氏村下，故取名"下五"，澆灌魯鎮南門外、坊南，吴家道、西住村、樓南村、南潘、廟劉、高渠、石佛堂、武官坊、東里一帶村莊田地。

下五渠内統八浮水。先年清峪河四渠，本以一月爲滿。自唐葬獻陵之後，潤陵之水，取清、冶、濁三河，每月初一日至初八日，令各渠閉堵，用全河以灌陵，而一月爲元之水，則打倒

---

① 計工進水："工"指工程處理，包括修堰、修渠以及臨時引水處置等，計工進水即付出了相應的工程處理渠道才能進水的意思。

矣，是以謂之曰八浮水。

八浮堰其渠起於交龍堡南，收清、冶二河水，東流經三原縣治城以北而過，自雙槐樹經過，流至武官坊，與濁水合，東走獻陵，迄今交龍堡南渠口，雙槐樹上石橋，舊迹猶存也雙槐樹在三原北門外。宋建〔隆〕(龍)二年，清、冶二河起蛟[1]，河成深溝，八浮水渠口，高河數丈，不能行水，其渠遂廢，只濁峪河流而已，詎意八浮水利夫，後來不知尋何門路。自告自證，告來部文，立令行水，然渠口崩壞，水何能行？其利夫乃密探下五渠，東流武官坊，能與〔濁〕(擲)水會，可達大程唐村一帶，因稟官借下五渠行水，立寫借券。大人用印書明，如後爲渠害，即許不借，下五應允，從此復行割去清峪河、沐漲、下五、工進、源澄各渠之水八日，以灌小眭、唐村、張村等里之田地。

至今遇八浮水日期，上皆閉堵。如有倒失，立即有禍。横强若此，莫思當日各渠封斗者，原爲潤陵，非爲灌田也，今不潤陵而溉田，八浮水是田，各渠未始非田，彼自行本渠之水足矣。若謂路遠難達，五渠下與濁河會，水亦不小，何得仍令封堵？今非故唐，而水遵故例，甚覺非是。況每月之水盡被八浮首人賣在上游節，而利夫灌田者能有幾家？此又奪衆人之脂膏，以肥一二人者也。此下五渠有八浮水之害如此也。

下五堰而下，又去一二百步，東開一渠名曰沐漲。沐漲渠者，因河低渠高，取以沐漲水之義也，澆魯橋鎮至三原古道大路西一帶二十六村各村田地，西止河，北止河，南止河，東止古道，涇陽之孟店里、三原之留坊、豆村二里地畝。此時沐漲利夫，不見水之地甚多。當日開渠時，亦照地定水，額時灌田，後因地廣水缺，灌溉不周，遂派爲工，閤渠三十六工，一工十時仍係一月輪派一次。殊不知月有大小，參差不齊，時有刻分，遲早難定，所以立成一工一日占鬮抓派，抓在某日，此日溉田。

兼者八浮水八日漏眼浮水，准其使用澆地，故渠長於抓水之日，此八日水，先令講清，抓得著者，一日出銀三兩，交渠長公用，如無錢，許頂於有錢之家，後來有錢之家，藉此買工，此時沐漲一百三十餘工矣。

不幸袁二公作三原縣丞，管理水利，漸知水事，與八浮首人，通同作弊，賣水弄錢，遂將沐漲初一日至初八日所用之漏眼浮水，禁令封堵，與源澄、工進、下五同例，并謂以先年與上渠同係封斗之渠，如灌田者，同以盜水論，犯押赴三原，盡差吏任意揉挫[2]，且又親身下鄉暗捉，所以沐漲利夫，遂不得用此八日之水以灌溉田畝。如必欲用水澆地，先與官説話，後同八浮

---

① 起蛟：本地土語，謂河中漲大水曰起蛟，意即河中有蛟龍升騰之象。

② 揉挫：本地俗語，對他人施行欺凌侮辱和任意戲弄之意。

水首人講明,出錢多少,才得用水澆田,至後官愈吃愈〔腥〕(省)①,獨斷獨行,并八浮水首人亦不通知,該首人亦無如官何。

自袁二公去任後,别换一官,初亦由舊,後見首人不與同志,遂將引八日漏眼浮水,親交八浮水利夫,令其每月灌田,不得上賣。今水復得與八浮水首人説話,雖亦費錢,較前頗輕,其餘日期,盡在工進上水賊手買水,此沐漲渠之始末也。

沐漲堰而下,流經十餘步,并開二小渠於河之西岸,上曰廣濟渠,下曰廣惠渠明正德年民開。廣濟、廣惠二渠,開在沐漲渠之下者,皆後開之渠也,承接沐漲餘水,以補澆源澄不盡之田。今廣濟渠壅塞,水〔已〕(亦)不行久矣,猶云補澆源澄東渠河西一帶田畝;而廣惠渠亦徒存虚名耳。

廣惠堰而下,於河之西岸,開一小渠,名曰三泉渠清康熙年開。三泉者乃用豐樂原下西嶽廟東,清峪河之三個泉水也。澆灌木劉、曹楊、上下門等村傍河之灘地,其地不多,水亦不長,時有時無,不堪言渠,近亦有册,徒自費錢耳今泉湮而渠壞矣。今廣濟、廣惠、三泉三渠,徒存其名,且河見低下,渠道高仰,廢弛湮没,亦(已)百數十年矣,而河西之渠,所可恃以灌溉田畝者,只源澄一老渠也。

源澄渠在河之西,所澆皆涇陽縣屬民田,若沐漲、下五、工進三渠,乃在河之東岸,涇陽、三原兩縣,交錯互灌,實三原田地較多,而涇陽之田畝差少耳,非若源澄渠〔專〕(耑)澆涇陽之民田也源澄渠堰口,雖在三原地界,而三原實無澆之田,爲涇陽專灌之利。

後又於四渠之上,河之東岸,開一小渠,名曰毛坊渠。毛坊堰者,開於三原縣屬之毛坊里,横水鎮下河之東岸,以灌毛坊、楊杜二里田地。

今又於四大堰之上,毛坊堰之下,開立私渠。在河南北各開一,築二堰,一曰荆堰,一曰笆堰,澆馮村、楊杜村旁河灘地,共灌田一頃一十畝。毛坊渠詳載《陝西省志》、《三原縣志》,荆笆堰省志縣志均不載。然二堰總以一毛坊堰貫之,當時亦澆地無多。四渠利夫,因其無大害事,亦未深究,憑官斷定,每日只以灌澆五畝爲限,以外不准多澆分厘地畝,且晝澆夜閉,至今傳爲口談。

近來濱河之灘地,開平漸多,約計以旱作水者,不下十餘頃,如遇天旱,河水盡被該渠全吞,點水不使下流,其爲下游四渠之害一也。又横水鎮街子下,有私渠一道,省志、縣志未載,亦可澆地數頃,其爲害二也。又後河裏有楊家私渠一道,省志、縣志亦未載,所澆之地,猶多於横水,其爲害三也。近時夾河川道,沿河兩岸,私渠横開,約計不下十數道,所澆地畝,不下三四十頃,即河即渠,故河即渠也,渠亦猶河也,如遇天雨適時,河水宏大,下游四渠還能用好

① 愈吃愈腥:本地俗語,也作"愈吃愈饞",即愈貪污訛詐愈精明苛刻的意思。

水；倘遇旱魃爲虐，河水微細，該私渠叠石封堰，使點滴不得下流。雖四渠利夫屢次告官處罰，然伊所獲之利益甚豐厚，不厭其重罰也。即賣草儲粟供訟有餘，何憚於蔓訟重罰哉？每次所罰，計地内之出産，不過百分之二三成耳。是以屢告屢罰，愈罰愈犯愈不休也，其爲四渠之害爲尤大也。

近又有湖廣人入北山務農者，凡遇溝水、泉水入河者，莫不阻截以務稻田。故河水減量，即雨水適宜，被湖廣人截以務稻，水量亦即甚微，況天道亢旱，下游四堰還能用水乎？此又爲四渠之〔大害〕(害大)也！

然四渠利夫，人衆心散，此其所以辦理甚難，而水賊益形無忌，愈得以滋事也。可勝嘆哉！是爲記。

乾隆四十五年清和月邑庠生芝峰岳翰屏書

此碑立於豐樂原下，西嶽廟内，大殿前，東檐下。殿經回亂被火焚。碑亦受火剥蝕裂紋，而字迹無損。清光緒二十八年，予偶遊至廟，見此碑竪立，讀其文而未著意，後予家居業農，見鄉人往往因水興訟者，亦屬不少。予遂始留心渠事，見凡有言水程之文，必録一紙，存之於笥，以備查看。宣統三年二月，社人重修廟殿，予遂至廟，復讀此碑，録其文而藏之，并囑社人保存之，勿使損壞，以没前輩的苦衷。因囑渠長著用磚做碑樓以保護之。卒未動工。民國成立，廟殿又被火焚，經衆救火，遂將此碑撞倒成石塊矣。予命渠長，令叫匠人將此石塊對成一碑，用磚做成碑樓以保存故物；渠長終非其人，因循未做。至民國七年，邑人高錫三、鎮人常雲屏創辦富源紡紗廠，用水以運機器。八年改修渠道，安置紡紗各機車，修理房舍，而此碑之石塊，始失没無存矣。幸賴予所録之文尚存。民國十七年，天道亢旱，鄉黨之中，因水釀成大禍者比目皆是，予遂感人心之不古，風俗之大壞，而少鄉黨戚友敦睦之氣，重復將此碑文録出，并予平日所録有關水程之文録爲一册，以待有志渠堰者有所考據，兼以備查云爾。

民國紀元後十八年夏政七月朔悟覺道人山筆記

清峪河源澄渠始末記序

竊維水利之興，所以厚民生也，而亦未始不關國用。地本平川，糧僅四升一合六勺，因而增之爲五升二合五勺，是爲下水地，每畝受水一分八厘九毫一絲八忽九微；增之爲五升五合五勺，是爲中水地，每畝受水一分九厘九毫九絲九忽；增之爲五升八合五勺，是爲上水地，每畝受水二分一厘零八絲一忽。〔相〕(象)地定水，緣水起賦，水分三等，糧增三額，水之所〔繫〕(係)，顧不重哉？詎意年經久遠，變更百出：有據水擅開渠道者，有全吞不使下流者；更有持强争霸，以水漁利，始爲弊而久成例者，真僞莫辨，枝節愈增。以故各渠有水不到之地，即到者而以數刻之水僅灌一刻之田。糧不稍減，水行非昔，豈當年按水定賦，無是水而有是賦哉？蓋以利夫人衆，則優容易生，日久失實，誰究渠之本原？經官則廉明難遇，苟徒息訟，那管渠之非是、糧之輕重？此水程之所以不明而人心愈無定憑也。以至渠之先後次第，上下寬窄，各逞臆説，知者卒鮮；更有并渠之名義亦不識者，莫思清峪四堰，本皆上足而下用①，工進以下而翻上，而上足下用之説，工進自不得行。惟我源澄，獨可行之於下渠。惜人不細究，故動輒見阻。予自司農以來，於水程深留意焉；幸予父屢經造册，洞明渠事，平日之指示，予已略得其梗概矣。乾隆四十五年，合渠宗予經修渠道，始爰將清峪河各渠利弊，備查清楚，書爲記。然案牘不存，空言無補，特又將予源澄渠始末又備書一册，使後之起者，知渠之原原本本，庶開渠修堰，不至無所適從耳，是爲序。

清嘉慶九年歲次甲子桐月芝峰岳翰屏書

清峪河源澄渠始末記

源澄渠者，清峪河之首一堰也。堰口起於第五氏之村東北即今之堰口伍家，非河東之第五村也，由河灘灣西南流至險崖，靠原而南，穿淡村過，至西嶽廟前朱砂堵，向西流爲源澄西渠，入堵往南流爲源澄東渠又名南渠，其渠開於三國時曹魏太和元年，故首一斗，名曰太和堵，實志創始也。先年本一月爲元之水，且堵上有橋，名曰太和橋，所以此斗又名太和橋斗。

自唐葬獻陵，開八浮渠以潤陵，令各渠閉斗，而源澄渠，每月即少初一至初八日八天水，近又將源澄三十一日公水除與渠長者，亦被八浮水奪去同治八年，劉撫帥判案源澄渠始將三十日公水奪回。光緒五年，八浮又告，自縣至府司撫制各衙門，批回，令將源澄控八浮同治年劉撫帥判案後告示，并源澄渠呈水册，一併追案注銷。三十日水又失矣。

先年爲此一日水興訟，涇、原兩縣在峪口廟内會審驗渠，涇陽縣沈主查清渠事，知其水實係我源澄之水，不犯被八浮所奪，而三原縣蔡公聽信八浮利夫之巧辯，又畏大憲吏之勢力八浮水利夫多住房，爲各上憲吏，自制台、巡撫、司道府縣各衙門，均有人住房，以爲此日係八浮水行程。若無三十日，難道説將源澄渠本程水作伊行程不成？蔡公亦詞屈。兩縣官進省，不意沈主丁憂此真源澄渠之大不幸也，僅奪去三十日水三天，然我渠實仍全使。

不意渠長張碗，因幫岳世興官詞，〔拖〕(脱)欠岳世興銀兩既云幫岳世興官詞，必非合渠公訟，此必

① 上足而下用：不易解。在此似爲上游滿足，下游使用的意思，但與“先下後上”之義不符，故存疑。

定是岳世興之私事,岳世興即戀管盤費①,何以渠長〔拖〕(脱)欠岳世興銀兩,此銀必渠長私用,非公用也可知,將三十一日公水,當於堰口伍家麥〔稽〕(覓)溜② 水是公水,渠長何得擅自私當,張碗喪家,固屬可殺,衆利夫緘默不言,亦是怪事,麥〔稽〕(覓)溜將險崖放開,賣於沐漲渠戳號麥〔稽〕(覓)溜,必非正經好人可知,麥〔稽〕(覓)溜當水之時,甚屬非是。今又從險崖將水賣於沐漲,尤屬可惡已極,合渠無人過問而干涉之,仍屬怪事,可恨。八浮水將此一日水,在沐漲渠上告官奪去此所謂物必先腐也而後蟲生之。原麥〔稽〕(覓)溜來約渠長二人通同作弊,勢必至此,悔之晚矣? 麥〔稽〕(覓)溜當日賣水,何不賣到本渠,而必賣於沐漲者何意? 今日失水,可殺之極,當日利夫緘默不言,何昏庸若此,願將此一日水,仍舊歸渠,令利夫告争此時利夫應該出頭,首告張碗當水,次告麥〔稽〕(覓)溜賣水,然後再告八浮以争水,竟爾縮頭畏尾,可恨。有人來對予言,予答曰:此水利夫不能告,亦不當告先生失著矣,坐失水程,難對大衆,想當年有水時,盡被上節截用,下節利夫,出錢亦買不到。此水於我們何益? 其不當告一也予即芝峰先生岳翰屏也,水與你們無益,就不去告,先生私心太重了;再者水本公水,不過除與渠長賣錢弊即由此而生,以備渠上使用,即非伊家私水,何得擅當? 其不當告二也既是公水,人各有份,所賣之錢,又備渠上使用,有此存錢,利夫即少擔負,張碗竟爾擅當,麥〔稽〕(覓)溜竟然私賣,衆利夫當時就應當告也;麥〔稽〕(覓)溜以源澄之水,而越渠賣於沐漲當其賣水於沐漲之時,衆利夫就應該出頭去告,因爲不告,所以就坐失其利權也。八浮水争之於沐漲,非争之於源澄源澄不告,所以八浮先告,以争此莫大之利益,其不當告三也。有此三不當告三不當告,都是應當告的,不告,所以坐失利權,古人何以畏事如此,亦屬怪事,可恨,所以至今,水未歸渠。

明洪武年間,河水冲崩渠口,堰難行水,遂移堰於第五氏村北即堰口五家村北場上灣處。舊渠本在村東,新渠乃在村北,以新渠之水東流,西入舊渠,復轉西向,不惟路遠,而且不順。若直端南流,下歸舊渠,既順且捷。閤渠因向第五氏商議,願出銀買地,從村中穿過,開净渠五尺,至險崖入舊渠,第五士安應允,當開渠行水時,被其母攔阻,直言要水不要銀當攔阻之時,利夫人衆,應該商議,禀官斷案,經官批價買地,伊又有何説? 竟付水一日,渠長無知,利夫人衆,無識至此,渠長劉孝德,率同利夫將初九一日行程水,割與五家,立有字樣堰口五家第五氏家廟内,有石碑特記此事。至今初九日一日水程,名曰"阿婆水"。是乃本爲灌田,非爲賣錢。彼村水地,僅百五十餘畝,如何能用一日水程,况又有本程水三時,即以旱地作成水地,亦用不盡,水積無用,不賣何爲?

自古各渠無賣水之例,此例一開,上下雜亂。南劉開堵起水,當在何地承接,所以當時言定,初九日水不許出楊仙橋楊仙橋在淡村城北,橋南係淡村地點,橋北係伍家地,橋南伍家地盡,故以此

---

① 管盤費:不易解。有可能是當時訴訟中的某種陋規使費,岳世興因不願支付或無力支付,而令張碗還債,促成張碗當水。

② 麥稽溜:係堰口伍家村某村民之外號。由此外號可知該村民是一個奸邪油滑(麥稽很滑)的人,所以作者直稱其外號。

爲界。水不越界則開堵水得，顯然知上閉之次第矣①。

隆慶間，堰復崩，遂北移於葦子渠岳家溝口，再佔第五氏地一百餘步，南止險崖，北止岳家溝口，上下共佔第五氏地五百餘步，均與水地十畝第五氏祠堂内刊石以記其事。

清康熙年間，堰崩壞，上借三原縣屬吕村岳家磨堰行水，然地係三原所管之地。後吕姓不令行水，因而興訟，控至藩司，憲斷令磨轉水行，不得阻擋此時能控磨渠，遵憲斷，令磨轉水行，當日何不控伍家，而竟付水，何前後昏庸智愚之不同如此也，但源澄渠地，係岳姓之地，可與岳姓補價，每畝價銀十兩，過上水糧，寫立賣契，永以爲例魯鎮顯王廟内，西邊五豆娘之殿外，南牆根下，有石碑一座，特記此事(此廟先年有下五渠石碑一座，今亡矣)。後再堰遇水冲崩時，買地只丈地畝，價與銀不言，惟有是糧，所以源澄渠在三原，立有户名，《三原縣志》亦載有原成渠，不知各渠無糧，惟源澄渠有糧。源澄渠在涇陽縣地界内無糧，惟在三原縣地界内有糧。

所以然者，源澄渠係涇陽屬渠，爲涇陽縣民〔専〕(耑)灌之利，故所澆無三原縣民田。岳姓之地，乃三原民地，無渠無水，理應過糧，但過上水糧，殊屬非是。伊本靠原河灘地在涇陽爲山坡地，三原爲陡坡地，并平旱糧猶不當過，何得過上水糧？若以打磨行水，即屬水糧，沿河多磨，誰家納水糧者？若謂我們買以行水，當作水糧，試問渠係我們買成之渠，伊何得行水打磨？既云水行磨轉，行水者納糧，打磨者不當納糧，可安坐以獲利乎？

今不惟得地價，而且推糧，又得行磨，一舉而三善得焉，天下恐無是理，事之不平，孰有過於此者？况水大則淹輪而磨不行，彼即於退水渠放流於河，利夫等無如伊何，其爲渠害，亦不小矣。此當時買渠遵斷行水之利害也若是。

乾隆十六年，河水汜溢，冲壞連砂石東渠岸數十丈，合渠五月未見水點，我父約會渠長，達東西兩渠利夫，説話商議，在上買地，另開渠道，衆皆喜悦，即推尊我父在前，買邢、王兩家地畝，并有岳姓地畝，與上犯許多口舌駁雜，我父直遵古例即前遵憲斷，買岳姓之地，每畝價銀十兩，過上水糧，每畝價銀十兩，過上水糧，許開固開，不許亦要開。在魯鎮酒館，整説一日，説的吕村無一人能對，合渠衆人歎服，此次買地開渠，直遵憲斷，而於第五氏村中開渠時，竟爲阿婆阻擋，直然割水一日以酬業，此時亦應出頭直争，出銀買地才是，自點燈後立契定聲，回家時已大半夜矣。第二日即傳利夫動工，渠始開於所買之地。東至河，西至〔塬〕(垣)，上至鴉兒窑，下至岳家溝口，北即連砂石是也。連砂石，即俗名連三石也，石下有三兩個水泉，時常流水，今魯鎮所吃之五渠水也(現時魯鎮城内吃水，即此水由五渠)。

乾隆四十五年，河崩渠壞，近〔塬〕(垣)無地可開，渠因下移，初移於連砂石下，欲收連砂石下泉水於渠，即河中水缺，渠不至乾。合渠舉予經修渠道堰，予思堰低則渠深，渠欲深，非渠

① 此句很不易解。似是説放水時下游人另可在楊仙橋看守，不許初九日任家村灌溉超出此界限，然後各斗正常開閉。

口寬闊不可；今渠口只有二三尺寬，又被樹木塞壅，如何能闊？思欲剪除樹木，上下游不下數千株，利夫人衆，不得確實丈數，勢必阻撓，如何能行？因此遍查搜尋字迹，查看確實尺丈，以便開闊。奈字迹無存，不得的確。轉思清峪河四渠，其體制皆一，若得一渠之尺丈，則各渠均得其真實矣。予遂觸處細查，見下五渠碑文記載，渠寬一丈二尺，下五、源澄本皆一月，其渠相等，則源澄之丈二可知，然下五渠内，統裝八浮水，其人工於詞訟其利夫多住房，故各憲房吏，多係此八浮水利夫，以故工於詞訟也，硬開一丈二尺，誰能禁止？不敢遽信爲真。後見廣濟、廣惠與沐漲興訟事畢，與官立遺愛碑，上載廣濟、廣惠渠各闊六尺。想廣濟、廣惠二渠，乃源澄補澆之渠，二渠分灌源澄一渠，二渠各闊六尺，合之則爲丈二，即此可知源澄渠之闊一丈二尺確然無疑矣碑在尖擔王村内東門口祖師廟内，倒而未立。然第五氏村内地開渠，只闊五尺，渠過闊亦甚無用，於是予只以六尺開渠，底三尺。伍家村内，仍以五尺開，底亦三尺，過䄅耙①，上下剪去樹木大小數千株，令樹主各自領回。渠遂大開龍洞渠岸所栽之樹，爲護渠岸樹，爲官物，今令樹主各領回者，以源澄渠在涇陽界内無糧，各人地頂之渠，即屬個人私糧。

然工未竣而凍，人力難行，一冬麥田未澆，利夫望水甚急。時至臘月，不得不放水澆地，僅使水一〔月〕(季)，而未澆之田，只餘十之二三。但新築之堰，未經水浸，正月閉堵，堰雖冲壞，初十日放水，水雖行而堰不自堅。若再用人工，於二月修築，可永遠興利矣。

適值第五君德挾予伐樹之嫌，暗唆孟彦禄，會通馬繼業，揚言老堰穩妥，何不買地仍行老堰。正月未盡，即私議買地。第五君德原成説話②，破以往之例，每畝言就買價紋銀二十兩當私議買地，衆利夫就該出頭干涉，先生亦過問，及至破例還價，竟每畝銀二十兩，衆人就應該不承認，買地二畝有零，覓工開修，大約不過三四十工而已。及渠開之日，合渠算賬，馬繼業開算，費銀二百餘兩，合渠利夫，忍受不敢言非算賬之時，合渠人衆，就應該查算清楚，何以忍受不言，利夫懦弱以至於此。先生何不出頭問罪，而亦忍受耶？此其中必有同馬繼業、第五君德、馬彦禄從中染指者，日從馬繼業等吃喝使用，藉修堰爲名目，以肥私囊者人衆故也。此等敗類，自古皆然，不至修堰一事如此也。古語有云：邪正不并立者，即此可以觀之。自古渠上有工，我們西渠人在前，只因孟彦禄無能，昏聵胡塗，遂令馬繼業盡性攤派，想予先一年開渠一冬，一日不下數十工，飯每頓按定兩卓，水行算賬，僅費銀一百三四十兩。當時興工，看渠者日不絶人，非特源澄利夫看工，即外渠人有水程者，亦莫不成群來看，其驚天動地若此，而其所費用，僅止過百而已。

伊等修渠，日在魯鎮，大吃大喝，盤酒③ 日送馬繼賢家中，并不上渠視工，渠上亦無動

---

① 過䄅耙：即過趟耙，這裏是指作成三尺長的耙，人工或牲口牽引趟走一次，以規劃出渠底之寬。

② 原成説話：本地土語，“原成”應作“圓成”，圓成説話是從中轉圜，促使雙方順利達成協議的意思。

③ 盤酒：盤是置放杯盤的木製托盤，舊日飯館酒店中皆備有，是準備向顧客家中或某一宴會場所捧送酒菜的用具。這裏是説魯鎮飯館每天向馬繼業家中送酒菜。

静,其所費如此之多,是剥削衆利夫之脂膏,以肥馬繼賢一家之口腹也①。利夫之不平,不敢駁查,即孟彦禄,亦不敢言,此所謂引狼入室者,真所謂小人得志,無欲不遂者也!

但所買之渠,僅行水三五年,河水一崩,盡入汙下,遺糧於渠,永遠完納,不惟無益,而且遺害也如此。

然渠雖崩壞,水不使壞,或買地移堰,或壅築續渠,必思良圖;合渠復請予驗看定聲,予看河崩處,去〔塬〕(垣)僅留一棧,若買以開渠,仍不能久,而遺糧愈多。若截河築渠,與二盤磨渠南北直端流行,其工浩大,不若就二盤磨渠上水冲斷處築堰,硬將二盤磨渠〔淘〕(掏)深,水即可行矣。况先年磨只一盤,二盤乃後開之磨,去之亦易,但好説不行,硬撥利夫深挖,彼見勢衆,遂閉口無言。當時初開,堰甚難擺,予親督人挖至連砂石地有浸水處,始與河平,堰亦高擺,水入甚易。至今行二十餘年,并無參差,既不過糧,又無磨害,上磨之水,仍退入本堰,此二小泉水,更不必説,此移堰獲利之一證也。

嘉慶二年,堰口一水成潭,不能擺堰,時予因葬親有事,不得上渠督率。闞杰王三哥、三階李三哥强予同管渠事,許予不上堰。無奈應允。因思河既成潭,非石填不可,又必用籤橛② 攔阻,石得始堅。覓工抬石,買樹做橛,此中費用不少,利夫錢穀本艱,工何以成?幸王三哥與門十三有舊交,即請王三哥與門十三面説:門十三遂慷慨出銀三百兩,以石填河,俱用籤橛攔阻,河地較渠高一丈二尺,然後擺堰,遂成大功,渠遂大成,而水即暢行矣。今雖籤橛盡廢,而河高於渠,皆門十三之功也。

再每年包工,予〔相〕(象)渠之高低以爲淺深,底闊三尺,不得少減。所以水大,在地頭行兩渠,一月田禾即可盡灌,此皆由我先年伐樹開渠,以後照例辦理渠事,故得使此大水。以視上年水行一𢖍,即稱大水者,相去不啻天淵也今渠又窄又淺,渠底僅有一尺寬,而利夫在渠兩岸栽樹,直栽到渠之中心,若再不拉帑伐樹,即一𢖍水,亦不能行矣。拉帑伐樹,照面寬六尺,底闊三尺,加力深掏,何愁不能用大水!

惜乎上游夾〔河〕(道)川道,多開私渠霸截河水,已使水不下流私渠之害誠大矣哉!利夫宜注意辦理;再被湖廣人,斷絶各溝中泉水以務稻田,所以冬水還能使用,入夏則用水更難,非費錢不行,猶有費錢而水不到,點水不見者,如此艱難,人何貴有此水地哉?雖然,夏水固難,或〔塬〕(垣)上得遇暴雨,河水〔氾〕(汜)涌,避過暴發,還能使用一二日好水,則又勝旱地多矣。

嘉慶九年菊月里人芝峰岳翰屏書

悟覺道人筆釋

---

① 馬繼業,馬繼賢很可能是兄弟并且同居,而馬繼賢居長,所以説"以肥馬繼賢一家之口腹"。

② 籤橛:加固堰塞用的木樁,一端尖利,有如籤子狀。

源澄渠造冊提過割定起止法程

造册之道，各渠不同，予見工進渠造册，過水即在賣地之利夫名下首分立一名，買地若干，立水若干，欲提於本名下不得也。夫地若在一堵，新得之水，與舊有之水，合立一處，則積少成多，既不花水，又多灌田，此最便是也。而水隨地立，一畝田地，能讓多水，水大猶可，水中不過僅潤地頭而已，豈足爲法哉？若我源澄渠，則隔堵提水，能過於本名下，蓋由起止清楚，亂而不亂，所以等名下水，時有數刻者，甚至有逾時者，豈誰家水地能成塊有若是之大水！不過積少成多耳。如至其時，一段不了，澆兩段，兩段不了，許澆三段四段五段也，如是則用緊當灌之田，自無不僅灌耳；若水既盡，則雖欲灌而不能矣，此活動取用法，乃立法之至善者也。但册不常造，知其道者恒少，予故將造册之理由，備書之以便查考耳。

造册之時，先將昔年扎底，録出對真，有開，即於本名下，寫開於某利夫若干；有收，即於本利夫名下，寫收利夫名下水若干。若素無夫名，即於所得之利夫下首，新立一名，收某利夫水若干。開水之利夫，其開水照前過割既畢，然後定起止，則即無錯誤矣。

定起止時，先將各堵人名打清，看舊册起於何日何時，止於何日何時，去水若干，添水若干，起止與水合與不合，水與時刻符與不符，然後從等名下定起止。

蓋先年水與時原不相錯。自第五氏割去初九日水之後，初十日本程改作行程，合渠去水一日，利夫等名下水未裁，所以各斗俱有浮水。於時不符，然起止從不敢錯，水自是水，起止自是起止，水俱裝於起止之内。利夫只知看水，并不知看起止，渠長點香，安得不點消香，不少算香？若照實地按二分香點足，而一分香不遁取一厘香，如何够點？何能交付下家？此利夫從喜虚名，而究無實際也按消香即遁取之香，遁香即遁時也，遁時即遁水也，故消香者，一寸香即點九分也。

乾隆十六年，當造册之時，予父與伏生張氏，同東西李家庄及韓、毛人等，議裁浮水。人心俱悦。故自太和橋斗至山社堵，水盡裁實，與起止毫不相紊，若劉德堡、金牌堡以至東渠七十餘時，俱浮而不實，所以起止是一定。水多則遁水而合起止遁水者即遁時也，遁時者即遁香也，遁香者即消香也，消香者即消去之香也，所謂消去之香者即一寸香消取一分也，故渠長點消香者，只一寸香按照九分長以計算也，如每畝實以二分點，而不消去二厘則就不够點矣，如不够點，渠長如何交付下家，此消香之所由得名也。比如一堵，本辰時三刻一分起，至第二日寅時三刻一分止，本只十時，合水則有十一時水，水仍不動，而一刻只算九分，總以寅時三刻一分爲界，所以時無多時，而水有多水矣。合清後定時，即在所止之分厘起，若展一厘，則起止即不得對矣。比如上家，水於寅時二刻一分五厘止，下家有水二刻二分五厘，就從寅時二刻一分五厘起，寫册時，寫作一分六厘起，當於寅時三刻三分八厘止，再下家仍從三分八厘起，寫册時仍寫作三分九厘起，此定起止之定例也。

至於行程，俱在開堵首一名内裝，比如首一名有水二刻，行程五刻起止則定至七刻，不言行程而行程在其中矣。惟山社斗，首裝行程四刻，新利渠、拐角渠各裝一刻，合足六刻行程，若無行程者，俱係實水，此定例也。未造册者，視此可以悟矣。

芝峰岳翰屏書

源澄渠點香起止説

曹魏太和元年開渠時，本一月爲元之水，每畝以三分香受水，實在地香，一定相依不亂。自唐葬獻陵後，開八浮渠以潤陵，即令各渠閉斗，而清、冶、濁三河各渠，即少初一日至初八日水八天，就源澄渠而論，每畝拔香一分，後又被第五氏奪去初九日一天水，又將初十一日本程水，改作行程。統前後計算，失去水十日，共一百二十時，後雖每畝以二分香受水，地雖不動，而時香水即有更變，故利夫名下之水，起止雖有一定而浮水未裁，水多不實浮水八日，九十六時，初九日十二時，初十日十二時，共一百二十時。乾隆十六年造册時，芝峰先生之父與伏生張氏同東西韓、毛人等，議裁浮水。大衆悦允，故自太和橋斗至山社斗止，水盡裁實，其以上之劉德、金牌及東渠各堵，均未裁去，所以俱浮而不實，故渠長點香，於未裁之浮水，不能不點消香也。消香者即取消之香，〔即〕(衹)一寸按照九分點是也每畝二分香，實點一分八厘，即一寸香，遁一分也。如照利夫名下起止，實以二分香，按畝照點，而不遁消二厘則合斗利夫之香，均不够點矣。故渠長於點香時，不能不遁香也，故遁香者即消香也，消香者即遁時也，遁時者即遁水也，即香長一寸，按畝照九分計算而點也。比如劉德、蓮花、張家、觀音各斗，受水在官渠堵口，而開斗灌田在二三里以外，又無行程時刻，其所行之路程時刻，該歸何處，何人該受此害？豈知水不到地，利夫誰肯點香？故渠長點香，安得不點消香也？

若點消香，則合斗利夫之水，均能够用矣，香亦够點矣。故本堵行程，即本斗利夫消香所積餘也，所以行程即裝於本斗利夫消香之内，是無行程，而實有行程也。故本堵之行程，於外斗不相干涉。此行程消香之法則也如是。又如本斗利夫，上一家有水四分五厘四毫，從未時初刻六分六厘起至未時一刻八厘止，下一家即從未時一刻八厘起，寫册時即寫作未時一刻九厘起，以後起止，即按照此法而寫，則浮水或即可以裁實矣。

倘浮水不裁，按畝以二分香實點，不惟香不够點，即水亦浮而不實。渠長點香，只得點消香也，如不點消香，則水本不足用，時亦錯過，如何交付别家，此起止消者之規例也若此。

悟覺道人筆述

源澄渠各堵所澆村堡行程定例

按：本文中的“予堡”是岳翰平自稱自己的村莊岳家堡，亦即今龍泉鄉岳家村。惟現在的岳家村并非岳家堡故址，50年代後期至70年代初，岳家堡與其東鄰的馮家堡一帶地下水位大幅上升，土地日益鹽沼化，迫使兩村遷移於故址西北六里外的塬地上。目前兩村已發展得十分寬廣，逶迤數里，故址的城郭廬舍及子劉村、九門張村等遺墟，現皆夷為田疇，毫無村落踪迹。劉屏山用小字注明的“王家莊子今亡”、“子劉村今亡”等，可惜未能説明原因。按岳文所記，18世紀中期此地寺廟環列、渠道阡陌，景况尚如此之美，至本世紀20年代劉屏山時則十分頹敗，而以六七十年代最為衰落；近十餘年復漸有好轉。讀岳翰平、劉屏山諸文會感到二百年滄桑之變。

源澄渠本一月爲滿之水，昔年每畝以三分香受水，自八浮水奪去八天，僅餘二十二天，小建只有二十一天，故每畝拔去香一分。今每畝實以二分香受水也。初九日乃其行程也，又被第五士安所奪，初十日本程改作行程，自堰口引水入渠，行程一日，潤各斗口，有餘水者開斗灌田，非本程水有倒失，不得以犯水論，所以行程水，無倒濕也，故名之曰潤斗水又名浸潤行程水，係全渠所撥，此水不查驗倒失。十一日寅時三刻，利夫受水灌田，首一堵名曰太和斗，以渠開於曹魏太和中，令人顧名思義，知所創始也。然太和斗地，俱在乾溝以北，係南劉九家澆灌之斗，内猶有游撫里茹家所澆之水，但地遠而水微，久不能灌，上斗有地者提澆之，今則盡成水糧旱地清同治十三年清丈地畝時，水糧亦下，今糧地相符也，次曰户古莊堵，所灌皆是李家莊東堡之地，西堡之地在下，水多不得到，此斗地僅澆一半，一半猶是水糧旱地。近因渠利水大，利夫將已平之渠，有復開通者，然所灌終屬不利。

再上則曰福嚴寺斗，係東西兩堡澆灌之堵，在福嚴寺前，東西一垙。再上則曰董維康斗，澆三郎廟東西，并廟前地。東西兩堡均有地，而西堡頗多；其斗韓家亦有所澆之地。再上則曰大槐樹斗，澆予下垙南頭地，下垙地即今楊家橋是也，其地多係西堡，上節亦有東堡地。再上即係韓家水矣楊家橋在岳家堡以南，西李家莊堡以北，而今有渠存，橋則無矣。以上五堵，除太和橋斗不言行程外，其餘四斗，各立行程五刻。

再上則曰西門堵，即龍泉寺前，予下垙渠是也，但予堡地之水，提入予山社堵内，過斗遇水，我們不灌，惟西堡與韓家灌溉耳。堵連老渠，開堵便灌，所以當時不立行程。先年〔伏〕(茯)生張氏，虚立行程二分，迄今仍復打倒。

再上毛家斗，地頭渠俱連老渠老渠即官渠也亦無行程，不堪言堵，毛家堵即管村斗是也。

再上則曰山社堵，在衛公祠東衛公祠即俗言藥師廟也，土地堂東門首土地堂即馮家村南，大路北之土地廟也，在藥師廟東，故名曰山社，澆灌上垙一帶地畝，但斗口盡係馮家、子劉家與外姓之地。予堡地在西節，去水窎遠，而水居其先，故立行程六刻子劉村在土地堂北，今亡。

但斗雖在土地堂，而予堡接水，則在馮家城角，即所稱蘇家堰是也蘇家堰即蘇家閘口。水穿子劉村而過，西走靛池，至史家後門入村，由街南而流西灘澆田家門前一垙。今水不能到，其渠雖廢，而地盡成水糧旱地同治十三年，清丈地畝時，水糧亦下，今則旱地旱糧矣，地糧相符也。由子劉村西南流，走老利渠①，東西拐角子，至三聖廟西地，又三聖廟東，有辛家渠，澆中垙及西門斗西節，後辛家渠壞，每冬在拐角透垙，後予堡將衛公祠東西置通，水遂在衛公廟東楊八渠放下，澆上垙一帶地畝，走老利渠，子劉村渠遂不用矣；土地堂西，馮家地隔在上節，不與我山社斗相涉，楊八渠即孟渠是也。

中垙渠係王家莊子渠下灌之地，東節乃馮家地，西節乃九門張地，予堡地在西頭，其地不多，今地盡歸予堡，與上垙地上下相齊。我父因王家莊子渠，我們不得封渠口，恐難免於倒失之患，遂在上垙買馮家地二畝，開一利渠，澆灌中垙地畝；因蘇家堰至衛公祠後路近，如何能用六刻時行程，故與中垙利渠，撥立行程一刻，統於山社斗内王家莊子在土地堂以南，龍泉寺以北，今亡矣，龍泉寺即俗言毛家寺也。龍泉寺内佛殿，有源澄渠光緒十四年三原清丈地時爭回渠口地碑記一座。下垙至張郡馬墳西予堡所置之地，故東又有數段，因張家有地夾雜，難開利渠，所以東節仍在寺前放水，西節地仰無渠，故又在拐角子買地二畝，開一利渠，以澆下西節，至遼邪口② 水仰處止，造册時撥立行程一刻，起水行程實只四刻。

兩利渠所買之地，各開渠一畝，餘一畝令人耕種納糧，新利渠糧在予甲内，拐角渠糧在辛管里七甲，予斗口雖在馮家城角，然馮家打水，定在土地堂唱聲③，此定例也。

馮家堵地頭渠亦連官渠，城東雖有權家閘口，因無行程，不得言斗。

郭家有郭家堵，斗内劉德家地多，郭家地少，因無行程亦不得言斗。

楊家灣有楊家閘口，所澆劉德家地多，楊家地少，亦有鹹水溝所澆之地數畝鹹水溝共水地二畝二分一厘三毫三絲。

---

① 利渠：本地土語，也稱"淋渠"，是比斗渠小一級的渠道，按現代灌溉渠道分級，應稱爲分渠。上文所説之"地頭渠"，又比利渠小一級，只是直接引水入田的渠道，現代稱爲"引渠"。此處所説的"走老利渠"，當是此時斗渠已經改道，廢棄了原線，而歸入曾經是利渠的一段老渠流過。

② 遼邪口：本地土語，應寫作"撩斜"較好。鄉人稱一條小路或一小渠之方向不正，即不是正南正北或正東正西者，曰撩斜。此處指該利渠轉爲斜向的段落的終點。

③ 唱聲：俗語，亦稱搭聲。在此指大聲招呼下游："我們已經接水。"因馮家村用水須於土地堂斗口開口，實則在馮家城角（蘇家堰）放水。

再上有劉德堵，在劉德堡城西北，因無行程，亦不得言斗。

再上有張家堵，在劉德堡城東北，亦無行程，仍不得言斗。

再上有連花池斗，此斗先年無，予後造册時，因金牌張堡打水，遂立成堵口，彼堡不撥立行程，亦無行程，不堪言斗。

再上成家、觀音堂二堡，時刻有限，雖有觀音堵，亦無行程，不得言斗成家東門外井莊子後，有一閘口，名曰中口子，乃光緒年間以酒席公請合渠，經衆認可，始得開此閘口，實因觀音斗路遠，且用水亦難，始開此口，立爲夾口，以便澆灌耳。

惟西嶽廟前有硃砂斗又名朱村斗乃東渠起水之堵，例應有數刻行程，予先年造册時，查伊斗行程，僅只二刻，不知當時如何立堵，但斗口之内行程，皆係本堵内之利夫水所撥，立爲行程，與外斗無涉；東渠數堡，水皆由此放流凡一斗内之行程時刻皆由全斗内利夫之名下水，撥爲全斗内之行程水，始立成行程。惟淡村與堰口伍家二村，不由此斗放水，除此二堡以外，猶有十村六十餘時，而竟不肯多立行程，豈知水不到地，誰肯點香？所流之行程時刻，又何當不在利夫水内，是無行程，而實仍有行程也。惟利夫吃虧便宜之不同耳便宜即偏益也。

曹楊家西有西留斗，澆上下門家、淡馬家，但斗内無行程，亦不堪言斗，除此再無堵口之名矣。

惟淡村與堰口伍家，在官渠開立閘口，淡村城北有一夾口，雖云害事，其禍〔猶〕(尤)小。險崖下伍家澆路東地，有一夾口，其患〔特〕(尤)大，險崖渠高地低，傍渠被水冲一小溝，伊等在此，開立閘口，水由溝内向東流，下澆伊小路以東之地，其地不過十餘畝，閘口若立，水連渠底〔刮〕(剮)壞，點水不能下流，沐漲渠利夫盗水，皆由此處下手挖决偷放，以流於河也夾口者即斗口以外，水不能到，順便加開一口，以便補澆斗口之不及。予與渠長商議，將夾口上移，令其從上行水，可流於道路以東，又〔買〕(賣)第五景壽地數分，設立夾口，開一利渠，使水南流塄下，灌伊小路以東應澆之地畝，此處不令放水。奈伊不從利渠東行，定要在溝行水；至今渠地，景壽仍種，夾口雖移於上，傍渠仍流於溝，溝不能填，緊靠渠岸，有偷水者，仍在此下手。利夫人衆心散，竟無如伊等何閘口者即斗口也，而夾口即斗口内之地，水澆不到，加開一口以便澆灌時之啓閉耳，故夾口者，即閘口也，亦即加口也，斗口者即水門也，猶人之門户，以啓閉也。若以理論，此處不許有夾口，俱在官渠行水，且地連官渠，開口即澆，如自在傍路下，開一小渠，以灌伊田，亦無不可。今伊不能開渠，衆利夫與伊買地開渠，而伊猶不肯行，此真不經之事，若非官〔司〕(詞)，恐終不能改移險崖下爲合渠大害，爲堰口伍家大利，伍家水賊，賣水於沐漲渠，即由此下手偷放，以故終不能改移也。

自此以至堰口，渠道通利，第五氏村内雖有夾口數道，甚不防事，利夫好看守，水可不至失走。惟險崖與淡村城北兩處閘口，屢被偷决，深爲可慮耳。

芝峰岳翰屏書　悟覺道人筆釋

斗口凡有行程時刻者，名曰斗口

夾口無有行程時刻者，不得言斗，名曰夾口，即閘口也，又名加口

民國十七年，天道亢旱，數月不雨，夏忙薄收，秋忙未獲稞粒。至八、九月之間，天仍不雨，二麥直未下種，利夫緊水漫地種田，河水微細，灌溉不周，無論何村之水堰口伍家月月霸水偷澆，遂犯衆怒。至八、九兩月，連次截澆觀音堂之水，合渠人衆不依，伍家利夫在魯鎮顯王廟内鄉治局與合渠擺席〔桌〕(棹)，以謝其罪。當日言明，將險崖私口移上。於十月初三日，經渠長同衆利夫，〔相〕(象)定地址，栽立閘口，再不准任意私開渠口，以防害下游；仍不准偷截下游各村水程，以澆溉伊地畝。復經大衆通過，伍家認可，然後表决，從此以往，險崖下閘口可無慮矣。惟患淡村城北一處耳，然而險崖下，又必嚴加防守，以防水賊偷賣放决耳。

知津子筆述

清峪河源澄渠水册序

按：這是清道光二十年新修源澄渠水册的序言，晚於岳翰平撰《清峪河各渠始末記》之時(乾隆四十五年)60年。從文中"近年來河水浸微、私渠横開"，"源澄應灌之田半皆荒旱"等語看，水利顯然不如60年前，或清峪河水文狀態有變；劉屏山於文後所加跋語又説明自此次造册後，直到民國初年再未有新册續修，似渠事管理也鬆懈下去了。

劉以下就此册的内容作了許多考訂和説明，似欲為新修水册作準備。又於最後附記民國十七年氣候异常情形，很可寶貴。現在灌區不少老人或親歷或承其先輩之談，多能説出民國十八年災荒如何可怕，但未有能對當時具體氣候异常記得如此清楚者。

原夫源澄渠者，清峪河之首一堰也。其河發源於耀州之西北境，由秀女坊、轉架子山，浸行一百四五十里，歷白土坡、草廟兒、夾翅鋪穿谷口，透嶺下與鳳凰山水合，又得各溝泉流會歸，衆水畢集，波涌成河，迤邐南流，經過淳化、三原地界，至涇陽第五氏村東北，壅堤築堰，清流成渠，遂名曰源澄。其下六七十步外，東開一渠，名曰工進，工進而下，渠名下五，下五而下，渠名沐漲，縣志詳注，一一可考也《陝西通志》、《涇陽縣志》、《三原縣志》同。今則工進首堰，而源澄反居其下，蓋以先年河倒岸時，將工進渠口崩壞，崖高河深，勢難行水，惟有移堰，而源澄居上，豈容私越？傳經斷驗移上者。然渠雖上移，而受水實有定例，若截河築堰，必阻塞源澄，所以當時斷令工進渠，叠石行水，自今猶有"許〔淘〕(掏)渠，不許打堰"之語傳爲口談。第劫變

已久，孰遵往斷，恃形勢之便利，居然成首開之堰矣。

源澄渠起於河之西岸，中寬一丈二尺，澆灌涇陽魯橋鎮河西一帶田地，若工進、下五、沐漲三渠，俱在河東，所澆多係三原民田，涇陽不過十之三四而已。後因渠高堰深，移渠穿走第五氏村中經過，佔第五氏村中地，闊五尺，長四百餘步，被第五氏時元、時明等，勒不受價，割去初九日水一十二時。迨後渠口數移，至本朝康熙年間，渠口移入三原地界，故《三原縣志》，亦載有"原成渠"，而實三原無源澄所澆之田也，不過堰口有三原之渠地糧而已。沐漲而下，又有廣濟、廣惠，承接沐漲餘水，以補澆源澄不盡之田，然或淤或開，澆地無多。

惟源澄古稱老渠，堰平渠闊，爲利甚溥，但近年來，河水浸微，私渠横開，乘其便利，横阻截流，以致源澄應灌之田，半皆荒旱。而去堵之遠者，水轍不至，糧猶如故，即如太和一斗，始終不能灌田；户古灌田，不過頃餘；以至大槐、西門、管村、山社數堵，莫不各有不灌之田。今地盡〔多〕(移)有賠糧者，悉因不能澆灌，以水作旱之所致也。水程之不古，其弊可勝言哉！雖然，地不盡不灌之田，水不盡常涸之期，是以水雖〔微〕(轍)也，而時仍在，地雖旱也，而堵仍存。故造册先自太和橋起，而後餘斗次第繼之，額以時刻，定〔以〕(一)起止，各堵各夫，各有章程，庶利均而人得安矣。

本渠水每月初一日寅時三刻起，初九日寅時三刻止，共九十六時。原額留爲〔淘〕(掏)渠築堰日期，如不興工，合渠均沾其利，此不照地糧分受者。自唐葬獻陵，取清、冶、濁三河之水以潤陵，每月初一日至初八日，令各渠閉斗，水從交龍堡南入渠，由三原地界雙槐樹而過，東會濁水，直達大程唐村一帶，後堰崩渠壞，又借下五渠行水，是以名之爲八浮水。初九日係第五氏割去之水，豁在本程之外。初十日寅時三刻起，十一日寅時二刻九分九厘止，自堰口引水入渠起行，流至太和橋，延袤二十五里有奇，原額除爲浸潤行程一十二時。十一日寅時三刻起，至三十日寅時三刻止。本斗利夫，各照地糧時刻，依次受水。若無三十日，則於次月初一日寅時三刻止，共受水二百二十八時，灌溉上、中、下地一百一十〔六〕(三)頃〔三〕(二)十二畝〔二〕(六)分〔九〕(四)厘，共上糧六百三十石六斗一升四合二勺。三十日寅時三刻起，至次月初一日寅時三刻止，因月之大小建不等，利夫難以分受，除爲渠長老人修築渠堰雇覓人工之資。此源澄渠水利之大略也。至於獲利之村堡，地畝之多寡、時刻之不容紊亂，尺寸之不得增減，備載册中，兹不贅述，惟願渠長利夫之村堡，各相遵守，享利目前而垂之久遠也。是爲序此道光年之册序也。

乾隆十六年造册此仍照舊册作底，更换利夫之名，核實地畝，平均水利，嘉慶年造册此仍援照舊册，核實地畝，更换利夫之名，以均平之，道光二十年造册此仍以舊册作藍本，核實地畝，計算時刻，以地畝多寡而平均之。利夫之老名，更换新名，或無夫名者，另立夫名。現時渠長所恃點香之水册，即道光年重修之新水册也，刻下亦不適用，不過看查各村斗水之起止耳。如果要按地畝核實點香，則同治十三年清均魚鱗册，斷不能離者也，用魚鱗册按照地畝實點，用水册按照起止對照魚鱗册地畝,以計算香水,則二册兩相對照,均成有用之物矣,故渠長點香水册魚鱗册,均不可離者也,自道光造册之後,至今已近百年矣,而無人以造新册,誠屬恨事造册之時亦至矣。願後來者續繼有人,則另造新册,誠不可緩之事也,予將拭目以俟之矣。

悟覺道人筆述

〔各村堡、受水時刻及所澆地畝〕

今將各村堡、受水時刻及所澆地畝詳開於後:

太和橋斗　李家莊東堡
受水一時四刻一分七厘二毫六絲　共澆地五頃二十畝六分三厘
十一日寅時三刻起　十二日子時七刻一分二厘止

户古莊斗　李家莊東堡
受水九時一刻八分七厘九毫六絲　共澆地四頃五十九畝三分九厘三毫
十二日子時七刻一分三厘起　本日酉時九刻四厘止

福嚴寺斗　李家莊西東堡
受水十二時三刻七分三厘六毫　共澆地六頃一十八畝六分八厘
十二日戌時一刻九分起　十三日戌時八刻五分七厘止

董維康堵　李家莊西東堡
受水八時四刻六分九厘九毫六絲　共澆地四頃二十三畝四分九厘五毫
十三日戌時八刻五分八厘起　十四日未時五刻五分二厘止

大槐樹斗　李家莊西堡
受水十五時六刻六分九厘四毫　共澆地七頃五十三畝四分七厘
十四日未時五刻五分三厘起　十五日亥時一刻一分九厘止

西門堵　韓家堡
受水七時四刻三分八厘八毫　共澆地三頃七十一畝九分四厘
十五日亥時一刻二分起　十六日午時五刻五分四厘止

管村斗　毛家堡
受水二十二時一刻一分三厘　共澆地一十頃零五十畝六分五厘

十六日午時五刻五分五厘起　十八日辰時六刻六分七厘止

山社堵　岳家堡
受水二十時八刻八分八厘八毫　共澆地十頃零九分四厘
十八日辰時六刻六分八厘起　二十日寅時四刻七分六厘止

馮家斗　馮家堡
受水一十時一刻五分五厘二毫　共澆地五頃七十畝七分六厘
二十日寅時四刻七分七厘起　二十一日子時六刻八厘止

郭家堵　郭家村
受水三時七刻二分九厘二毫　共澆地一頃八十六畝四分六厘
二十一日子時五刻九分七厘起　本日辰時三刻二分四厘止

劉德斗　劉德堡
受水八時八刻二分六厘二毫　共澆地四頃四十一畝三分一厘
二十一日辰時三刻二分五厘起　二十二日子時六刻五分三厘止

蓮花池堵　劉德堡
受水七時九刻一分七厘四毫　共澆地三頃九十五畝八分五厘
二十二日子時六刻五分四厘起　二十二日申時一刻二分一厘止

張家斗　金牌張堡即窩子張堡
受水一十四時一刻八分七厘九毫　共澆地七頃九十三畝九分五厘
二十二日甲時一刻二分二厘起　二十三日酉時四刻八分止

觀音堵　成家村觀音堂堡
受水六時一刻八分一厘五毫　共澆地三頃九十七畝五分
二十三日酉時四刻八分一厘起　二十四日卯時六刻五分七厘止

朱砂斗又名朱村堵　東渠尖擔王等村
受水二十時三刻一分九厘　共澆地十頃零一畝五分九厘五毫
二十四日卯時六刻五分八厘起　二十六日子時初刻四分八厘止

西留堵　曹楊家西留斗

受水四十三時五刻一分八厘　　　　共澆地二十頃零一十七畝五分九厘
二十六日子時初刻九分四厘起　　　二十九日丑時九刻五分五厘止

淡村堰口伍二村斗
受水一十二時四刻一分七厘四毫　　共澆地六頃二十畝零八厘七毫
二十九日丑時九刻五分六厘起　　　三十日子時六刻七分四厘止

以上均照水册，按各村斗口内地畝，及受水時刻起止，全數録出，實在共地一百十六頃三十二畝二分九厘，共上糧六百三十石六斗一升四合二勺，共受水二百三十四時一刻零三厘八毫。引水册中所載實在的畝數時刻也。

以序言一百一十三頃二十二畝六分四厘，從一百一十六頃三十二畝二分九厘内減去，尚有多溢餘地三頃零九畝六分五厘。又以序言，受水二百二十八時，從二百三十四時一刻零三厘八毫内減去，尚有多溢餘時六時二刻一分零三毫八絲。以所餘之地三頃零九畝六分五厘，平均所餘六時二刻一分零三毫八絲，適合其數，即完矣。但實在用水之時刻，自十一日至二十九日滿亥時止，共十九日，二百二十八時，不知當日造册，將此多溢之地，多溢之時，乃不打倒，仍復加入，造於册中，使相沿成例，果何爲也？以後説明理由，此處不贅。

悟覺道人又筆

〔又〕

西渠十一村共受水一百五十七時三刻五分七厘潤斗行程二十五里有奇，東渠十二村共受水七十時六刻四分三厘受水共二百二十八時，渠面寬六尺堰口伍家村内渠面寬五尺，渠底闊三尺二渠長四督工，渠岸以外折土六尺，渠内外共寬一丈二尺二十三村，每一畝香長二分，每一時香長一尺，故香長一尺，額定一個時候，一個時候額地五十畝。此源澄渠當日造册立規之大略也。源澄渠堰當中龍口四尺寬後因河水微小，只做三尺，近日照常，源澄渠灌田畝數受水時刻水册序言與册内所載不符，以寅時起止，與縣志所載子初滿亥不合。

曹魏太和元年開渠時，本一月爲滿，每畝以三分香受水，除大建三十日不計外，全月以二十九日計算，共三百四十八時，實在地香，相依不亂。自唐葬獻陵後，取清、冶、濁三河水，開八復渠以潤陵，令各渠閉斗，始奪去源澄渠初一日至初八日水八天，共九十六時。初九日行程，又被第五氏勒奪以酬業，共一十二時，初十日本程，改作行程，又割去一十二時，故自初一日至初十日，共一百二十時割在本程以外，每畝拔香一分，今實每畝以二分香受水，共二百二十八時也。十一日寅時三刻起太和橋斗利夫灌田，挨次往上，至堰口伍家，三十日寅時三刻止，其實在受水二百二十八時。

水册序言，共灌上、中、下地，一百一十三頃二十二畝六分四厘，每畝拔香一分，共拔香一百一十三丈三尺二寸二分六厘四毫，每百畝香長一尺，共時一百一十三時二刻二分六厘四毫，尚不足一百二十時之數。若照所拔之數計算，還短六時七刻七分三厘六毫，不知該從何處補足一百二十時之數也。若從十一日寅時三刻起，至三十日寅時三刻止，實二百二十八時，倘由三十日子時六刻七分四厘止，則二百二十八時内，尚短一時七刻七分四厘，利夫實受水二百二十六時四刻五分二厘八毫。

《三原縣志》云：八復水於每月初一日子時初刻受水，至初八日滿亥時止，共九十六時。清峪河各渠，即於初九日子時緊接八復渠以受水，源澄爲清峪河渠之一，當亦同規。惟源澄水册序云：每月初一日寅時三刻起，至初九日寅時三刻止，爲八浮受水日期，共九十六時。初九日寅時三刻起，至初十日寅時三刻止，一十二時又被第五氏所奪。初十日寅時三刻起，至十一日寅時三刻止，將本程一十二時，改作行程，故自初一日寅時三刻起，至十一日寅時三刻止，共一百二十時，原頗除在本程以外①，不在澆溉時内。自十一日寅時三刻起，至三十日寅時三刻止，各村斗利夫受水灌田，共一十九日，二百二十八時，共澆上、中、下地一百一十三頃二十二畝六分四厘。此序言如此也。

以寅時三刻起止計算，除初一日至初十日，共一十九日，二百二十八時；倘以縣志所載，起子時初刻，止滿亥時，仍是一十九日，二百二十八時也。故序言與縣志所載起止時刻不合。序云：澆上、中、下地一百一十三頃二十二畝六分四厘，以册中所載各村斗内之地畝，逐細核實計算，實在澆地一百一十六頃三十二畝二分九厘，共該實有時二百三十四時二刻一分零三毫八絲，與序言地畝不符，則多溢地三百零九畝六分五厘，又與序言時刻不符，則多溢時六時二刻一分零三毫八絲。此等多溢之地畝，姑置勿論。即以時刻核實計算，無論起子時初刻，滿亥時止，起寅時三刻，止寅時三刻，自十一日至十九日，共一十九日，二百二十八時也。則多溢之六時二刻一分零三毫八絲，該歸何處，從何地補足？此多溢之時，既無著落，又無歸宿，則浮泛不實，不知先生當日造册時，何不竟自裁去，使歷年相沿，利夫受害，亦無人核實更正，利夫竟自緘默，實屬可歎可哀！

又可疑者，序言澆灌畝數，受水時刻，與册内所載不符，以寅時三刻起止，與縣志起子時初刻，止滿亥時不合，然竟造册之後，垂至一百數十年之久，無人考核以更正，亦屬怪事！

先生又言各村斗"均有浮水未裁，利夫徒喜虚名，而究無實際也"。豈拔香以後，因事變

---

① 此處"原頗除在本程以外"句中之"頗"字似贅字，或作者筆誤。

遷，浮水未即裁實，造册之事，乃屬創始，援照舊册，録存備查，先將舊日老水册，作爲底簿，未及深細考究以更正歸實，致各村斗均有浮水，與時不符，故〔力〕(心)不隨願，仍照老舊册所列各村斗地畝時刻更换利夫名姓，竟未另造新册，而即終止耶？是以録舊之底簿即作爲現時之香册耶？然予莫能解矣。

先生又豈不知子時初刻爲起頭，滿亥時止，終一日爲十二時耶？何必一定以寅時三刻爲起止者，將何所處而云然也？必有所本。特予生在後，不能起先生而證之，實不能以意忖度也。抑先生未見《三原縣志》耶？或别有深意存乎其間，使後來之人，以意逆志而得之耶？然予疑竇莫開矣。故特記此，以備後來究心渠堰之人，起而另造新水册，援縣志所載，核準起止，額地定時，按時定香，照香定水，務使地時香水，逐一歸實，應合渠利夫利益均沾，則浮汎不實之水患，即可由此裁去，以更正核實，是不能不有望於後進君子也。

民國十七年，天道旱極，麥未下種，人民惶恐之極，糧食之價且每石小麥約四十元。冬月十一日冬至，二十九日交三九，自交三九後，天氣反熱，居然有春季之氣候，行路苦工，直然出汗，竟有脱去棉衣以工作者。天道反常，謂非其時而有其氣者，豈不信然歟？連日大熱，至臘月初二日晚上燈時，大雨一陣，雨點如指頭彈大，地皮亦灑濕；至初五日晚十鐘後大雪，初六日又大雪，約深五六寸，連日大晴，消去三四寸，只留一寸多厚的雪未消；十一日晚復雪一寸，十二日晚又大風、雨、雪，至十三日午後黄昏時風停雪止，凡崖畔塬跟深溝遮避風處，積雪至五六尺深，名曰窖雪。而糧食之價，無論何色，每石約〔掉〕(吊)價近十元之譜，予囙乏食無聊，特筆於此，以志不忘。

知津子生周四十七紀念前五日筆此十八年正月初十日記

八　浮　亦名八復

源澄渠水册序云：初一日至初八日，九十六時，原額留爲修築渠堰日期，如不興工，全渠均沾其利。此不照地糧分受者。似當日開渠時，故留此八日，以爲修渠築堰地步。因不照地糧分受，即浮泛不實，故名之曰八浮水。但以唐葬獻陵之後，取清、冶、濁三河水以潤陵，令各渠〔閉〕(開)斗，而源澄渠始少此八日水。故先年每畝以三分香受水者，今實只以二分香受水也。以每畝拔香一分例之，即初九日被第五氏所奪，初十一日本程改作行程，不統八復水日期在内，初十一日十二時，何能用香如此之長，時如此之多哉？謂爲八浮當日原有，則名不符實矣，予故表而出之，以便後來者參考云耳。

悟覺道人筆此

八 復 亦名八夫

唐初開渠時,原爲潤陵,故潤陵者,用水以灌潤獻陵之樹木也。潤陵之水,本皆宏大,流亦暢旺,灌陵之外,有餘水者,不能棄而不用,故於潤陵之外,兼以灌漑陵田也。既灌陵田,不能無人以照管,乃於八家陵户内,每日〔專〕(耑)派一夫照管,至八日一周,八夫經管灌完,至次月初一日,又從頭起,至初八日灌完止,復轉一周,謂之八日來復。此八復與八夫之所由名也。自此以後,藉潤陵以灌田,愈澆愈多,漸次波及其它地畝,增加水糧,以致代遠年遥,竟成專灌之利矣。其灌地至二百三十六頃五十畝之多,至今相沿成例,不能更變矣。

悟覺又筆此

清峪河工進渠水册序

按:此工進渠水册有一抄件現存三原縣清惠渠管理局資料室,册寬 19.5 公分,長 27 公分,共 24 頁(每堵列一頁),緜紙,恭楷書寫,甚完好。惜封面底頁均未署年代日期及録製者,不知出自何時何人。而劉屏山是否抄録此册亦難判斷。存册於序言後第一頁文為:"涇邑工進渠　共二十一堵口,受水時刻一佰二十四時四刻,共灌上中下地三十九頃一畝六分九厘二毫七絲六秒。"劉抄無此;劉抄最後統計面積又是:"以上涇陽共澆地三十八頃一十八畝七分二厘六絲。"另外存册之第一堵"牛工堵"下書為"澆灌原邑(按指三原縣)寄甲東里堡、北社村、于家坡,共地二頃九十四畝三分一厘",劉抄則書為"牛工堵　澆寄甲東李、北社村、余家坡,共澆地一頃九十四畝三分二厘"。其它堵的地名、土地數兩者也多有小差异;存册序言與劉抄亦小有參差(但看得出來劉抄正確,如原册寫地名"皇坡",劉抄作"白土坡";原册寫清河"漸至楊杜村投入工進渠夫也。工進渠也自堰口由岳、邢二堡……"句,劉抄作"至楊杜村投入工進渠,夫工進渠者,自岳、邢二堡……")。除此之外,原册統計工進渠涇陽縣總面積 3901.69276 畝,與其所列各堵(除去三原縣屬各堵)面積之和 3859.2266 畝比,所差為42.4662 畝;而劉屏山統計之 3818.7206 畝,與此相差為 41.506 畝。説明兩者統計都不準確(或當時其它堵内另有兩縣共存之土地)。

那麽存册所據和劉屏山所録者或本非一册,或劉屏山抄録時不留意將一些地名寫别,數字也錯寫。許多地名如上述"東李堡"、"余家坡"與存册中"東里堡"、"于家坡"不同外,還有不少村名地名寫得不同。但存册中所書的"横水",現在三原縣稱為"洪水鎮";所書的"洪崖坡",當地人則名之"紅崖坡",不知孰是。

清峪河發源於耀州西北境，流百餘里，至秀女坊，復轉而由架子山，歷白土坡，草廟兒，夾翅鋪等處，添淳化鳳凰浴泉水一道，至後游河，〔紅〕(洪)崖坡，入淳化境，而抵孟侯，添入藁泉水一道，及至白村、朱村添水二道，朱坊、丁村添水二道，又添小豆村水一道，自抵石鋪，於楊家河入三原界，由横水南門外添水四道，水泉一道。而且添出岳村水一道，流至屈家堡廟溝兒添水一道，轉過馮村東西添水二道，復添樊家河泉水一道，至楊杜村，投入工進渠。夫工進渠者，自堰口由岳、邢二堡、里仁堡、第五村至峪口堡而接連魯橋鎮、余家坡、北社村、樓底鎮以及東寨，逶迤二十餘里。而涇原兩縣，灌田不足捌拾頃實在所灌之田，六十三頃三十畝。其渠依山靠傍澗，嶮阻難行，不用人工，則水不進渠，此工進渠之所由名耳。每月初九日子時開堵，先澆三原，至十九日丑時，溉澆涇陽，至二十九日巳時，仍澆三原。此清峪河工進渠之所由源也。今將涇陽各斗受水日時，詳列於後。是爲序此現時魯鎮東街渠長所持水册，三原水册在樓底渠長處，此未載，所以莫抄。

今將涇陽灌田各村斗及受水時刻起止開列於後：

牛土堵　　澆寄甲東李、北社村、余家坡

共澆地一頃九十四畝三分二厘①

每月十九日子時一刻起　　戌時一刻一分止

陶沙斗　　澆余家坡

共澆地一頃九十七畝五分三厘

每月十九日戌時一刻一分起　　二十日辰時四刻四分止

沙瑶堵　　澆坊北趙氏

共澆地六十九畝一分

每月二十日辰時六刻五分起　　午時四刻止

沙瑶斗　　澆寄甲東李堡，行程四分

共澆地一頃六十六畝八分八厘五毫

---

①　此處所列"共澆地一頃九十四畝三分二厘"，與現存工進渠水册所列者少一頃。看其時刻起止由子時一刻起至戌時一刻止，長達十時，所以判斷劉屏山筆誤抄錯，應以二頃九十四畝三分二厘爲確。

每月二十日午時八刻四分一厘起　　亥時五刻六分一厘止

沙瑶堵　　澆坊北

共澆地四頃七十五畝二分七厘七毫三絲

每月二十日亥時五刻九分八厘起　　二十二日寅時八刻一分止

胡家斗　　澆坊南,東渠行程六刻

共澆地一頃三十五畝七分

每月二十二日卯時四刻一分七厘起　　未時四刻一分七厘止

胡家堵　　西渠,澆東門外

共澆地七十畝零四分

每月二十二日未時四刻一分八厘起　　酉時七刻一分三厘止

胡家斗　　北渠,澆東門外

共澆地二頃五十三畝四分五厘

每月二十二日酉時七刻二分四厘起　　二十三日巳時八刻六分七厘止

竇碑堵　　澆魯鎮東門外

共澆地一頃九十三畝六分八厘

每月二十三日巳時八刻起　　亥時四刻四分止

竇碑斗　　西渠,澆北門外

共澆地一頃五十二畝一分三厘二毫

每月二十三日亥時五刻五分起　　二十四日辰時四刻四分止

闕王堵　　行程三時,澆坊南潘、李、張、魏四村

共澆地九頃五十四畝一分六厘八毫

每月二十四日辰時四刻四分起　　二十六日申時八刻九分止

三官斗　　澆坊南李村

澆地一頃三十七畝八分九厘六毫

每月二十五日子時二刻三分起　　午時四刻四分止

砙渣渠　　澆坊南張

共澆地一頃八十三畝四分四厘

每月二十五日午時四刻起　　亥時四刻四分止

砙渣渠　　西渠，澆西村

共澆地一頃八十三畝八分四厘

每月二十五日亥時四刻四分起　　二十六日巳時七刻一分止

砙渣渠　　澆坊南張

共澆地一頃二十五畝四分二厘

每月二十六日巳時五刻六分起　　申時八刻九分九厘止

闢王斗　　中渠，澆南門外

共澆地七十五畝二分

每月二十六日酉時一刻一分起　　二十七日子時一刻一分止

闢王斗　　澆魯鎮東門外

共澆地一頃九十五畝二分三厘

每月二十七日子時五刻一分起　　午時四刻一分止

闢王堵　　西渠，澆西門外

共澆地一頃八十三畝五分零五毫

每月二十七日午時四刻一分一厘起　　二十八日子時三刻三厘止

峪口桑園二斗　　澆峪口村

共澆地二頃二十三畝五分

每月二十八日子時三刻四厘起　　未時八厘止

趙家堵

共澆地七十四畝六分三厘三毫三絲

每月二十八日未時九厘起　　酉時二刻四分七厘止

以上三斗　即峪口,桑園,趙家

共澆地三頃四十三畝三厘三毫三絲

每月二十八日子時三刻四厘起　　戌時八刻七分止

北河堵　澆第五村

共澆地二頃零二畝六分四厘五毫

每月二十八日戌時八刻八分起　　二十九日巳時四刻三分一厘止

以上涇陽,共澆地三十八頃一十八畝七分二厘零六絲涇陽十三村,三原上四村,下五堡。三原村斗時刻,另有水册。在樓底渠長處,予未見,所以未録耳。

悟覺道人照録三原上四村:張、岳、邢、楊杜等村;下五村:東寨、樓底、東溝等

沐 漲 渠 記

民國十三年予奉令調查清峪河各渠水程,及每一渠所澆地之畝數并受水時刻暨舊規古例。惟工進、源澄二渠有水册,可以相考,而源澄又有碑記,及芝峰岳翰屏先生始末考一册,可以參觀互證。下五一渠,始終尋不出一頭目人,亦無從考查。又訪之沐漲〔渠〕長父老,而水册、舊牘碑記全無,亦無從考查,僅就父老所聞於舊日之遺言口談者,來心印和尚監督,書爲一册,以備後來分水受時之憑據。而下五姑無足論矣。并録沐漲代表李義龍、周心〔安〕呈覆稿底,以備存查(此稿周心安主筆)。

沐漲渠代表李義龍,來心印等,爲奉令呈覆事:緣沐漲渠代表接奉鈞令内開:現擬匯集各渠堵水册,督飭員紳,重訂補修,有水册者,由各該代表渠長另繕一本,送署;如果失没水册者,須由該代表渠長呈覆向規各等因。竊查敝渠沐漲渠,係清峪河最下之堰,上有毛坊,次有工進,繼有源澄,復有下五,每月除八復水外,敝渠之水,較上各渠,倍覺其難。是以前清同治八年之事劉撫帥斷令每年九月,令上各渠,概行閉堵,准一律淘渠修堰九月八浮照例閉斗空渠,以修渠築堰,餘各渠每月均有八復水八天空日;無論何月,均可興工。惟八復向借下五渠行水,以一月爲滿,九月不照例空渠,全年之中,無有空日,將何時以興工乎?而源澄與沐漲,因九月全河水興訟,涇陽判決,九月仍照舊上水,不空渠閉斗,下五渠九月照例閉斗空渠,爲舊規矣。惟敝渠受全河之水八復每月用全河水,九月閉斗,〔淘〕(掏)渠修堰不用水,所以沐

張有此八天空日，得用全河水以體恤下堰而均苦樂。迨民國十年，有端毅公苗裔王紳恩德，持前清《三原縣志》李志即康熙四十三年李瀛所修也載明八浮每月初一日至初八日，截全河水而東之，水既暢旺，不無溢滿之處，沐漲緊接其下游，准沐漲王端毅公暨梁中書希贊以及各有功於渠堰之家，准其灌溉。前經呈請立案，已蒙曉諭宣佈在案，至向例每月八浮水初八日亥時止，各渠均由初九日子時起，均分受水，某日某時某村起止，灌地若干，列後呈核，以備查考。（此代表李騰望，郭永明呈覆三原公署原稿）

馬一里、線馬堡二村	每月初九日子時，從堰口接水，至初十日出止
上馬堡	每月初十日出起，至本日日落止
線馬堡	每月初十日日落起，至十二日日出止
上馬堡	每月十二日日出起，至本日月落止
山東莊、同王堡二村	每月十二日晚月落起，十四日日出止
棗李堡	每月十四日日出起，至十五日日出止
花園堡	每月十五日日出起，至十六日日出止
薊家堡	每月十六日日出起，至十七日日出止
南權堡	每月十七日日出起，至十八日日出止
北權堡	每月十八日日出起，至十九日日出止
法相寺、宋家莊、窩橋三處	每月十九日日出起，至二十日日出止
王家莊	每月二十日日出起，至本日日落止
東關堡	每月二十日日落起，至二十一日日出止
孟店堡	每月二十一日日出起，至二十三日日出止
田家堡、李凹堡二村	每月二十三日日出起，至二十四日日出止
惜字村	每月二十四日日出起，至二十五日日出止
王家莊	每月二十五日日出起，至本日日落止
郝家堡	每月二十五日日落起，至二十六日日出止
朱渠岸、高牆師二村	每月二十六日日出起，至二十七日日出止
斜李楊村	每月二十七日日出起，至二十八日日出止
調任李、蔡王堡二村	每月二十八日日出起，至二十九日日出止
吴家道、高牆師、常家堡、西李堡四村	每月二十九日日出起，至三十日子時從堰口止

沿路行程澆至三十日日出爲止。代表李勝堂、郭永明呈覆全渠二十六村李勝堂即義龍號也，共

澆地一百零八頃來心印即來和尚也①,仙猫庵(即沐漲渠分水公所)向例每年二九兩月,無論何村之水,該庵澆地一畝,該廟有水地二十畝,果子樹一園。王端毅公昔年買地開渠移堰,康僖公又買地開新渠移堰。梁中書輸金三千砌石做滚水堰,周梅村又輸金重修之。温公修走馬揚鞭橋在堰口今存馬道生嘗買地修退水渠在西李村北今亡,渠崩於河内矣。孟店堡周梅村以修堰之功,向例每年十月初一日日落受水,至十一日日出止。温公及馬道生先年〔亦〕(以)除有受水日期,因水難用,年久竟就湮没矣。

悟覺道人述

八復九月照規例閉斗空渠

清峪河各渠,每月均有八復水八天空日。修渠築堰,無論何月均可動工做活。惟八復統與下五渠内,向借下五渠行水,以一月爲滿,全年用水,無有〔淘〕(掏)渠築堰的空日,所以例規九月閉斗空渠,年以爲規。八復利夫修堰,下五利夫〔淘〕(掏)渠,世代相守,無敢踰越。況九月係麥種之後,雨暘適時,水本不緊,人亦空閑,所以每年相習成規。如九月不閉斗空渠,全年之中,腐草、樹根、淤泥等,壅塞渠道,夏日暴雨,河發猛水,堰亦冲壞,如不興工一次,則冬水如何能用?故九月閉堵空渠,爲八復舊例。

知津子筆此

沐漲九月照例用全河水

八復九月既照規例閉堵空渠,河水又何可棄而不用,沐漲堰居最下,全年之中,用水艱難,藉八復〔淘〕(掏)渠修堰空日,即可用全河水以灌田畝。

且清峪河各渠,亦因麥種之後,雨暘適宜,不用水灌田,均各〔淘〕(掏)渠築堰,水亦不緊。究因所灌之田,禾苗多不發生,故多空渠興工。惟獨沐漲一渠九月所澆之麥豆各苗,名曰"上糞"②,來年定獲豐收。所以藉此空日,得用大水,故劉撫帥當日判案,斷令八復九月閉斗空渠,以爲每年定例,准沐漲九月用全河水以灌田畝,以體恤下堰。此後沐漲與八復叠次興訟,蔓至光緒五年。訟終之後,判令沐漲與源澄、工進、下五各渠,同係當日閉斗之渠,何能藉端

① 來和尚:即仙猫庵主持和尚,此人民國時期主持渠事。現孟店村一帶老年人猶能記憶。是一位既做和尚又理俗事的怪例。以下所記的梁中書、温公(明萬曆户部尚書温純)、周梅村(清道光某地地方官)、馬道生(官職不詳)等,皆在沐漲渠灌溉區以内,即三原縣城北一帶。

② 上糞:本地土語,以給田間施肥(農家土肥)曰上糞。

用水？以致八復向隅,并將三十一日水,又復奪去,然九月實仍全用以灌田,但判令將劉撫帥判案及告示,一併追案注消了案光緒五年訟終,七年八復立碑,碑文録列於後。

悟覺道人筆述

源澄沐漲與八復興訟記

按:本篇題目原無"記"字。本記與以下《源澄渠三十日水被八復所奪記》、《八復渠奪回三十日水碑記》三文可算一組,皆記述和評論光緒五年至民國初年糾紛事。據現代各史料,清光緒三、四年曾發生過陝、晋、豫大區域特大旱災,由此氣候轉為寒冷乾燥,旱象不絶,如光緒十七年,十八年,二十六,二十七年,直至民國初年關中、豫西皆頻頻旱災,民生日益凋弊。從本三文中的事件原委及劉屏山所流露情緒也很能反映這一歷史。

本案案情和劉玉生以及清光緒二十六年案與郭毓生等人事,因年遠目前附近居民已多茫然。民國後期上下游争水情形老年人則尚能記憶。工進、源澄、下五、沐漲四渠與下游八復渠為争三十日一天水程,經歷過五百多年互訟局面,故不僅記載於本組各文,三原縣和魯橋鎮的縣志鎮志中還有不少記載。

平心而論,明清時期的八復渠已是具有兩萬畝灌溉面積的大灌區(即三原縣東北境之張村、唐村、小眭各鄉里,亦即今三原縣西陽、大程兩鄉鎮之大部),又處於最下游,本應該得到一定的"潤渠"照顧;下文的《重訂八復全河水説》,官府支持三里,可説是合乎情理的,但劉屏山仍然予以反駁,反顯得自己固陋不明了。

自光緒五年訟終之後,八復獨佔優勝地步。至光緒二十六年,天道亢旱,夏忙薄收,秋禾未見,二麥未下種。至九月利夫緊水,忙無措手,郭毓生先生出頭,援引《三原縣志》李志所載,令沐漲用漏眼浮水;據劉撫帥判案及告示,并源澄水册序言,令源澄、沐漲用三十日水,又令沐漲照例九月用全河水。遂不惜犧牲性命,率領源澄、沐漲各利夫用水漫地,播種麥豆各田。先生以死相抵,然源澄、沐漲所漫之地,播種不少,所獲收之糧食,其救人生命,不啻千萬矣。至二十七年,先生猶以澆地勉勵鄉人,竟以疾終於咸寧班所矣,嗚乎冤哉!民國二年劉玉山孝廉,又援《三原縣志》李志,欲用漏眼浮水,引劉撫帥判案及告示,用三十日水,用九月全河水。先投禀於王橋頭水利委員,并遞禀於三原縣公署及省都督兼民政長。八復又誣控玉山,復牽引前清光緒二十六年之案,竟將玉山管押三原代質所,以追繳光緒二十六年判罰之錢一千五百串文,玉山惶恐之極,亦無辦法。沐漲合渠利夫,推周心安出頭,在省行政公署投呈,大都督兼民政長批令涇原兩縣知事,查明禀公處斷。嗣經涇陽顧知事强制執行,判令沐漲持出錢二百串文。在峪口村北買地與八復修渠，再不得决堰放水。雖三原知事被八復代表蠱惑，利夫不悦，顧知事不看情面，竟出禀省署而結案矣。此一案莫有周心安，不遇顧知事，則此案不結，玉山先生難免繼郭毓生先生而疾終於三原代質所矣，此固有幸有不幸也。

民國二年訟終之後，經沐漲代表周〔新庵〕(心安)、李義龍，八復代表孫漢青、鄭西能雙方調處，援據三原縣李志所載，准沐漲用漏眼浮水，書立合同，以和平息訟，但不得藉端抉堰，偷盜以放水耳。

民國八年有端毅公苗裔王潤生恩德者，意想天開，因沐漲得用八復漏眼浮水，且立有合同，乃執持三原縣李志，謂縣志所載，明言如王端毅公暨梁中書希贄，并有功於渠堰之家，均得用水以灌田。遂禀請靖國軍總司令于及三原縣行政公署，立案存查，以與沐漲利夫争水。竟將三十日至初二日三天水奪去，以灌端毅公、康僖公墳左右前後田畝。其初三日至初八日六天水，二十六村利夫大衆公分，澆溉地畝，迄今竟成規例矣如河水微細，仍是無水可用，争無益。

悟覺道人又筆

源澄渠三十日水被八復所奪記

據水册序云，三十日寅時三刻起，至次月初一日寅時三刻止，因月之大小建不等，利夫難以分受，原額除爲渠長老人修築渠堰〔雇〕(顧)覓人工之資。

先年因此一日水，互訟不休，忽而歸源澄，忽而歸八復，蔓訟至清同治八年，經劉撫帥判斷，并示諭兩渠利夫，案據源澄水册，三十日水，歸源澄渠使用，八復不得强霸。援縣志所載三原縣李志，准沐漲渠用漏眼浮水，并照向日規例，又用九月全河水，八復只准用初一日至初八日水八天，以符八復名實。若再用三十日，則成九夫矣，不符八夫名實。然後以天雨適時，禾苗不甚緊水，時用時而不用，利夫人衆，甚不注意此水，以致八復久之藉口誣訟。至光緒五年，訟終之後，經護院撫台王批判，復將此等水程，概歸八復使用，并刊立碑記此碑光緒七年，奉批立於三原縣大堂前西邊，復令源澄失三十日水，沐漲失漏眼浮水九月全河水矣。

知津子筆此

八復水奪回三十日水碑記

西安府三原縣爲遵扎立碑事：

光緒五年十月二十五日，奉欽命署理陝西布政使司按察使邊扎開："光緒五年十月初十日，奉欽命護理陝西巡撫部院王批，本署司詳覆遵扎，〔核〕(該)議三原縣八復渠大建三十日之水,仍歸八復潤渠舊章,請示飭遵一案,奉批如詳辦理。即轉涇陽、三原二縣一體遵照,刊刻立碑,以垂久遠。經此次定章之後,如有强横之人,截霸水程,偷買偷賣,侵吞漁利等弊,即由巡水之縣丞嚴拿送縣,詳情究辦,以儆效尤,并飭涇陽縣將源澄等渠前次所呈水册及前院告示,一併追案注〔銷〕(消),以杜後患。此覆。等因。奉此,除分飭外,合行抄詳飭知。爲此,縣官吏查照來檄奉批及抄詳内事理,即使遵照辦理,毋違!"

計粘抄司詳會擬章程一紙,内開:"爲遵扎核議詳覆事:光緒五年九月二十七日奉撫憲批,據委員候補知縣侯鳴珂、署理涇陽縣知縣萬家霖、代理三原縣知縣張守嶠會禀,遵扎會勘八復渠,查明水利前後情形,鈔呈碑記告示圖説及現擬章程,懇賜核定立碑以垂久遠而息争訟一案。奉批:據禀會勘八復渠水利情形,并賫呈碑記告示圖説及現擬章程,均已閲悉。查涇三二縣清峪河水,向分五道,各按日時分斗受水灌田,每遇大建三十一日晝夜之水,作爲八復行程潤渠之資,歷來年久,迨同治八年,前部院委員查勘,未及查明碑記舊案,僅憑源澄所呈道光二十年水册,將八復潤渠之水,定爲渠長修渠之用三十日晝夜水,因月之大小建不等,各渠均作公用,八復亦作潤渠之用,原不係一渠私有。源澄渠道光二十年水册,即乾隆年之水册序文也,亦即有明時之水册序文也,岳翰屏道光二十年重修水册,不過就原日老水册〔審〕而更正之,以使地水香時,歸於實在而已。故源澄渠將三十一日晝夜之水,因難以分受,故除爲渠長公用。八復藉便,以爲行程潤渠之資,而工進、下五、沐漲,均得用水以灌田畝,八復藉伊作行程潤渠之便,誣爲已之獨利,可勝嘆哉!遂與舊案未符,以致屢起争端此等判案碑記,各説各有理,各記名人勝事。前明洪武年,此一日水,判歸源澄渠使用。蔓訟至萬曆年,此一日水,復判歸八復行程潤渠之用。蔓訟至我朝康熙年,此一日水,仍歸源澄。至嘉慶年,此一日水,復歸八復。又蔓訟至同治八年,此一日水,仍歸源澄。至光緒二年,復歸八復。至光緒二十六年,郭毓生先生起而復争此水。蓋利在必争,此固人情之常也。今既查勘明晰,自應規復舊章,仍歸八復渠受用此仍未查勘明晰。將源澄舊案未查,僅就八復碑記舊案憑以爲證,而置源澄不查,謂劉撫帥委員未查勘碑記舊案,僅憑源澄水册定案。劉撫帥當日若不查清,豈能妄判,此次不過爾渠利夫,住房人多,各上憲房吏,係爾渠勢力。房吏親近上官,公文主稿盡原房吏執筆,大憲以此等細事,不過付之刑名師爺〔一〕(以)批了事。房吏又親近師爺,不難舞弊。而上憲所委查勘各員,又畏大吏經丞勢力,難以得罪,故任八復利夫指示誣證,將各渠得勝之事,置之不理,只將八復勝事搜求呈案,以爲恭維房吏起見,又藉以〔巴結〕(把給)經丞,以爲日後掛牌得差使地步。故一味於各渠吹毛求疵,謂一切碑記册載,均不足爲憑,一〔概〕(蓋)以一筆抹煞,而於八復敗事,諱而不言,獨於勝事津津道之,謂前委員未經查明,今委員始"查勘明晰"矣!所議將八復水分給四時與沐漲,查閲渠圖,源澄、沐漲等五渠,均在八復上游源澄、工進二渠在八復上游,下五係八復借用行水之渠,若沐漲乃在八復堰下,今因争水誣訟起見,誣沐漲在八復上游。八復呈案碑記告示渠圖,豈能爲憑?即此渠圖一觀,委員未經親往堰口查勘明矣。不過僅就八復利夫任口指受,委員不過唱喏而已,附近河邊,受水較易,而八復遠在七十餘里,若將四時分給沐漲,則八復利夫,豈能甘心空賠水糧三十一日十二時乃沐漲與各渠應用之水,委員印官均欲遷就了事,故議將四時分給沐漲受用,八時分給八復使用,而八復猶不承認,謂豈能甘心空賠水糧,八復既不空賠水糧,沐漲又能甘心以空賠水糧乎?蔓訟必矣,勢必復行滋訟蔓訟無疑,不平則鳴,此人情之常也,所請另更舊章舊章不能另更,但伊所謂舊章者，係該渠利夫私立之章也，非清峪河各渠通用之章也，舊章只利於八復，不利於各渠，理應另更，不另更則蔓訟不休矣，應毋庸議應該集會清峪河各渠衆利夫，另議妥章。至所議章程，不無可采，布政司查照核議，并將大建三十一日之水仍照舊歸八復潤渠之處，一併妥議核入章程，詳覆以憑。飭令永遠遵守。此次碑記、告示、圖説、册序、章程存查。等因。奉此，遵查涇、原二縣，向引清峪河水澆溉地畝，開分五渠，曰毛坊，曰工進，曰源澄，曰下五，曰沐漲，其緊接下五之尾曰八復渠。舊制各渠受水，均有交接時日，相沿已久，毋庸更易動。惟遇每月大建三十一日之水，作爲八復行程潤渠之用，有前明萬曆四十五年及我朝嘉慶十二年斷案碑記可憑。其涇陽源澄水册，事在道光二十年，且係涇陽縣印册，既無斷案，又無碑記，事本含混事不含混，斷案碑記，不過因代遠年遥，叠經兵燹，失没無存；涇陽縣本一地方行政牧民之官，册經印過，不能作憑，伊八復之斷案碑記，又何可憑耶？不過爾渠有各大憲吏之勢力。同治八年，沐漲渠水户馬丙照等，朦聰興訟，前委員宫守等，未能查明舊日斷案碑記，只執源澄渠所呈水册，遂將三十一日八復行程潤渠之水，定爲渠長老人修渠之用委員宫守等，當日查勘明晰，以爲三十一日之水，因月之大小建不等，全河若渠，均沾利益，以故源澄定爲渠長老人修渠之用，八復定爲行程潤渠之用，倘獨歸八復行程潤渠，如無三十日，八復又將何作爲行程潤渠之資？謂當日“朦聰興訟，委員未作查明”實爲私語。兹據印委各員勘明，并以每月大建三十一日，本係有無不定，倘遇此月無大建，渠又值應修，資從何出？原定荒謬之處，自不煩言而解。三十一日，原係有無不定，倘遇此月無大建，八復即無行程潤渠之水，又將何日何時以作該行程潤渠之用？原定之處，自不煩言而亦解矣。況全年之中，渠又修幾次者？如八復九月只修渠一次。一年〔至〕(只)少有六個大建，積六個大建之資，以修渠一二次，則足用矣。而一年十二月，除大建六個月外，該渠有行程，遇小建六個月，則不用行程乎？可見原先此一日水不歸八復獨有明矣。且渠名八復，亦緣自每月初一日起，至初八日止，開一渠，閉四渠。水由上而下，必待八復受水額滿，自初九日子時起，至二十九日戌時止源澄渠於三十日寅時三刻止，工進渠於二十九日滿亥時止毛坊、工進、源澄、下五、沐漲等四渠沐漲在下五渠之下，又得用〔八復〕水八日漏眼浮水，一月爲滿，不在四渠之内，始依次承接受水。又因八復道遠水微，賦重晷少，故藉清、濁兩河之水以潤之當日尚有冶河，後因河崩渠壞，棄而不用，今只用清、濁二河而已。今交龍堡南，八復渠口形迹尚存，雙槐樹上石橋尚在。舊名曰八復，時用全河水，名義本實相符，〔詎〕(距)涇民貪圖水利，捏八復爲八浮，易全河爲全渠，名義實無所取八復水在源澄渠上，不用以灌田，則爲浮泛無歸之水，名曰八日浮泛不實之水，況該水既名曰八復，則益以三十日之水，則有水九日，豈不成九復也？可見三十日水，不獨歸八復使用也，且私造水册，執爲争訟章本水册既經涇陽縣官印過，必造册時禀案行事，非私造也明矣，不思源澄貪得額外之水，八復何肯賠無水之糧如遇小建此地不澆，賠糧無疑，又將何時以補賠糧之水？可見源澄非貪額外之水也明矣，實是用自己應有之水耳。事不復古，訟將滋蔓倘如此復古，八復〔人〕(水)情願足矣，源澄利夫，豈肯甘心讓步？蔓訟又何待説也。該印委各官，擬將三十一日十二時之水，分四時歸沐漲，留八時復爲八復，未免遷就了事，亦非持平之斷此真是遷就了事，斷不持平極矣。沐漲堰居八復渠下，承接八復漏眼餘水，何必分給？該印委各官，實屬模糊昏謬，應即遵照憲示，毋庸置議劉撫帥判案，不足爲憑，可以注銷，此等憲示，以後蔓訟，又不可注銷耶？除會議申明舊章等五條，事屬可行，均准照辦外,其大建三十一日之水,即仍照舊章,以作八復行程潤渠之用。遇有挑修,照各渠受水之大户利夫,按地畝多寡均匀攤派,以昭公允。既纂入此次五條之内,刊碑三方,竪立涇、原二縣及魯橋鎮通衢,俾各渠永遠遵守,不准擅自更易,致干重咎由此可見各大憲吏之勢力矣,不然案情必辦不到此地步,房吏可畏!源澄所呈水册,寬其既往不咎,涇陽縣追案注〔銷〕(消),以杜後患。是否有當相應詳覆憲台核示,以便分飭遵照憲台究在何地,辦案必由房吏,起稿必由經丞,閱卷必由刑名,批案亦由刑名師爺主筆,大憲不過蓋章畫押而已。於民之水利隱情,必不能洞悉,勢必由刑名及房吏照來稟批判辦理而已。該渠利夫,不有住房之人藉大憲房吏之勢力,以水利微事,何能重大如此。實爲公便。"等因,到縣。奉此,除移知涇陽縣暨三原水利分縣,并諭飭八復水紳士任文源,及受水各利夫等一體遵照外,合行刊碑,并將委員暨涇、原二縣會稟議定水渠永遠章程六條,勒於碑陰,以垂久遠,俾資遵守,仰各一體遵照毋違,須此碑者!

光緒七年四月　　　　　　日

三原縣知縣焦雲龍、三原縣水利縣丞屠兆麟立

碑　陰 碑在三原縣大堂檐前西邊

會議章程六條:

一、由明舊章,以便遵守也。查毛坊、工進、源澄、下五、沐漲等五渠,每月初九日子時起,齊開渠口,分受清河之水澆灌地畝,至二十九日戌時止三原縣李志載,滿亥時止,而賀志删改戌時,又删取每月初一至初八日,沐漲所用之漏眼餘水,先生修志并不遵舊,任意删去,不爲信志,煞費苦心耳,將各渠封閉,聽八復於每月初一日子時起受水。向由下五渠道,順流七十餘里,澆灌張唐小畦留官等里地畝。至初八日滿時止,亦將渠口封閉,又輪至毛坊各渠,同前澆用,此係向日妥定舊章,嗣後永遠照舊,不准紊亂。

一、嚴定水程,仍以復舊章也。查八復渠,自每月初一日子時起,至初八日亥時止,開渠灌田,向係八復開渠,其餘四渠封閉,水由下而上,必待八復受水額滿,復於初九日子時起,至二十九日戌時止,則毛坊、工進、源澄、下五、沐漲等渠,始行一體開堰受水。如此月大建,三十一日之水,即仍照舊章,以作八復行程潤渠之用,迄今數百年,遵守無异。因八復道遠,水微賦重晷少,故藉清、濁二河之水以潤之。涇民貪圖水利,捏八復爲八浮,易全河爲全渠,名義實無所取,嗣後仍照萬曆、乾隆年間碑記何不照同治年間劉撫帥判案,伊渠利夫,只説自己有理。以三十一日之水,永作八復行程潤渠之用,以復舊制而免蔓訟舊制固如是乎?亦歸於源澄公用,今八復獨得,源澄利夫豈能甘心,訟蔓必不能免。

一、嚴加稽查,以便彈壓也。各渠受水,限定某日某時,其澆灌之時,又限定自下而上,立法本極周密,近因年久,率多不由舊章,或恃强截霸,或取巧偷竊,甚有私賣私買,徇情漁利等

弊，其故皆由〔漫〕(曼)無稽查，以致任意妄爲，查兩縣向設縣丞各一員，原係專管水利事件，兹議定每當各渠受水之期，如每月二十九、三十及次月初一日，係各渠交與八復受水之日，每月初八、初九，係八復交與各渠受水之日，兩縣丞務必先期會合，各帶差役八名，親赴渠口，督率各渠長，交接啓閉，均照時日，不準稍有挪移。倘敢抗違，立即重責枷號，并隨時稽查，如有截霸偷竊，私賣私買，徇情各弊，亦即分别懲究。庶各渠皆知驚懼，不致紊亂舊章，而兩縣丞各有責成，亦不致有曠職守。

一、明定科條，以便懲儆也。查各渠滋弊多端，如上游受水之時〔已〕(以)滿，應交下游，或未及受水之時，圖先灌用，竟敢截霸專利，貽害下游，此爲截水之弊，犯者即依照縣志所載龍洞渠定章，每畝罰麥五斗。甚因截霸，聚衆争鬥肆行凶横者，即由該縣丞牒縣，照律治罪，决不姑寬！如上游受水未滿時刻，被下游渠私挖渠口，引水澆地，此爲偷水之弊，犯者即照舊章，每畝罰麥五斗，又有將此斗此渠應受之水，私自賣於彼斗彼渠，得錢肥己者，此爲賣水之弊，犯者即照得錢多寡，加倍追〔罰〕。

（缺一頁）

經旬日，夫馬等費，差役口食，既不能枵腹從公，若令該縣丞，各自捐廉俸，役工無幾，未免過於苦累，兹經議定，由兩縣每月各籌給薪水工食錢拾貳串文，庶該員等辦公有資，亦必踴躍任事，倘此外設於渠工另有婪索，及差役訛詐各情，即由兩縣查明，據實稟揭，不得瞻徇。

知津子筆釋

重訂八復全河水説

八復水何昉乎？嘗考漢元鼎六年，左内史倪寬以池陽一帶高仰之田，爲鄭國渠所不能及者，引清流以灌之引清之説傳無明文，不知載於何書，省、府、縣各志不載，難以爲憑，實屬臆説，可證之否？八復渠開於唐初，以灌潤獻陵，故首一斗，名潤陵斗，實志創始也，非開於漢明，審地勢之形，支分爲五渠清峪河各渠，惟源澄開於曹魏太和元年，餘均爲後開之渠，而毛坊又其後之後者也。《陝西通志》、《西安府志》、《涇陽縣志》、《三原縣志》、《高陵縣志》所載均同。云漢元鼎六年，左内史兒寬於鄭國渠外穿六輔渠以灌高仰之田，漢書兒寬傳注，於鄭國渠上流南岸，開六輔渠，以輔助灌溉，并無引清之文，清在鄭渠之北，六輔在鄭渠之南，何得渾混？况源澄開之最早，已在三國時，八復乃開於唐初，其下五、工進又爲後開，而沐漲又開之最後，毛坊尤其後之後者也，豈能一概以六輔混説？省、府、縣各志不載，又不見於史傳，非臆説而何？惟《涇陽縣志》云，清峪河自魯橋鎮南流而爲靖川，靖川即古五丈渠也，謂八復渠爲漢時兒寬所開，實意想也。地近田少者，於每月初九日子時承水，二十九日戌時盡止。毛坊、源澄、工進、下五、沐漲諸渠是也。獨下五一渠，爲張、唐、小眭三里水道八復向借下五渠行水，今又以下五一渠，爲張唐小眭三里渠道，是下五無主權，屬八復渠道矣因地遠田多，於每月初一日子時承水，至初八日亥時盡止，合濁河而東，下至潤陵斗，灌田二百餘頃又有張村斗，務高斗，常平斗。惜字村大廟内東邊，有五渠康熙年因渠口崩壞，買地開渠，興訟以後立碑以記其事，碑陰有河渠圖及説明甚詳(有碑二座，特記一事)，一渠開，四渠閉，全河非全渠也，亦安有浮水哉？漢唐以來，千有餘載，煌煌成憲，炳若日星，嗣於前明萬曆四十五年，勒碑於府治大門之東，并詳於省志縣册，及國朝順治四年，乾隆八年，均水諸案，靡可得而易也，亦何可得而侵冒也哉！詎於嘉慶十年十月，沐漲利夫臆創浮水之説，勘[1]堰平渠，據爲己有，而數月以來，竟使下五一渠涸而池竭矣。夫行水各有渠道，承水又有各限日時，則沐漲諸渠之不得侵冒下五一渠，猶下五一渠之不能侵冒沐漲諸渠也明矣。奈何利夫肆其奸蠹，欲亂舊章，是與往年涇民誣言全渠非全河者，稱名雖异，而實同一貪之謀者也。

夫水利之所在，民命所攸關也，爰是三里利夫，仰叩巡撫陝西部院方，陝西布政使司朱，陝西督糧道〔索〕(素)，西安府正堂方，屢荷矜全；復於今年二月十一日，咨命清軍大尹葉，協同涇陽邑宰王，及我侯程公，暨糧廳〔段〕(叚)公，親詣渠口，勘驗確訊。朗鑑高懸，利弊洞窺，重懲奸蠹，破其貪謀。而且察原隰之形勢，稽挹注之章程。據一開四閉之舊，則下五一渠，水屬全河，而浮水全渠之説窘；定蓄泄之制，則堰口寬五尺，高四尺，而冲决之患除；且也，中流龍口四尺，而於八復承水之日，閘一木板，内實土而外加封，則盜掘之弊杜。於昔年均水，三里灌田，定以初一日子時承水，而潤陵諸斗，去河口七十餘里，豈能驟然入畦？則每遇大建之月三十日一晝夜之水，爲三里行程潤渠之資，如此不遇大建，無三十日，又將何作伊行程，渠用何潤，該從何處補足乎？而上流之人，不得竊據以肥己矣上流之人，名正言順公然該用，何爲竊據肥己？伊總有説。詳審周密，精嚴釐剔，祛歷年之積弊，開無窮之利益，庶幾哉三里窮檐，舉牐成雲，决渠爲雨，被潤澤而大豐美，樂樂利利，永絶奸蠹之侵冒矣。謹述顛末，勒諸瑱珉，以垂久遠。後之人共守舊章，勤修而勤省之，俾無隳功，其利濟寧有既哉！是爲記。

兵部侍郎兼都察院右副都御史巡撫陝西等處地方贊理軍務兼理糧餉方。署理西安府正堂方。特授三原縣正堂程。

特授涇陽縣正堂王。陝西清軍鹽捕水利分府葉。特授三原縣水利分縣〔段〕(叚)。

嘉慶十一年歲次丙寅小陽月勒石碑在三原縣大堂西邊

悟覺道人筆解

---

① “勘”字疑有誤，或當是“劫”。

源澄渠設立清均水利局記

按:本文似作者於記述設立清均水利局之有始無終時,聯繫自己出任渠紳以來所遇各種困苦,進而目觸災荒降臨,社會黑暗,不禁悲從中來,乃直録此時人禍天災之詳細情形以洩其憤懣。所記當時人情風俗、災害狀況以及氣候异常、物價漲落與社會方方面面,皆據實直書,訪問目前諳達當年世事的故老,多能指證。誠為信史。與以下《清冶兩河觸目傷懷俚語垂鑒》一文相參,頗足構成一幅"民國十八年"這一特殊時段的陝西關中社會縮寫圖(直至目前,"民國十八年"一語仍然被關中民間作為災難不祥的用語,如遇到旱情苦無收成之時,人們相率會説:"又會是民國十八年麽!")。

清同治元年四月,回民作亂,十二月初四日五更時陷涇陽縣城,男女死者計城内七萬餘人,初十日焚衙署屋舍,而檔案失存。即賦税户丁及民屯各地畝,案牘莫稽,舊章難考,徵收無所憑據,遂於同治十三年,另行清丈地畝,造魚鱗册,以期地糧歸實。究以桑田滄海,地形變遷,而源澄渠昔年所澆之地畝,今竟以地高渠低,仰灌甚難,以致水永不到之地,藉此次清丈地畝時,以水地丈成旱糧者①,亦屬不少。糧雖已減等則,而時與水依然如舊存在。光緒中年,有郭心田、劉存經、王垣諸先輩,每抱不平,聯合同志,擬欲按照舊日老水册内載各斗之時刻起止,以今時之魚鱗册内所丈之地畝,核地額水,平均分配。設立清均水利局於豐樂原下西獄廟内,稟縣立案。提取涇陽縣清均地畝均墾局内存之同治十三年清丈地畝魚鱗册,先將各村各斗内地畝之實在畝數,照册挨次録出;又將各村各斗内之時刻起止,亦挨次録出;將總數書算核對,都爲一底册,以便後來與利夫特立花名照地額水。除起止行程外,再看地時香水,平均分受。

乃事已創始,而各村各斗内之地畝多寡、時刻起止之實數,按照魚鱗册、舊水册録出總數,核實對正。特以利夫花名未立,水未均平,竟因事遷延,未及成功。而諸前輩先後謝世,故雖事已就緒,底簿業已寫出,惟時刻未及按照利夫名下地畝額實分配。奈後續無人,卒至功虧一簣,竟未成功,可嘆也已!予自業農以來,目稽利害,每抱不平之舉,欲繼續以成諸前輩志,竟以世變,師旅饑饉,交相互至,實因饑寒逼迫,衣食不給,莫暇及此。然而同志者亦少,掣肘者實多,下游時多之村,因有餘時,又多生障礙,卒致〔事〕(願)不隨志。今特將諸前輩昔年所造未成之總數底簿,照册録出,以備後來有志渠堰之人而繼續以成其事者查考有所本

① "丈成"是丈量而成的省寫,本地口語亦多有此。"旱糧"即交納旱地糧税的土地。

耳。是爲記。

香不符,故渠長點香,不能不用魚鱗册以核畝數。若用魚鱗册計畝,照水册按香實點,兩相對照,則水册、魚鱗册均爲有用,不然,地畝是地畝,香水是香水矣。然考地之疆界,不异於昔,前人已成之績年久而壞,故諸前輩於重造水册,不能不因其無用而謀衆另行修造以加之也。故以源澄渠昔日所澆一百一十三頃二十二畝六分四厘之地,于同治十三年清丈地時,竟以水地因水不到丈成旱糧,減至九千零六十三畝六分九厘零二絲。〔其〕(尚)不足原澆之數者,則短二千二百五十八畝九分四厘九毫八絲也。地雖成旱,糧亦决則,而時香水,仍然照舊存在,以致有餘不足,實利不能均沾,致利夫有不平者。故諸前輩有見於此,擬重新修造,移魚鱗册地畝,照水册香時,核實各村斗内之實在地畝時刻,以所餘之香水平均分配;不能以某村某斗所餘之香水,〔專〕(耑)歸某村某斗私有也。是以河流雖細,渠水即微,合渠利夫,尚能利益均沾,不至有苦樂不均之歎也。惟願後來繼續有人卒成其事,則諸前輩造册未克成功之苦衷,或不至湮没無聞矣。則合渠幸甚。予故拭目以俟之也。

悟覺道人屏山又筆

劉德堵

共澆上、中水地四百四十一畝三分一厘　　共時八時八刻二分六厘二毫

二十一日辰時三刻二分五厘起　　二十二日子時六刻五分三厘止

今核實計算實受水八時三刻二分八厘　　裁浮歸實短少四刻九分八厘二毫

蓮花斗

共澆上、中下水地三百九十五畝八分五厘　　共時七時九刻一分七厘四毫

二十二日子時六刻五分三厘起　　二十二日申時一刻二分二厘止

核實計算實受水七時五刻三分一厘　　裁浮歸實短少三刻八分六厘四毫

以上二斗共短時八刻八分四厘六毫

先用一十六時七刻四分三厘六毫　　今實用一十五時八刻五分九厘

張家斗

共澆上、中水地七百九十三畝九分五厘　　共時一十四時一刻八分七厘九毫

二十二日申時一刻二分二厘起　　二十三日酉時四刻八分止

核實計算實受水一十三時三刻五分八厘　　裁浮歸實短少八刻二分九厘九毫

知津子筆算又記

以上三斗核實計算之由,因民國紀元以來,雨暘多不適時,加之師旅饑饉,豐收者能有幾料[①],人民乏食者無歲不然;而公家借款及額外支應,并各雜項苛捐暨附加額外税用,而正供正税,不在附加額之内;地盤主義,又不難敲剥以吸髓也!且軍閥家相習成風,藉此擴充勢力,以圖自己富貴,而百姓困苦已達極點;而軍閥家又不顧惜名譽,任意妄爲,甚至軍匪殃民,斂錢買槍,以固自己禄位。拖延至於民國十七年,旱魃爲虐,夏忙薄收,秋忙未獲顆粒,至八月天猶不雨,二麥直未下種。至九月仍不雨,人心恐慌之極。我渠利夫張亮熙出頭,邀集渠長利夫人衆,在三原縣政府遞稟求差,既而票出,又率利夫人衆及來差等,到夾河川道私渠挖堰放水。水既到渠,而我渠利夫因水多事矣。始而此村此斗與彼村彼斗争,既而本村本斗争,甚而叔伯兄弟,因水亦反唇相稽,終而因水釀訟,其禍不堪言狀矣!予故因此三斗爲予村與張家互用之斗,始核實計算,以期地水歸實。姑置地畝勿論,即以時刻起止核算,則每斗均有短少時刻。不知當日造册時,如何計算,從何錯起張亮熙後因辦賑,受人饋送大洋六元,彼富室出捐不悦,以金錢運動勢力而誣陷,已槍决正法矣,冤哉。自張亮熙出頭尋水以後,天尤亢旱,仍未落雨,費錢勞神,我渠利夫始能漫地以種麥豆等田;十月冬月,天仍不雨;我渠照前用水,其所播種糧之麥豆,亦不少矣。約計合渠總種十分之五,時麥價每石三十元之譜。

自冬月底,至臘月初八日,糧價猛漲,每石小麥約價四十五元上下,白米、小米每石約五十元零,清油[②]每斤約價大洋三角有零,即油渣每一百斤約價近四元之譜。人心惶極,十室九空,人人乏食,哀鴻遍野,嗷嗷待哺。民有饑色,野有餓莩,望公家之賑,籌款無出;而富家殷實,又以叠次兵荒,皆自顧不暇,何能救人?猶有望人之救己者!然公家各雜項勒派苛捐,百方營取,又不少緩。以致盼賑遥遥無期,街市間餓夫攫食者比比皆然。雖有平糶,貧民不沾實惠,徒爲勢力者之慾壑,竟亦沽名而釣譽耳。

然而布告通衢,滿紙仁義道德,徒言之而不能行之。而糧賦及各雜税徵收,格外嚴厲,而無道理之勒借苛派,又不稍緩。此等困苦情狀,當亦司牧者所當痛癢相關也,乃竟漠焉視之,徒誇催科之勤,實無撫字之勞。世局如兹,無法奈何,可勝浩嘆!

時予家亦乏食,又無錢糴,一家十五口,眼看斷〔炊〕(吹),家無隔宿之糧,且日只一舉火。予思維再四,直無生財之路,焦灼惶恐之至,實亦無法。無聊之極,〔援〕(原)取舊日所録水册底子,從頭及尾,細閱一過。至此三斗,因芝峰先生有浮水未裁、各斗之水均不歸實之説,乃

① 幾料:本地土語,以每收獲一次爲一料,故每年有夏收和秋收兩料,也稱爲夏秋兩料。
② 清油:即菜籽油,本地人稱爲清油。

按時刻起止，核實計算，均有短少。予故記寫於此，以便予村後來子弟，知其堵内之時刻不足者，乃由浮水未裁，是以時刻多不實也。然此只照時刻起止，裁浮歸實，約一斗總算之，則三斗均有浮泛不實之時刻短少也。若按照利夫名下時刻起止，核實計算，使逐一歸實，則一斗内之時刻起止短少之多，當不至如此之數也，其浮泛不實之水爲短少時刻當更多矣。餘各村斗，可以類推也。

十二月初二日晚大雨一陣，初五日晚大雪，初六日又雪，十二日晚又雪，十三日午後，又大風雪，糧食之價，無論何色，約〔掉〕(吊)價十元之譜。

十八年陰曆正月十五日，大風大雪，以後雨水和時，二月雨水又好，糧食之價，御麥① 每石二十一二元，小麥每石三十一二元，其餘貨物，均大〔掉〕(吊)價。世局亦活動。至三月天不雨，棉花早秋未安妥貼，又大風不〔止〕(至)，刮至一月之久。麥豆各田禾。風乾而〔殑〕(罄)②，至四月收麥之時風停而麥豆各田，即減收成矣。

麥收倒之時，糧食之價大漲，由三十一二元，漲至四十元以上，又漲至五十元；及至六七八月之間，人各憂形於色，且百姓菜色氣重，餓死之人，無一村不在十數人以上者；賣妻鬻子，傾家破産以度荒歲者，觸目傷懷，令人難堪。真是慘不忍言也。而公家之賦税雜項，徵收無暇晷，即格外之借款，額外之勒捐，以及無名目之苛派敲剥，不難盡百姓之髓而吸之矣！今日調查貧民，明日調查災況，紙上只云救濟，頒賑又無日期。實貧民所出之糧賦及各項雜捐，比較賑款，則奚啻十倍百倍也！而“揣肥捏瘦”③ 捐，又不在貧民捐項之内。即不加撫字，而催科少緩，又免額外勒派，則百姓受賜多矣，又何敢望如前清二十六年發帑以賑濟哉！時局如此，天網恢恢，〔疏〕(踈)而不漏，造孽者可猛醒耶否乎？時八月初二日也，麥價五十二元爲止。

悟覺道人特筆於此

白米價六十元以上，清油一元三斤六兩，猪肉五角錢一斤，八月終，麥價每石漲至六十五元，本地做種籽之小麥一斗竟有七元之價，大麥每斗四元六角　　仵壽臣糴伍長永之麥做種，價洋七元。

清冶兩河渠觸目傷懷俚言垂鑒

民國紀元後十七年，天道亢旱，清峪河流，被上游夾河川道私渠截霸，以致河水不能下流。渠水微小，利夫不争水於上游夾河川道各私渠之霸截，竟争水於本渠之倒漏，此何异同室以操戈也？然而兄弟鬩牆，因水釀禍者，又何可勝道哉。始而本渠與外渠争，繼而本渠與

①　御麥：即玉米，玉蜀黍。

②　殑：音 qíng，病困欲死狀。本地人以禾苗因風霜或病蟲危害而枯萎者曰殑，音義皆確。

③　“揣肥捏瘦”捐：指任意的無理的勒索攤派，這是當時人們對這種攤派的一種諷刺用語。

本渠争,又其既本村斗與本村斗互争,是水利直成水禍,實水利而滋訟累也!以福民利民之事,轉爲擾民病民之具,人心之不古,其壞至於此極。究因世局變遷,師旅饑饉,交相并至,軍閥養兵擴充勢力,毫無限制,是以耗民財産至於罄盡。實亦人窮乏食之故耳。管子云:倉廩實而知禮節,衣食足而知榮辱,豈不信然?謂陜西天旱造劫,災黎乏食,嗷鴻待哺,亦係實情,窮困無聊至於餓死。究非探本之論。謂陜西災重,死人之多,實由軍閥擴充勢力。軍無限制,又加地盤主義,其供給均取之於民間,以致人民困苦,已達極點;即豐收之年收獲之數,除供給軍士政客之外,其所打的糧食,不足以供養全家人性命,况又加之旱年,收成無望。而軍士之供給〔依〕(亦)然如故,又不肯少减。國會建議裁兵,而大軍閥家不惟不能裁减,且暗中招添,謂人民遭兵滿之禍,始使人民饑餓而死,實正本清源之談也。予故乏食無聊,且既逢兵滿之患,復遇天旱之災,而河水又細,因而興訟。予特記此以爲炯戒可耳。

後二月[①],源澄渠窩子張堡與工進渠魯鎮東街,兩造利夫争水,以事不關己之張鴻德,恃錢多事,説大話務人[②],僅持出大洋五元,使在上游夾河岳、邢、楊杜等村叫人鬥毆。竟將窩子[③] 張丑兒,用黄蟬尾[④] 戳傷斃命。因而興訟。至十月經人説和息訟了案。東街訟費等項約近兩千元,窩子訟費等項約在二百元以上。當其和解息訟之時,而衙門中内外執事人員之邀求,直無道理,可堪浩嘆。

八月,冶峪河之廣利渠雲陽鎮北門上與天津渠南屯里,兩造争水。在堰門毆用黄蟬尾戳傷興訟。該北門以差人李貴之勢,抬人往涇陽驗傷,李貴忽生意外,至石村以北,問〔帶〕(代)傷人喝湯否[⑤],當飲水時,藉便下毒藥,至石村以南,將近大白楊樹,而〔帶〕(代)傷人殞命。遂以傷口進風斃命誣訟南屯,以爲訟勝地步。李貴因而上下其手,百般邀挾,致南屯不能支持,後兩造對面各言困苦情形,情願和解息訟。而李貴不允,使南屯無奈,上控息訟結案。

九月,冶峪河之仙里渠上游寇家堡,與下游鐵李村因争水興訟。蔓延兩月之久,尚未過堂,後經人説和息訟。而和解狀以遞,不意批罰兩造小麥各五石,發賑災會以救濟貧民。兩造見批之下,始請人關説求减,兩造各認罰麥一石五斗,事才了結。此時麥價每石亦三十五元。寇家訟費約在一百元以上,鐵李訟費約在二百元以上。水程仍按照縣志、水册及石門廟碑載而行,不得紊亂舊規。使兩造當日看縣志,看石門廟碑、遵照水册所載而行,遵規用水,何能興訟花許多之錢哉?可爲前車之鑒也。

---

① 後二月:即閏二月。

② 務人:本地土語,指依仗錢財或某種勢力而妄自尊大的人的醜態。

③ 窩子:村名,也稱窩子張村,金牌張村,是劉德堡村的南鄰。

④ 黄蟬尾:本地俗稱一種杆子柔韌、矛頭尖利的長矛曰黄蟬尾,是當時争水常用的武器。

⑤ 湯:本地人稱開水亦曰湯,此處是問負傷人要不要飲水。

九月，源澄渠毛家堡本村用水，大起交涉，毛慧生〔倡〕(唱)言提水打亂均分，無論何斗之水，均可提入一處，以期多澆地畝。致合村上下倒亂。因毛潤不打順風旗，逆慧生之意，遂慫恿競志學校，以毛潤霸截學田水程，函報涇陽教育局。該局即據函轉報縣政府，縣長飭差撥提，又委令渠長蔣文焕查明呈覆。毛吉甫在渠長手要看來令，渠長付之〔帶〕(代)去，并托吉甫呈覆。慧生主筆呈覆毛潤瀕年霸水屬實。及批示罰毛潤小麥五石，小米五石，發救濟會以賑災黎。渠長見批，不勝詫异。而毛潤又以窮民，何能擔此重罰？遂坐卧不安，日尋渠長不休，渠長遂以竊名呈覆辯訴矣。政府又委令温豐區區長秉公調查，毋稍偏循，呈覆核奪。毛潤又辯訴未霸水程，實地實水，縣志水册可憑。慧生著忙，遂鼓吹合村以抵制毛潤，一日在温豐區鄉治局内遞報告數起，均言藉競志學校提水之光①，始能將水回歸，不然則被毛潤永霸。措辭如出一轍。後竟以區長未呈覆，游案② 以終矣。

十月，源澄本渠上游馮家堡與下游東李家莊，因查驗倒失，兩造少年口角撕打，兩硬相對，不肯少讓，以致馮俊鳴鑼惹事，打傷墜命③。蔓訟五十日之久，尚未過堂見官。東李家莊訟費約一百元以上，馮家村訟費約二百元以上；兩造經人説和，情願息訟，而渠長和解狀以遞，批罰馮家小麥二十石，發賑濟會以救貧民。馮家見批之後，忙無措手，遂請人關説求减，而政府執事人員及官親等勢如猛虎，形同餓狼，無理之要求，直然手出大門，竟對馮家人説：走大路乎，抑由小徑耶？如走大路，費錢多而路遠，求减之下，非出罰小麥十石不能了結此案：若由小徑，明罰可以求减，暗中花錢，五石麥的大洋，就可了事一宗。時麥價每石三十八元也。

本年天旱，人民緊水，固是人情之常，凡有倒失，不能不查驗，以遏止上游藉端偷澆之弊，處罰倒濕，亦是常規。然所罰錢之重，亦從來所未有，故每遇倒濕一宗，計處罰之錢數，無論該倒濕之地出産多寡不敷，即計畝變價，亦不足所罰之數，竟有一宗地，今日倒失，明日倒濕，一月之内連倒數次，亦數次受罰者，嗚乎！一次尚且不支，況數次乎！由此以觀，人何貴有此水地也，無此水地，即無此水累，而一經興訟，其禍又可忍言哉！

嗟夫，利夫錢穀本難，因水細故，小事不忍，兩硬相遇，釀成巨禍。倘一經涉訟，則傾家破産矣，不但傷臉花錢，又嘔許多閑氣也。《易》曰“滿招損，謙受益”。惟滿乃能招損，惟謙乃可受益，故《謙卦》六爻皆吉，恕字終身可行也。萬勿效張鴻德拿錢多事，馮俊鳴鑼惹事；又勿效

① 藉競志學校之光，即“沾競志學校之光”。競志學校是毛家村富紳毛念修於民國十年左右創辦的一所新式小學校，住於魯橋鎮。

② 游案：本地人稱政府或法院立定什麽議案、訟案等，最後無結果告終曰游案。

③ 墜命：本地土語，指在爭奪門毆中，一方以傷勢沉重謂將有生命之危，以要挾對方。是一種訛詐行爲。

李貴恃才意外生事，毛慧生無事尋事，以惹人眼恨，而使人唾罵也。只學吃虧一語、忍字一字，便可終身拳拳服膺，守而勿失。橫逆之來，順受勿辭。反躬自思，雖有滔天大禍，即可消滅矣。予故記此數事，奉勸衆利夫，再勿因水釀訟，出事害人而兼以禍己也。是爲至囑。

悟覺道人有感而特筆於此

冶峪河各渠灌田時刻起止

按：此所記各冶渠灌溉面積與時刻起止，概依據兩部涇陽縣志和明代所立之《雲陽石門廟碑》抄録。現該廟該碑早已不存。所記面積總數為630.21頃，是古代數字，不包括清朝末期新增的廣利渠和民國時期(1945年)繼增的雲惠渠。據1952年"水利改革"運動時的統計，各冶渠總灌溉面積為82,836畝，其中廣利渠2,364畝，雲惠渠17,595畝。減去此二者，總面積為62,877畝，即628.77頃，與古代數字基本吻合。惟由古代至1958年建設上游冶峪河蓄水庫之前，這一灌區的灌溉是引洪淤灌型，即河水大則多灌，小則少灌，保證率不高。這也是容易引起爭水的主要原因。古代全河上下各渠引水秩序本有約定的規程制約，民國時期廢弛，因而爭水械鬥事件層出不窮。這不僅可證之民間傳聞，從下文《冶峪河雲陽鎮設立水利局議案》一文也可看出來。

劉屏山所記的"九渠四堰"，某渠與某渠同一堰等，并不正確，前文《清、冶二河各渠用水則例》註釋已對此作過訂正。另外劉的小註云："全河九渠四堰，共澆田六百餘頃，與清峪河工進渠相為兄弟，僅及源澄渠所灌之半數。"等語，更是明顯的錯誤，源澄渠灌溉面積只一百三十餘頃。

全河九渠四堰，共澆田六百餘頃。與清峪河工進渠，相爲兄弟。僅及源澄渠所灌之半數，比較下五、沐漲亦半數焉。九小渠在外。

《涇陽縣志》王志、新志、《雲陽石門廟碑》此碑立於前明天順三年均載，冶峪河各渠灌田時刻起止如左冶峪河自口子頭往下，河下里夾河川道，又有小渠九道。內仍有以旱作水者，誠爲四堰之患也：

下王公鑽入磨渠，受水五厘每月初一日卯時開，戌時閉。

共灌田三十六頃九十九畝

上王公渠內附暢公渠，受水一分五厘每月十二日寅時開，三十日寅時閉。

共灌田九十一頃四十六畝

天津渠受水二分九厘，一月爲滿每月初一日子時開，三十日亥時閉，如無三十日，二十九日亥時閉。

共灌田一百九十五頃

高門渠内有廣利支渠高門受水二分六厘，一月爲滿。廣利支渠受水，每月二八九兩日分水。

共澆田一百四十一頃二十一畝

海西廢渠、海河二渠每月初一日卯時開，十二日寅時閉。

共灌田七十二頃八十九畝

仙里渠每月十三日寅時開，十九日戌時閉。

共灌田四十二頃六十一畝

上北泗渠每月十九日戌時開，二十六日申時閉。

共澆田三十一頃二十二畝

下北泗渠每月二十六日酉時開，至次月初一日寅時閉。

共灌田一十九頃八十三畝

海河渠、仙里渠、上北泗渠、下北泗渠四渠爲一堰，通計受水二分五厘，每月一周，上王公渠、下王公渠、磨渠三渠爲一堰明弘治初知縣暢亨於上王公渠上流，分開一渠，以溉民田，名曰暢公渠，天津渠爲一堰，高門渠爲一堰。此所謂九渠四堰也。後雖於王公渠内增一暢公渠，高門渠内增一廣利渠，海河渠内增一海西渠，究未增堰也。

《涇陽縣志》王志、新志云①："其上下王公渠、天津渠、高門渠，其雍堰引水入渠處，渠口各置鐵眼，名曰水門，以平均水量，且防盜竊多寡不均。故鐵眼雖有大小不同之處，而開閉均有分寸，用徼以量水之大小。而四堰平分之，且額灌田之多寡，計算分配，各有差等。後利夫惡其害己也，而皆去其迹，今無一存。"由此可見人心之不古，而貪得專利之心，無有已時也，可發浩嘆。凡云幾徼水者，即水廣一尺，水深一尺，始爲一徼水也。

冶峪河雲陽鎮設立水利管理局議案

按：這是民國初年北洋政府時期陝西省議會議員的提案。從文中"籌辦渭北水利既已設有專局"一語看，提案時間應在民國十年成立渭北水利工程局之後的一段時間内。民國十年又發生過旱災，當時倡議水利是一種時潮，所以提案是被通過并付諸了實施（可參看後文《冶峪河渠雲陽設立水利局記》），劉屏山正是從涇陽縣知事奉令設立此水利局的公文中抄録此

① "云"字原文寫在《涇陽縣志》之後。

議案的。惟雲陽水利局雖設立,却無所建樹,最後悄然告終。

提案人鄧霖生是涇陽縣今掃宋鄉鄧家村人,民初官僚。周洪淦亦涇陽人,曹遴是高陵縣人,此二人現已不詳其居里生平。鄧家村在冶渠天津渠灌區下游,當時該村常與下游仙里渠的一些村莊因争水而械鬥,并常依仗鄧霖生之官勢逞辭逞威,鄧顯然對此深感頭痛,或是他提此議案的直接原因。

議案中説到"上下王公兩渠為一堰","上下北泗、仙里、海河四渠為一堰"等語,前文已説明這是誤解。上下王公兩渠渠口相距三十餘里,一在口鎮鎮北峽谷之中,一在鎮東南之水磨村外,絶不可能同堰引水;同様上下北泗渠與海河渠也相隔十里,亦不可能同堰。也許因為提案者為文人紳士,并不深知渠道情形,只從所謂"九渠四堰"一語臆斷而致。經本次訪問諳於渠故的鄉間老人,"九渠四堰"應作"九渠四眼",即上、下王公渠和天津、高門二渠之渠口,古代各設置有鐵眼以限定水量,故云"四眼"。考之渠道形勢和相關關係,"四眼"之説正確。

陝西省議會議員提議,咨請省長行政公署,令行陝西水利分局,對於渭北各縣水利,認真整頓。并令飭涇陽縣知事,籌設冶渠水利專管機關,實行丈地匀水,以除積弊而塞亂源案:

查龍洞、冶峪、清峪三渠,爲渭北巨流,注填淤之水,溉瀉鹵之地。民田以沃,民用以舒。故涇陽各縣,獨以水利甲關中,而田賦之徵,亦恒倍重於他郡焉。歷代以來,均設專官管理其事。田有定制,水有定量,灌溉有時,啓閉有節,立法綦嚴,無敢逾越。清雍正七年,因整頓水利,特移西安府通判於涇陽之百谷鎮,專司渠事。其重可知。同治回亂後,乃以涇陽之縣丞專司之。民國成立,此官遂廢,而偷澆强奪之風,於焉大張矣。涇原高陵等縣,民氣素稱怯懦,獨於争水一事,糾衆械鬥,不肯少讓。動輒千百爲隊,血戰肉搏。因之豪强者得以任意兼侵,孱弱者常嗟半菽未飽,滔滔巨浸,只爲有力〔者〕之〔慾〕壑,而細民不沾其澤。雖有水利,與無水利等也。際兹旱魃爲虐,荒歉立見,尤宜軫念民隱,思患預防。查籌辦渭北水利,既已設有專局。而導涇工程,一時不易觀成。應即責令該局,對於渭北各縣現有水利,如龍洞渠、清、冶,以及其它可資灌溉各渠,先行認真整頓,用備旱荒。惟冶峪一渠,澆灌區域完全在涇陽境内,水量甚小,而灌田六百餘頃。故强截豪奪之風,爲各渠最。計全河共分九渠四堰,上下王公兩渠爲一堰,天津渠爲一堰,高門渠爲一堰,上下北泗、仙里,海河四渠爲一堰。堰者,截水入渠,每月按堰一周;其數渠共一堰者,計各渠下地之多寡而差分之。啓閉各有定時,受水各有定量。各渠用水規例,載在邑乘暨雲陽鎮西石門廟石碑。是以河流雖細,尚能食膏澤於維均。迨後經理鮮術,良法日壞。上流之上下王公渠,以形勢所在,横行截奪,用水不按定時,引水不依定量。且於二渠之間,又開小渠九道,用灌旱田。不寧惟是,冶河源出嵯峨仲山之間,流經淳化縣境,該縣石橋[①]以上,夾河山地,不在灌域之内,近來因客民錯居,私自開墾,築堤截水,仰灌高地,居然不租不税,得植稻之田數頃。冶河水量,本不甚宏,經該數處一再截奪,下流各渠,往往點滴不得,名爲水地,無异石田。事之不平,孰有甚於此者!下流各渠,恒無水可得也,遂不惜相率走險,鬥諸原而譁諸庭,歲無寧日。一入縣境,問其械鬥,則争水十居其九;問其訴訟,則水案十居其八。偶遇天旱,相争尤烈。故涇陽水利,惟此渠糾紛最大。若不另設專管機關,匀水杜弊,竊恐因械鬥結果,釀出大變,地方遭其糜爛,人民受其荼毒,以福民利民之事,轉而爲擾民病民之具!當亦非司牧者所願聞也。擬請省署令行水利分局,令飭涇陽縣知事,對於冶河水利,迅設專管機關於適中之雲陽鎮,遴選公正紳耆主其事,并酌招護渠軍若干名,以資鎮懾。每日監督各渠,按照定例分水,偷截者科以重罰。其經費則按九渠分攤,不假外求。至清丈地畝,平均水利,及一切修濬之事,亦歸該機關管理,用專責成。經費則臨時估計,取之利夫。行見決溜成雨,荷鍤如雲,詬誶不形,怡然各得,百穀用登,公私不詘,所稱爲萬世之利者非耶?本席生長渭北,深知整頓渭北各縣水利爲現在切要之圖。而先息冶渠之争鬥,〔繫〕(係)於地方之治安尤大。謹依會法提議,是否有當,敬請大會公決。

提議人鄧霖生　周洪淦　曹遴

連署人崔炎焜等議員三十五人

三原龍洞、涇原清濁兩河水利管理局記

局内分八股。主任局長一人,每一股設股長一人,每一渠推舉代表二人或一人。龍洞一股,八復一股,濁河份子[②]一股,沐漲一股,下五一股,源澄一股,工進一股,毛坊一股。又設會計、書記、文牘、調查各員局首設於三原縣東門外玉皇廟内,後移於城隍廟東道院。

民國紀元後十七年,天道亢旱,各河渠民衆緊水灌田,以致争水興訟,甚至釀出命案,傾家破産。困苦情形,慘不忍言。於是工進渠紳趙清甫,目擊心傷。因源澄渠窩子張堡,與工進渠魯橋鎮東街,原係甥舅姑表之誼,因争水釀成命案,訟終之後,趙清甫有感於此,欲在魯鎮聯合同志,設立水利機關,平均水量,以與全河各渠,照地畝公分,以息訟端,而免釀事,仍使鄉黨戚世各誼,〔依〕(亦)然敦睦和好。遂遞禀於涇陽縣政府。縣長批委涇原高醴龍洞水利管理局主任姚介方來魯鎮調查。是否設立水利機關,取於民衆同意,有便民衆與否,是否民

① 石橋:小村鎮名,位於淳化縣城南約5公里,冶峪河左岸。

② 濁河份子:意爲八復渠内的濁河部分,也設立一股。

衆均表同情。當日各渠民衆同場,有言未便於民,有言亦便於民。究以款項無出,取之於民爲難。以致大衆均云取款於民不便爲辭[①],民衆遂有不悦之語,始不表同情。姚介方呈覆後,涇陽縣政府留中不發,此事即作罷論矣。

適值源澄渠長蔣文焕等控夾河私渠屈克伸等以旱治水霸截水程。三原縣政府委三原龍洞水利管理局調查呈覆。而主任楊餘三,除派任白修往夾河川道查勘地畝外,并招集八復、龍洞、沐漲、下五、源澄、工進、毛坊等渠各代表不便爲辭會議,查勘後,呈覆情形,以便政府處罰各節。

自此集會之後,而建議涇原清濁兩河水利管理局之機關成立矣。即附設於三原龍洞渠管理局内,統取名曰三原龍洞涇原清濁兩河水利管理局此局成立於十八年三月,即於十八年七月取消,歸併於三原縣建設局内、爲水利股。

十八年此局成立以後,各河渠即多事矣。而毛慧生與趙清甫遂稱同志。豈知慧生之意,與趙清甫大相懸絶。清甫意在匀水無事,慧生惟恐無事。〔實〕(適)妙想天開,原欲立功後世,能辦人所不辦之事,日在三原水利機關,瘋言浪語,任嘴胡説,〔倡〕(唱)言均水,謂舊日章程,不適民國之用,當此革命時代總宜百度維新。以致沐漲、下五,意外生變,慫恿八復,〔意〕〔彷〕照八復按日用全河水以灌田。慧生倡之於前,以致沐漲代表李勝堂、八復代表張樹棠、龍洞代表甯中甫、工進代表趙清甫、自命源澄代表毛慧生及源澄水大户劉遜之,均取同意更訂新章。五月每渠以五日平均分配,用全河水五日,試辦一月,如有未便,次月仍遵舊規,不得援此爲例。

六月,天旱尤烈,河水微細,又被夾河川道私渠截霸,下游四堰分用不足。沐漲、下五又欲援照五月所訂之新章,各用全河水五日。而源澄、工進不允。究竟工進口説不允,而未實行,上水且只以堰未做齊爲辭。源澄直然上水。致源澄内奸毛慧生及其婿水大户劉遜之,日在三原水利機關作祟,欲行新章,用全河水。致將伍積宏、蔣文焕,由三原水利局票傳至原,呈送縣政府而管押矣。五月,源澄所灌之田,不及平常十分之二。即以予而論,每月水再緊,河水再小[②]。灌田總在十畝以上,五月予僅澆地一畝有零,六月予尚澆地十五畝(因河水暴發之後,餘水未涸也)。

慧生及遜之,因伍積宏及蔣文焕,并各村民衆不願用全河水以逆毛慧生劉遜之的意,欲將伍積宏蔣文焕傳案管押,以水利局之勢力,壓迫鄉愚,可在沐漲、下五,以要自己建議用全

① "不便爲辭"四字,應刪去(下同)。
② 再緊……再小:口語,意爲"至緊……至小"。

河水之人①。伍積宏辯訴往規舊例,毛坊又辯訴向規古例。縣長雖然管押,知其積重難反,過堂以後,縣長大有不悦水利局之行爲。究以八股之顔面,稍爲顧惜。以致水利局來魯,集會各渠用全河水。而沐漲、下五,堅持要用全河水,源澄、工進堅持四渠公分,兩不相下,堅持不决。經龍洞代表甯中甫,八復代表張樹棠,多方調處。謂現時天旱烈甚,河水微細,四渠分用,本亦不足。莫若打一個傷心主義,就當② 河乾無水,今月暫爲退步,各用全河水數日,以顧燃眉之急。次月無論如何,不得援此爲例,仍照舊規用水,不得藉端紊亂,以失古規向章也。

倘即日天雨,河水暴發,一渠難容,仍然四渠分用,不得仍援此章爲〔據〕(梗)。此議即作罷論。當此派員來魯集會開議之時,〔已〕(亦)係六月十四日也。水利局以毛坊之控,辯訴私罰斂錢,影射局長,指名李勝堂;又以伍積宏之辯訴,原遵古例舊規用水,并非截霸者可比。水利局欲贖自己之人③,派員來魯以了此事毛坊楊杜村渠長杜師勤,樊家河渠長樊至珍,馮村渠長杜宏發,以及段、蒲、雷、趙等村聯名指控,政府有案可稽。

適天〔凑〕(措)巧,十四日會議之後,當晚即雨,河水暴發。各渠堰均被水冲壞,用全河水之議,自殆罷論矣。而毛慧生劉遜之〔猶〕(尤)不佩服。遂在水利局求籤。二十一二等日,來差持籤,在上游劉德、窩子等村分水,仍欲用全河水,以贖自己之人。終以霸截水程,控劉德堡劉師賢,窩子堡張作濤於三原水利局。而毛慧生在局運動效勞,代文牘擬稿,代書記寫票。究因每日五角口食大洋所戀也,故不惜喪良昧心以爲之者也。

自此以後,水利局累次與劉屏山、毛吉甫來函,着二人雙方調處。張樹棠又謂伍積宏、蔣文焕要回來,非劉屏山等與水利局來一公函,水利局不能呈覆了案,倘劉屏山等有一公函到局,水利局即可據函呈覆縣政府,而伍積宏、蔣文焕就可無事以歸還矣。然毛慧生以劉屏山寫函與水利局之隙,挾恨在心,日在水利局吹毛求疵,欲生事於劉屏山諸人。不意省政府委員到原,建設局與水利局,因争用夾河私渠罰款,意見不合,縣政府亦有染指之意,特面子上不能明言,遂各鼓吹省委,謂各縣均未設水利局,何獨三原單獨設立水利專機關,宜將三原水利局推〔倒〕(致),歸併於三原縣建設局内而爲水利股矣。

自三原水利局成立後,沐漲渠人衆頌揚李勝堂等之德,口碑載道,謂何物老嫗,生此可兒,竟以下堰數不見水之渠,得用全河水以灌溉田畝,能爲謀辦我沐漲渠莫大利益,真不愧孫

---

① 以要自己建議用全河水之人:"要人"和前例之"務人"同義,都是本地俗語逞能、逞勢的意思。在此是説毛慧生、劉遜之兩人想在沐漲、下五兩渠人衆面前,逞自己的權威之意。

② 就當:俗語,"權當"的意思。

③ 欲贖自己之人:與下文"以贖自己之人"中的"人",都是面子、臉面的意思。贖自己之人就是挽回自己的面子。

仲謀也！若源澄渠之毛慧生等，欲平均水程，使全河各渠，各用全河水五日，以失去源澄十餘日之大利益，該渠産此孽畜，甘作内奸，頭頂香盤，以奉送於我沐漲，真劉景升之子、豚犬耳！嗚乎！余聞此言，毛骨竦然，爲毛慧生諸人者，當更如之何耶？

五月更〔訂〕(定)新章，各渠用全河水五日以灌田。如余源澄以二十一日之水，僅用水五天。所灌之畝，不及平日十分之二。約一個時候，折去平日之五時有零，如余村一十六時七刻有零之時候，僅用水三時七刻時候。即水大，而時期過短，所以合渠此月，澆地不多。民衆咒駡毛慧生諸人，甚至毛家村人亦咒駡不已，即伊兄弟、叔侄、嫂姒，無不駡至慧生當面者。而伊竟堅持不倒，六月又要用全河水，以贖自己之人。謂新章乃水利局所訂，不關我毛慧生甚事。又被李勝堂蠱惑，甘心紊亂舊章，以固自己飯碗，不顧民衆之唾駡。以致張廣德等，聯合全渠衆利夫，遵照向例古規用水，不服新章。毛慧生等挾恨，日在水利局作祟，始有伍積宏、蔣文焕等傳案被押之事；後有六月十四日水利局派員臨魯，集會各渠代表會議用水之舉行。

六月十四日，魯鎮會議之後，當晚即雨。河水暴發，將各渠堰盡被冲壞，渠又被泥壅。全河水之議，即作罷論。而毛慧生不悟，累次在水利局鼓吹其婿劉遜之，着水利局與劉屏山、毛吉甫等來函，要挾欲用全河水，以贖自己之罪，藉以遮掩自己之愆。欲〔嫁〕(架)禍於劉屏山、毛吉甫，而謝責於水利局。豈知司馬昭之心，路人皆知。及劉屏山荅覆水利局來函之後，將十四日會議情形及議案理由，明白覆函去後，而伍積宏、蔣文焕始由水利局據來函呈覆縣政府開釋①。此事始爲了結矣今將水利局來函及覆函原底，録後，以便查閱耳。

三原龍洞、涇原清濁兩河水利管理局來函原稿

逕啓者，頃據源澄渠渠紳劉遜之面稱，此次水利，全被貴堡及窩子堡截霸殆盡，下游各處，涓滴未見。日前公衆在魯會議，本月仍照新章實行，一致贊同。何以貴堡意未服從。即謂民衆之事，未能一律，貴代表亦應先事預防。茲已至此，本局派人來查。請即移玉上游截水各處，速即放水下流，以免釀成訟端。是爲至要。此致

劉屏山、毛吉甫兩先生公鑒

① 原文在此有"伍積宏、蔣文焕"六字，應删去。

三原龍洞、涇原清濁兩河水利管理局公啓

屏山、吉甫先生大鑒：據貴渠東李家莊水人户劉遜之報告，本月該堡水程，涓滴未到。該堡以舊規而論，當在初十日。以均水而論，當在二十一日晚。該堡查水之人巡視，現在窩子澆用，究竟其中情形，令人不解。祈兄〔與〕(於)該大户調處，使之得水，毋滋事端。是爲至要。此致

刻安

楊餘三謹啓陰曆六月二十二日

覆水利局公函

逕啓者：頃奉來函，内云已悉。至劉遜之報稱責〔該〕堡未用水一層。十四日魯鎮會議，沐漲、下五堅持用全河水，源澄、工進堅持四渠公分，相持不決。經龍洞代表甯中甫，八復代表張樹棠，多方調處，仍各持己見，堅持不決。復經工進渠代表趙清甫，沐漲代表來心印，兩方調處。來心印言，事已至此，各打傷心主義，〔權〕(就)當河乾水涸，各渠都不能用水；若照源澄、工進之意見，四渠公分亦是公理。全河各渠舊規，昔年原是如此。但沐漲源遠流長，河水甚細，即潤渠不足，尚有餘水以灌田乎？源澄、工進，以前短時期，灌溉不周，仍堅執公分。而來心印又言，沐漲係最下之堰，全年用水，甚覺艱難，值此天旱，數月未見水點，以公理而論，亦應該各上堰各情讓此一月水，以體恤沐漲下堰。一河四渠，猶四弟兄也，上堰用過，理應情讓，天公地道，况仍四渠按日用全河水，沐漲、下五，亦不得獨佔。源澄、工進，用過之日不提，就從十四日會議後，再行公分。經温豐區長劉秉圭、八復代表張樹棠表決。經工進代表趙清甫，沐漲代表來心印，按日計算，每一渠各用全河水三日半。特時刻起止，未及算準。故先命下五上水，使用澆地。次日即推準時刻起止，由水利局與各渠發表。倘即日天雨，河水猛漲，一渠難容大水，四渠仍然照舊分用，此議即作罷論，次日仍各照向章古例用水，不得援此爲例。此不過爲暫救燃眉之急起見，非爲定章也。不意六月十四日晚，天即大雨，河水暴發，各渠堰均被暴水冲壞，難以容水。即四渠亦不能容納，况一渠乎。十四日會議用全河水之案，天然當作罷論矣，人力勉强不到。源澄渠即從此各村斗按照舊日規例用水灌田，此又何説。况初九日，第五氏用水之後，初十日、即伊堡所用全渠浸潤行程。十一日係伊堡太和斗水。

劉遜之既係水大户,總該出頭辦水[1]。何以使劉愷、范德炎辦水,而伊不在家,伊家兄弟諸人不管閑事,既不出錢以幫助上堰之費用,又莫人上堰以辦水[2]。一村之人,誰肯出錢上堰辦水,以使伊用自在[3] 水以灌伊之田畝乎?初十日,水即至伊堡,該村數十家烟户,均未見水乎?應該民衆出首,還是伊一家未見水乎伊一人出頭?何以衆人默不一語?而管水人劉愷、范德炎係全堡斗仰,管水公人,一村數十家,均未見水,何以公人亦緘默不理?亦屬怪事。向來河水微小之時,該村以源遠流長,灌溉不周,争水鬥毆,嘔氣費神,諸多口舌。所以將水賣在伍家、淡村上節等處以澆蔬菜。以致水往往不到伊村。况該村過水之後,即西李家莊之水,以次及韓家、毛家、岳家、馮家、郭家,然後始至劉德、窩子。謂敝村及窩子霸水,自該堡用水之後,以上各村,均照舊用水,遞次庸至敝堡及窩子,何以各村竟無人言,該村亦無人言,惟獨伊一人出頭説話?此中情形,真令人不解矣。當日原議,〔固〕(故)是如此。現有甯中甫、張樹棠在局,就近可以詢問當日魯鎮會議各情形,是否該水大户劉遜之所報告符合議案[4],即可冰釋瓦解矣。此致

局長楊先生公鑒

劉屏山、毛吉甫公啓陰曆六月二十四日

魯鎮六月十四日議案

十八年夏曆六月,天旱尤烈,清峪河水,甚屬微鮮。暫議工進、原成、下五、沐漲四渠,按日均受全河水程。此月以往,仍照舊章,不得援此爲例。倘即日天雨,河水暴發,一渠不能容納,四渠仍然照舊用水,此議即作罷論。當日會場,各代表一致贊同,公决此議張樹棠登記。

到會者姓名列後所有各村斗利夫大户人衆,不及詳列,特將代表渠長諸人姓名,詳列於後:

龍洞代表甯中甫

八復代表張樹棠

工進代表趙清甫,渠長趙金福

沐漲代表來心印,温養初

下五代表孫維曾,羅法,渠長孫尉成

---

① 辦水:以下各文也多次提到"辦水"二字,體味其義是上堰付出許多力氣和争執把水放入本渠道的意思。

② 原文在此有"水程"字樣,今改。

③ 自在:本地口語,輕鬆舒服之意,"自在水"即不費力氣坐享用水之意。

④ 原文有"符合議與否"字樣,今删"與否"兩字。

源澄代表毛吉甫，劉遜之，渠長王步洲

區長劉秉圭，渠紳劉屏山，馮仁安，劉德臣，張廣德

嗟夫！使水利局不推倒以歸併於建設局而爲水利股，則我源澄渠不但坐失大利益，且産生多少事端，使後之人呼水利爲水害者，當不至一年數月爲至也，而七月八月，還能用此大水哉？如按新章，各渠用全河水以灌田，源澄全渠二十三村，二十一日之水程，僅能用水五日。即使全河水量宏大，然時期削短。即河有大水，不輪我渠日期，如八復過水，我渠閉斗，水順河直流，不得使用，誠爲可恨。如五月試辦，六月暫爲再試辦，七月又再爲試辦，三月以往，則成規例矣。倘試辦到閉斗不得用水之地，即毛慧生亦無如之何也，後悔何及！予故特記於此，以使後來者，知水利機關原爲下渠下堰謀利益，與我上渠上堰大有不利之處，以失利權於下渠下堰也。萬勿效毛慧生，無事尋事，以生事於我源澄渠也。則各渠幸甚，可爲前車之鑒也。

民國紀元後十八年陰曆八月中秋節後五日

悟覺道人劉屏山筆此

冶峪河渠雲陽鎮設立水利局記

民國紀元後十年，余因辭公往涇，住涇〔雲〕陽鄉治局。適有省署指令到縣，知事將原令辦一角公文，令行鄉治局。令飭局長趙先民，籌備雲陽成立水利局。并擬定簡章，以便呈覆省署，頒發關防及委狀。時予因事未辦妥，日在鄉治局無事，乃看來令内事理，始知即陝西省議會議决冶峪河渠雲陽鎮設立水利局議案，呈請省署令行陝西水利分局，對於渭北各縣水利，認真整頓，并令飭涇陽縣知事，籌設冶河各渠水利機關議案公文一角此議案係議員鄧霖生等提議。霖生係天津渠人，周洪淦亦涇陽人，曹遴係高陵人。

趙先民奉令之後，按照來令内事理，遂擬簡章若干條，并籌備成立雲陽鎮水利局。自局長、會計、書記、文牘若干員；夫役、護渠軍若干名。其局費、火食、口食、車馬等費用，計每月不下一百數十元。全年之中，約在一千五百元上下。不能取給於公款者，悉皆派取於民。利夫錢穀本艱，出之不易。以致局内不能按月開支。護渠軍日在利夫門口催款，致利夫人衆不悦，言三語四，何像水利局專爲民衆要錢而設。乃諸多應辦之事，因無錢又生障礙，勢難舉行。且私渠又係淳化地界，不歸涇陽管轄，辦之又多掣肘。水利局無如之何，即知事亦無如之何也。

自雲陽水利局成立之後，公推安吴堡吴弗意爲局長。始而進局，煇兮煌兮，熱心公益，百

事待舉。既而因錢不到,諸事掣肘,乃灰心而尸位素餐矣。又其既因民衆錢難措齊,局内人員〔無〕(莫)錢開支,大有不推自倒之勢。終之局長被控而出局矣。

局長吴,以與民衆要錢,致利夫挾間懷恨,乃竟控於省署而更换矣。繼吴之後者,即〔穆〕(木)馬堡馬承業(七少)[①] 也。馬既任事之後,日在家中,將雲陽鎮水利局人員,盡行裁取,以輕民衆負擔。有事則在家中辦之,只用一人以供奔走而已,無事則仍家居也。

由此以觀,可見設一機關,籌無的款,乃專取給於民衆,未有不倒閉者也。且每設一機關,即與民衆多一事端,加多一擔負,而水利局之不便於民,爲尤甚也。

此局現時雖有其名,而亦等於無也。特以省令設立,一刻不能推倒;且其關防委狀,均由省發。以故倒閉之時,非將關防委狀備文呈交省署不可,此所以不能倒閉而徒存其名也。余特記此及三原水利局者,使人知水利局原不便於民衆,徒使利夫多一負擔,而滋擾害也。如此萬勿效鄧霖生、毛慧生無事尋事以生事也。語云:"天下本無事,庸人自擾之",當爲二公頌之矣! 是爲記。

民國紀元十八年中秋節後九日知津子屏山筆此八月不雨,無聊以記之

清峪河流毛坊渠及各私渠記

自楊家河起,夾河川道,沿河兩岸,至楊杜村止,其有水糧之地畝,楊家河水地壹拾捌畝零,洪水鎮有微水糧地壹拾肆畝零,雷、蒲、段有水糧之地一頃三十畝零,而屈、岳、成、趙及郝家溝五村,全無分厘之水糧地。楊杜村工進渠澆地八十餘畝,荆笆堰有水糧之地一頃一十餘畝,除工進在河東不計外,而荆笆河西現時澆地一頃九十餘畝,尚有以旱作水者八十餘畝即以陡坡、趄坡而作水地也。屢被告發,伊云該村有水糧地一頃九十餘畝,地水糧相符,多年混賴。豈知伊村之弊,全在工進、荆笆二渠相渾。孰知工進在河東,荆笆在河西,隔河何能混渾? 經十八年興訟,委員調查。始將伊村二渠隔河互相混賴之弊查出。馮村、樊家河二村,共有水糧之地兩頃三十餘畝。今樊家河澆地二頃之譜,馮村澆地五頃有零。而郝家溝及屈、岳、成并雷、蒲、段、趙等,横水鎮以上至楊家河,凡沿河兩岸,除水糧澆地外,水能到之處,莫不各有以陡坡趄坡地而改作水地者。計全河,下自楊杜村起,上至楊家河止,二十餘里之夾河川道,約以旱作水者,不下五六十頃。此實我下游田堰民衆之生命也,均被該處截霸。是以接年興訟,屢犯屢控,愈控愈犯,每犯即罰,愈罰愈犯。究因所罰輕,而所得利益豐厚也。况遇旱年,

---

① 七少:七少爺之簡稱,但大少、二少、六少、七少等只作爲背後指稱,當面則稱大爺、二爺或大相公、二相公,或大先生、二先生不等。

糧食值錢，草〔亦〕(以)價貴，即賣草儲粟，供訟有餘，是以水愈犯而膽愈大也。所以始有十七八年之蔓訟，而屢次派員調查，先有屈克伸罰數一千三百元，繼有劉積成罰數三千元。而劉積成復控樊玉珍、杜師勤等以旱作水，與伊分認罰數，直將節年實在以旱作水地畝，互相攻訐，全盤托出，而作弊之真像始現也楊家河往上，係耀縣管轄，又有淳化縣地界，雖有私渠數道，水利爲此縣所吃，三原縣辦理甚難，公令難行，實無辦法，爲害亦甚大也。

據《陝西省志》、《三原縣志》，工進渠堰以上只有毛坊一渠堰，澆田一頃一十畝。除毛坊渠堰而外，省縣各志不載，均係後來私開之渠。同治壬戌，陝西回亂，人民死亡逃竄者不少。又因光緒三年，陝西大饑，人民死亡逃竄者，約十分之三四焉。至光緒十年上下，而荒絶之糧，不能升科，以致清政府嚴令催徵。而涇陽縣，又因回亂，治城失守，檔册被焚，省先清丈地畝，以期地糧歸實。而三原縣令大同劉乙觀，仿涇陽縣均墾局清丈地畝之法，於光緒十四年，亦設均墾局清丈地畝，務期荒絶歸實，地糧可以升科。而毛坊渠一頃一十畝之外，此時又加增水糧。而沿河川道，又借毛坊堰名稱，亦增加水糧。故自楊家河起，至楊杜村止，共加糧五頃二十畝有零。而現時所澆之數，又不只五頃二十餘畝也計楊家河至楊杜村，上下二十餘里之沿河兩岸，私渠一十八道。楊家河往上，又至弘崖坡，上至，至架子山，還有私渠數道，截霸以務稻田，實亦爲害不小也。

三原龍洞涇原清濁兩河水利管理局，歸併三原縣建設局而爲水利股，當歸併交代之際，局長楊餘三竟將夾河川道私渠罰項一千三四百元此罰係屈克伸及趙家、洪水、岳村等處之數任意挪用，浮支〔濫〕(爛)費。經此次交代，要造四柱清册，除任意浮支，捏報帳目，尚不足一千三四百元之數。開支不能捏報者，仍有餘項二百七十餘元，全被局長楊餘三鯨吞，以度伊家性命。其局内人員辦公，如張樹棠、毛慧生、趙清甫、李升堂、寧中甫等到局代表，每日辦公，不過開支口食大洋五角，能用多少？竟能將一千三四百元鯨吞捏帳開支。其支不出者二百七十餘元，建設局即應呈報縣政府追繳。何竟緘默不言？此不過以本縣人辦本縣事，礙於面情耳。且又係往事，不難於得罪一人。況此罰項，係下堰人衆失水，荒旱地畝，少打糧食，忍饑受餓，以性命所换。而各渠代表，竟以口食染指〔備戀〕(被變)，亦各緘默不言，實屬怪事。既是代表民衆，此事置之不理，而不争執，以致罰項化爲烏有，實對不起全渠民衆也！有愧代表二字矣！代表愧乎否耶？當自思之，不待余之多言也已。

十八週國慶雙十節後六日知津子有感而筆此

清峪河渠建議〔蓄〕(需)水庫記

按:本文記到1929年10月陝西省政府建設廳委員赴三原調查測量清峪河蓄水庫事。該管委員現尚不知為何人;此時引涇工程正在緊急策劃,李儀祉先生即將回陝任職,興辦渭北水利已成時議熱點。此年春天省主席宋哲元尚陪同某法國工程師踏看過涇河吊兒咀水庫庫址。則可見管委員之來清河,乃是當時多種議案、計劃、設想將付諸實施的表現之一。由此也可以窺見當年時事一斑。惟此以管委員所擬之蓄水庫本在楊杜村附近,此後則遷延歲月,直到50年後1970年方修成清河馮村水庫,位於楊杜村上游約1公里處,——亦即劉屏山當年常為之憂慮的"私渠横開"的地方。

民國紀元後十八年,旱魃爲虐,天久不雨。夏秋各田禾,强半枯槁。以故收成無望,各渠民衆緊水灌田。然河水甚屬鮮微,灌溉不周。因水釀訟,争水鬥毆,鬧出[①]命案。且又被上游各私渠霸截,故下游各渠恒無水可得也。所以始有民衆成立水利局之舉。自水利局歸併建設局爲水利股,則在陰曆七月中旬,建設局首次開水利會議。余未到會臨場。至陰曆九月初七日,開第二次會議,余始至會場。及開會時,有省政府建設廳派委專員臨場。言由省到原,測量清峪河地址,擬在上游工進堰屯水之河灣,欲築修一大〔蓄〕(需)水庫。意欲儲夏日洪水,增加水量。若能蓄水,則不患河水之微細也。由蓄水庫開一總渠,由總渠瀉水,設立斗門,以與各渠平均水量。計各渠所澆地畝多寡,再匀水量以受水。均由斗門受水以走支渠,由支渠以走各渠,則各渠永斷争水之事矣。省來委員姓管,至此余始知蓄水庫之議。已提於首次開議之時,業已呈省派員測量,勢有不能終止矣。

由蓄水庫總渠瀉水南流,又欲相定地址,修第二蓄水庫,當日始有此議。然以款項奇絀,雖有此議,勢難舉行,特以待時耳。

當省派來管委員,測量地址後,繪圖以示各渠代表。略爲估計,需款在一萬二千元上下,時只有以旱作水之劉積成罰款三千元,作爲底款。則不足之款,另行設法籌辦,欲取於各渠民衆。然現時天旱,人民困憊,乏食至於餓死,又何能負擔此等巨項;欲取於公家,則公家財政困難,養兵不足,何能興此工程以與民衆謀利益哉。各渠代表同口一辭,款項實難擔負;民衆幫工以抵款項,則刻下乏食,亦做不到。待豐收之年,衣食充足,則或出款項或幫工作,均無不可。但款項亦難措辦,幫工則較容易也。

---

① 鬧出:口語,亦曰弄出,造成、釀成的意思。

估計約用石灰一十五萬斤,須洋三千元上下。買石塊石條等做庫岸,須洋三千元以上。并各雜項費用,須洋二三千元。人工之資,又須洋四五千元。總計約在一萬二千元以上。當日各代表一致贊同,承認幫工。款項實難負擔,亦未承認也。

毛坊堰,在〔蓄〕(需)水庫上游,用水不與水庫相干。如有以旱作水,截霸下游各渠堰水程者,仍以犯水論罰。時建設局長,即三原東關人王立夫卓也。管委員係省政府建設廳專委派來三原調查清峪河流,測量〔蓄〕(需)水庫地址而來。陰曆九月七日,即陽曆十月九日也。次日,即係國慶雙十節。時管委員亦繪圖呈報省政府矣。特候回命耳。

悟覺道人特筆於此

沐漲渠上分襟橋

馬谿田有詩云:"橋上分襟悵別離,風吹蘭臭牧兒知,幾回貪對黄昏月,不覺雞鳴是曙時。"《三縣志》

橋即三原馬尚賓、涇陽師維學講學相別處,在沐漲渠上。并三原杜善政,前明宣德間,三人講學爲友。馬刲骨愈疾,杜師廬墓,稱爲三孝《三原縣志》。

橋在線馬北、馬一李界① 二村之間,王端毅公墳西邊,今橋猶在。

源澄渠上了一公墓

《三原縣志》:孫枝蔚了一道人王獒心先生墓下詩云:"書生拜墓泪滂沱,饑鳳全身出網羅,滿地春風荆棘長,汾村白晝虎狼多。宋趙還有叠山在,王莽其如龔勝何。他日慈峨增氣象,遊人看作首陽阿。"墓在盈村里尖擔王東門外。

清峪河流李子敬故里

《三原縣志》:在魯橋鎮北谷口,清峪河流工進、下五、源澄、沐漲各渠流域區内,在楊杜村以南,峪口村以北,夾河川道沿岸是也。

---

① 馬一李界:應該是"線馬村與李家莊"七字。方能與下文"二村之間"貫通,也符合該地村莊位置。

清峪河渠點香記時説

古無鐘表，惟有銅壺滴漏以記時辰。究系獃物，不便挪移。因不適於隨〔帶〕(代)，故有用香記時之事。額定一個時候，香長一尺，一尺又分爲十寸，一寸又爲一刻，故十刻，即爲一個時候，香長一尺也。一刻又分爲十分，一分又分爲十厘，一厘又分爲十毫，一毫又分爲十絲，十絲又分爲十忽，一忽又分爲十微也。中國舊制，一時分爲八刻。今各渠點香記時，將一個時候，改分爲十刻，不遵舊規者，原爲記時之便也。

是以各渠均有地畝多寡之不同，而點香記時，亦有長短尺寸之异。所澆地畝，點香長短，各渠雖有不同，而額定香長一尺，爲一個時候，均相同也。

故源澄渠，額一尺香，爲一個時候，澆地五十畝，每畝額定香長二分。工進渠每一尺香，爲一個時候，額澆地三十三畝三分零，則點香額畝，當不只如源澄渠之每畝二分香也。故工進每畝比較源澄，則一畝多澆香一分有零。故工進每一畝地，額定香長三分有零，則較源澄便宜多矣便宜二字，即俗言偏益二字也。而沐漲渠點香，亦額定香長一尺爲一個時候。按畝記點，約一尺香澆地五十畝有零，可與源澄相等。餘各渠，澆地點香，地畝多寡，點香長短，雖有异同懸殊之處，總之額定香長一尺，爲一個時候，各河渠莫不皆然也。

近代鐘表發明，雖用鐘表記時，而各河渠澆地，仍按舊規。一時分作十刻，一刻分作十分，一分作爲十厘，一厘作爲十毫，十絲十忽十微，〔依〕(亦)然遵照古規，無相紊亂也。

自後相沿已久，各按地時用水澆地。點香之事，或有或無，非有大交涉，則各照常用水，即不點香矣。如有强霸截澆，不遵規者，始請渠長點香記時，以定時刻起止，受水灌田，務使利益均沾。

或隔年受水，起止不清，以致遲早不按，强霸者先行截澆，以致良懦向隅。始請渠長點香定時，庶交接分受，兩相清楚，不〔至〕(只)因争水鬥毆，釀成事端。

然各河渠規例，原禁畝寡之水，佔畝多之水，以致不遵規而多澆者。罰有差等，載在縣志。然而地多者時亦長，畝寡者時亦短。故時多者，即河水微細，渠水不大，以時之長，還能澆幾畝地。時少者倘① 渠水量小，因時期過短，僅能潤地頁頭而已。如不點香記時，還能混賴多澆。倘再點香記時，按畝計香，不能混渾，則吃虧多矣。故點香最有益於香程大家，不利於香程小家。

故全年之中，大香程之家多吃此虧，小香程之家，多佔這些偏益也。惟〔淘〕(掏)渠上堰等

① "倘"後原有"被"一字，今删。

事，小香程之家多幫幾個工，以補混賴大香程全年之水，則天公地道。若再〔淘〕(掏)渠上堰等事，小香程之家退後不前，謂自己地少，可推大香程之家上前，自己退後。如大香程之家與小香程之家一〔般〕(班)見識，各樣事認真，每日澆地必要點香記時，不得混賴，各按地畝，每一畝額香二分；渠長又要點消香，實每一畝地，只能點一分八厘香也。小香程之家，地少時短，如何能多澆地畝。而大香程之家，地多時長，點香實在願意的很①，既無小香程之家混賴胡澆，又免失香損時，所以亦無人胡抉横流，安然多澆地畝。點香記時爲大香程之家必行之事。此點香不點香，大香程與小香程額時澆地吃虧便宜之處也。

是故余源澄渠上各村斗，都莫有點香，雖有舊規遵守，然混賴之處亦多。以故交接分受，起止多不按時，所以遲早不均，惟憑人記，不用鐘表，約計午前、午後、午正，吃早飯、吃午飯，日頭出、日頭落，月亮出、月亮落，將明、將黑種種印板時候②。鄉間無鐘表，所以即有鐘表，亦認不的，故不用也。以致起止混賴，遲早不清，而又忘卻點香記時之事，安於故常，究係民情之原也。

惟管村毛家堡，因人情之薄，每月澆地，必按畝點香，畝寡之時，不得佔畝多之水；全村之人，均上堰辦水，逢過水之日，村中只留幾人。澆地不得亂抉胡開口子，水到地頭，有多少地，點多少香，如時期已至，不得多點毫厘。既免豪强截霸多澆之患，又省口舌是非。故即點香記時，時期過了，澆不到地，亦不〔怨〕(願)點香之人也。

但點香澆地，必要渠水宏大，纔能多澆地畝，如果水鮮微，即潤地頭亦不到，尚能望其多澆地畝也？故點香澆地，用人不多，惟上堰辦水，必要好漢子，且要人多，始能到夾河川道各私渠抉堰放水，渠水纔能宏大。故毛家辦水之時，人多勢衆，即逢天旱，月月能要大水澆地。如誰不上堰，則不與誰點香，即不得澆地矣。只此小香程之家吃虧多矣，大香程之家，情願亦極。

惟願我村人衆，亦照毛家堡，每月按畝點香，則免地頭争水，而不上堰巡渠。以致棄堰不管，〔屢〕(累)被下堰之人抉堰放水，往往渠乾。不争水於夾河各渠，又不上堰辦水，一味在地頁頭横强睁眼，惡氣凌人；甚至使婆娘上前，小娃出頭，豪横如此。小香程之家無道理已極，皆由大香程之家平素忍讓，將小香程之家優容以至蟹行。大香程之家，地多時長，每月所澆之地，不及小香程之家十分之一。小香程之家只有幾畝地，能有多少時候，月月澆完，甚至一月澆兩次者，先澆頭水③，跟〔著〕(處)又流二水。而大香程之家，比較起來，能澆多少地，實不

① 點香實在願意的很：猶實在很願意點香。

② 印板時候：俗語，即印象中的那種大致固定的時候。

③ 頭水：即第一次水。

如小香程之家也。

故點香記時,大小香程,均按畝點香,大香程之家不吃混賴之虧,小香程之家亦不得故意狡賴,以期多佔大香程之家之偏益也。如要大小香程利益均佔,惟有點香記時,按時澆地,爲最公道也。可仿照毛家堡,按地點香,月月爲規,不難地時清楚矣,亦可免狡賴混渾之弊也,又免强横佔澆,不嘔閑氣矣。故請渠長點香,必不可少之事也。其請渠長點香乎否耶,余故特記點香記時之説,以告大香程之家,再勿優容徇情,而不按畝點香,以坐失自己之大利益也。是爲至囑。

民國紀元後十八週〔年〕雙十節後十二日悟覺道人有感而筆此

利夫 亦名利户

利夫者,即水册上之正夫也。以其食水之利,故名之曰"利夫"。龍洞渠名之曰"利户",各河渠均名曰利夫。如手册之正糧名,俗云"紅名子"是也。縣公署每年徵收地丁時,與各里甲頒發手册,使值年里長,執持以爲催花户之憑據。故每一紅名下,開列地多少畝,糧多少石,正銀多少兩。以故水册之正夫名下,亦開列地若干畝,受水若干時。渠長執持以爲利夫受時點香之憑據。所以買地必須過糧,買水必須過香。但過糧均在里書樓[①] 更過。在公署科内扯開收過割條據。過香,均在渠長處更過,亦扯開收過割各條據。或不扯過割各條據。割食畫字[②] 時,必請渠長到場過香。

源澄渠舊規,買地帶水,書立買約時,必須書明水隨地行。割食畫字時,定請渠長到場過香。亦扯開某利夫名下地若干,水若干,香長若干,各執據以爲憑證。收某利夫名下地若干,水若干,香長若干,各執據以爲憑證。不請渠長同場過香者,即係私相授受,渠長即認賣主正利夫,而買主即以無水論。故龍洞渠有當水之規。沐漲渠有賣地不帶水之例。而源澄渠亦有賣地帶水香者,仍有單獨賣地亦不帶水香者。故割食畫字時,有請渠長同場過香者,亦有不請渠長同場過香者。請渠長同場者,乃是水隨地行,買地必定帶水。不請渠長者,必是單獨買地,而不帶買水程也。故帶水不帶水之價額,多少必不同也而工進、下五、八復各渠,當亦同規也。

知津子筆此

① 里書樓:疑爲"吏書樓"之誤。

② 割食畫字:本地鄉規,凡土地、宅基買賣時,成交後,買主須備酒席,請賣主與中介人以及地鄰、鄉約(民國時代的保甲長),或族長等足以作證的人到位,正式書寫契約,各自簽字畫押。稱爲"割食"或"吃割食"。文中所説當水權同時出賣時,又復請渠長到位作證,由渠長"過香"過賣水權。

貼　夫 亦名幫夫

貼夫者,因自己無正夫名,而有買來某正利夫之地水,報知渠長(龍洞渠名之曰斗長,涇陽龍洞渠名之曰水老),即書寫買地水之姓名,附貼於賣地水正夫名之下,名曰"貼夫"。即如手册上無正名者,而實係有買來正紅名下之地,隨帶糧若干。故以買地隨帶之糧,幫納於手册上正紅名之下,名曰"幫夫"。猶龍洞渠之貼夫也清、冶、濁各河渠,名之曰渠長,涇陽龍洞渠名之曰水老,三原高陵二縣龍洞渠名之曰斗長。涇陽又有值月利夫。各縣河渠,每一渠又有渠紳及代表若干人。

悟覺道人筆述

〔當水之規〕

龍洞渠有當水之規。余幼時,受業於涇陽之涇干學校。時同學有劉海天名士鵬者,係縣東鄉木匠劉家人①,種龍洞渠之水地。該鄉人來縣尋海天,云某處有人當水。海天既有地無水,可將此人之水價當,以便自己澆灌地畝之需。余始細問。該鄉人將龍洞渠賣地不賣水之規,與余詳細述之。所以水可隨意價當。後余住涇,見朱家橋李之安名仁基者,亦種龍洞渠水地,仍有該處村人,尋之安以當水者。余才信龍洞渠地自爲地,而水自爲水也。故買賣地時,水與地分。故水可以隨意價當也。而自已之正夫名,不能隨便隨地帶賣。水可賣可當,而正夫名不能隨意賣地〔亦〕(以)帶賣水程也。是以水與地分,地可單獨當賣,水亦可隨意單獨當賣。如買地隨帶買水,當割食時,必報知水老、堵長、渠紳各公人,到場過割,扯開收各過割執據,以爲用水之憑證。然亦係貼夫,非正利夫也。源澄渠爲繼龍洞後開之渠,諸事仿照龍洞渠規例,買賣當亦如是。余家買城南地時,當割食之日,亦請老渠長范永積到場過香。所以岳芝峯先生有源澄渠過割起止之法程也。

知津子筆述

〔賣地不帶賣水之例〕

沐漲渠有賣地不帶賣水之例。余自司農以來,每留心於水程,周心安係余同學友,李庭

① 木匠劉家:村名,本地村名常見此例,即於姓氏之上加某種冠語,如前各文所見之堰口伍家。木匠劉家是涇陽縣今姚坊鄉内一村莊,本名武將劉家,久之轉音爲"木匠劉"。

望係余同事人也，周心安是孟店里八甲宋家莊人，李庭望是孟店里九甲棗李村人，均沐漲渠利夫也，言伊村堡均有買來孟店里一甲之水地，因自己無水程，都不能澆。余始細問原因，云該水在孟店堡，地〔已〕(亦)買過，水仍在孟店村，仍是該村之水，不能隨意澆地。是地賣而水不帶賣也。若逢自己村中水程，因地多時少，不能澆溉；逢彼村之水，水不隨地行，亦不能澆。以故沐漲有賣地不帶水之例。是以各村之地，均有出入之不齊，糧賦均有多寡之异。而水程之起止，各村均照舊規時刻澆灌，不曾稍有參差之异同也。清峪河各渠，用水規例制度均仿照龍洞渠而行之，沐漲渠如是，而工進、下五、八復、源澄各渠，莫不同規也。

民國紀元後十八年國慶雙十節後五星期悟覺道人特筆此

沐漲渠始末記

嘗考馬谿田《通志》、《陝西省志》、《西安府志》、《涇陽縣志》、《三原縣志》，始知沐漲渠即古五丈渠也。五丈渠，即靖川也，靖川，即唐李衛公屯軍處，又爲其故里也。其渠堰始開杜村西邊西李村北，即以靖川之河爲渠，渠名五丈。所灌之田，即河南孟店鎮四週屯軍之地。後因渠高河低，將堰上移。然河流日下，叠移不休，且用木橛截河作堰，漲水入渠。因"五丈"字音與木漲相近，故遂以木漲代五丈矣，兼取以木漲水之義，使人顧名思義也。至明，堰又不能引水入渠，王端毅公恕，買地開渠移堰，命鄉人幫工，堰移於魯橋鎮西谷口。渠開堰成之後，計工多寡，分配用水，此木漲渠計工用水之所由來也。始買地於謝家灣。至端毅公子康僖公承裕，又買地開新渠，將堰又上移於谷口内，即今日所用之堰是也①。自此以後，木漲渠之工增加至一百以上。又名木漲爲"沐漲"，即爲沐恩於漲水也。所以古人命名，原有深意存焉。故沐漲爲最下一堰，終年用水艱難，因上有下五渠、工進渠、源澄渠、毛坊堰，此四渠〔若〕(以)上水，河水微細，不漲大水，則沐漲渠無水可用。此沐漲渠之所由名也。《陝西省志》、《涇陽

① 原件本頁此處上有眉註云："當計工用水之時，合渠只三十六工，額工計畝，照畝定水，額畝灌田。後因灌溉不周，且遲早難定，參差不齊，故每日占鬮抓派，抓在某人名下，此日澆田。故渠長於抓水之日，先令講清，抓得着者，一日出銀三兩，交渠長公用；如無錢，許頂於有錢之家。後來有錢之家藉此買工，渠長賣工。竟增加至一百三十八工之多。所以全渠利夫不淘渠打堰，也不上堰辦水。全渠民衆生命，在渠長一人之手，利夫無權，錢歸渠長。此"金沐漲"之所由名也。所以沐漲渠無用水斗口，無水册以記地畝時刻；各村之工無一定，用水日期惟憑渠長□□□□爲□□用水灌田之標準。既無碑記可考，又無水册斗口受水澆田時刻起止。渠長不勝其煩勞，利夫甚覺安逸。其流弊至不可收拾。故於光緒二十六年，天道亢旱，孟店渠長郭五，見沐漲渠事體不堪言狀，始將工打倒，按村派日用水。遂派爲日出、日落、月出、月落，實地畝多寡分配未勻，利夫常嗟苦樂不均，亦强而有錢者佔優勝，貧□無錢者□多向隅。迄今古風猶存，仙猫菴管水□人，仍操縱用水之權，利夫之利益甚微也。"

縣志》:"清峪河自嵯峨山東麓流入境,源出石門山石泉,東南流百餘里,至三原楊杜村,始折而南,出清凉、豐樂二原間,南行二三里,逕魯橋鎮西,南流至杜村[①],直西流爲靖川,鹹水泉入焉,爲唐李衛公故里。又清谷在涇陽縣東北四十五里,一名靖川。即古五丈渠也。"馬谿田《通志》:"清峪河自石門山石泉發源,流至楊杜村,兩岸皆石,水流不渾,故名清谷。"《三原縣志》:"清峪自楊杜村南流出谷口,經魯橋鎮西,南流至杜村。直西流爲靖川。孟店鎮在焉。鹹水泉流入。至涇陽縣屬之辛管匯,冶峪河自西來會,東流入三原縣治城,穿龍橋而東流焉。"《涇陽縣志》:"唐李衛公屯軍處在縣東北三十里孟店鎮。"孟店鎮在前朝爲名勝之地,至明朝,猶有榷税之官。李衛公名靖,字藥師,爲唐朝名將,而孟店鎮爲靖川一名勝之區。衛公故里在焉,又爲其屯軍處,故至今遺迹多存,藥師廟在馮家堡西,有唐李衛公祠石碑一座;二郎廟在三原縣北城,有唐李衛公故里石碑一座;而三郎廟在東西李靖莊之間。均因衛公而名益彰。總之,清峪河自杜村西流至辛管匯,東流至三原龍橋,統名曰靖川。而孟店鎮,爲域内之要地。沐漲渠,即〔唐〕代五丈渠,至今猶存也。五丈渠即李衛公當日屯軍灌田之渠也。即以靖川之河爲渠,其所灌之田,在孟店鎮四圍。故清峪河自杜村直流至龍橋,沿河均稱靖川,故靖川即清峪河也。五丈渠,即靖川也。靖川之上,即孟店鎮也,爲衛公故里及屯軍處也。故曰沐漲渠,即五丈渠之轉音也。沐漲渠,即五丈渠也,五丈渠即靖川也。

陝西省水利協會組織大綱

按:《陝西省水利協會組織大綱》是1933年春由陝西省水利局擬就經陝西省政府頒發的功令。此時涇惠渠第一期工程完成放水,蜚聲全國,李儀祉先生方再接再厲,擘劃全省水政改革,於1932年秋發表《陝西省水利上應要做的許多事情》一文(載《陝西水利》月刊創刊號),其中乙條第一款為"草擬各項關於水利的法規,供省政府采擇公布",第五款為"管理全省已有水利事業",等等,水利協會組織大綱即是按此精神擬就的。全省各地水利協會之建立大多在1935年内。此大綱於1935年初又曾呈准省政府作過修正。故劉屏山此1933年10月所抄録之文有可能與現檔案所存之件有所出入。

第一條　凡組織水利協會,除法令另有規定外,悉依本大綱辦理。

第二條　引用同一水源,其利害互有關連者,應組織水利協會。不得因區域或水利事業

① 杜村:原件同頁之上另有一眉註云:"杜村,即今吴家道,吴家道即杜村里,現在有杜村廟。"(按:現在吴家道村依舊,惟早已無任何廟宇存在,也無杜村名稱。)

性質之不同,各别組織。其有許多堰渠,或無堰而分出洞口以通支渠者,得各别組織分會。

第三條　舊有之水利事業,其協會由省水利局令飭該管縣政府指導人民,依本大綱組織之。如關及區域涉及兩縣以上者,由省水利局令飭各該管縣政府會同辦理。

第四條　新成之水利事業,無協會可隸屬者,得由關係人連名呈請該管縣政府指導組織協會。

第五條　協會成立時,應將左列事項,妥爲議定,呈報該管縣政府,轉呈省水利局備案:

一、協會與分會名稱及辦公所在地;

二、協會與分會之堰渠等工程建築物,及其關係區域平面圖;

三、協會及分會關係區域内之土地户口表册,及事業之種類、數量;

四、協會及分會會員總數,及職員名册;

五、協會及分會章程,及管理養護用水等規約。

第六條　協會及分會會員,以户爲單位。

第七條　協會設會長一人,由會員代表大會記名投票選舉,呈請省水利局加委。設事務員二人至四人襄助會長,辦理會務,由會長就會員中選任。

第八條　分會設立會長一人(得依習慣稱堰長、渠董或水老),由會員代表大會記名投票選舉,報告協會,轉報該管縣政府加委,并轉呈省水利局備案。

第九條　協會及分會會長任期一年,連選連任。

第十條　協會及分會會長當選之資格如左:

一、年高有德,在該會區域内有相當土地,以農爲業者;

二、熟悉當地水利情形者;

三、非現任官吏暨軍人;

四、未受褫奪公權之處分者。

第十一條　協會及分會會長之任務如左:

一、召集全體會員或代表大會,并執行其决議案;

二、評處各分會或會員間之糾紛;

三、監督各分會會長或會員履行職務;

四、指揮各分會或會員對於各項工程之養護及修理(局長執行前項事件時,應呈請縣政府查核)。

第十二條　協會及分會每年開會會員代表大會一次,并得臨時召集代表或會員大會。前項代表名額及選舉方法,由協會自行擬定。

第十三條　協會及分會會員代表大會,會議職權如左:

一、選舉會長及分會長，及出席代表；

二、審核預算、決算及工程費；

三、各項工程物歲修或新修之計劃（須要工程師時，得呈省水利局指派）；

四、各項工程所需物品、力役、及用費之分擔。

前項議决事件，須呈該縣政府暨主管機關核定，方得執行。

第十四條　協會及分會之經費，與工程費，由受益户比例分擔。

前項分擔之標準及徵收方法，須經會員代表大會議决，呈請縣政府暨主管機關核準施行。

第十五條　協會及分會會長事務員，均爲義務職。但經會員代表大會議决給與酬勞，不在此限。

第十六條　協會經費，每年以三十六元爲限。分會每年以十八元爲限。

第十七條　協會及分會，每年預算、决算及工程費，須造表，呈請縣政府核轉省水利局備案并公告之。

第十八條　各分會或會員互相間之水利糾紛，不服會長或分會長之評處時，得呈訴於該管縣政府處分。不服縣政府處分，得提起訴願於省水利局。會員相互間之個人權益争執，仍應向司法機關依法起訴。

第十九條　協會及分會，受省水利局及該管縣政府之指揮及監督。省水利局有解散協會及分會、飭令改選之權。

第二十條　本大綱自省政府委員會議决公布之日施行。如有未盡事宜，得隨時修正之。

民國二十二年十月四日屏山照抄

源澄渠各村斗記事

按：這是記事簿最後一記，此時作者可能因病或突然衰老，手稿字迹遠不如前文流暢秀麗，且多處塗改，甚費辨認；文後亦未署明日期。而文意仍是襲其舊意，孜孜不忘源澄渠始末原委以及渠衆如何“辦水”，如何“争水於私渠”等。則可見劉屏山始終囿於舊渠體制，只是追慕古人。儘管此時陝西水利已呈現現代之光，他自己也將要（或已經）就任新型的水利協會分會長了。

按以上所録，乃源澄渠各村斗利夫用水澆地時刻起止，及[利][夫]受水總數。如欲知詳細，則一利夫花名之下受水時刻起止、澆地畝數并糧賦多寡，有水册花名詳細載之，兹省略不録。原澆地一百一十六頃三十二畝二分九厘,糧六百三十石六斗一升四合一勺。今實澆地一百一十三頃二十二畝六分四厘,糧六百二十石零一斗零五合。渠面寬六尺,底寬三尺,深亦六尺。堰底寬六尺,面寬六尺,高亦六尺;中間龍口四尺,以便分水起閉(下堰分水只在龍口,不得傷堰岸及渠身。如有强霸不遵規者傷及堰岸損壞渠身者,則有一定罰規)。不但源澄渠如此,即清峪河各渠莫不如此(傷堰岸損渠身,八復有成案載之於碑)。二渠長四督工管理渠事,又有各村斗管水人以佐渠長督工之不逮。

沐漲渠之渠政,自開渠以至於今,僅有此呈文①,别無碑記水册。所見先工後日,而不言一時額澆地多少畝;徒云某村某日日出日落起止,究竟日出日落定爲何時刻,且一村之日出日落時額澆多少地畝,實難定準。則其簡陋草率〔固〕(故)如此。由此可知該渠在清峪河爲下堰,其用水不得與源澄上堰相提并論。不然源澄渠之渠政何以如此之詳且細也:其利夫名下地畝時刻毫厘不得混亂,每畝地額香二分,香長一尺爲一時,額定澆地五十畝,挨村挨斗依次用水,交接有一定時晷,不能絲毫錯亂也。而八復、下五、工進各有時刻定晷,澆地亦有定畝,毫厘亦不得亂用。故利夫有一定村斗,利夫名下之時刻地畝絲毫不容紊亂。何能如沐漲渠之毫無準則也。觀沐漲渠十三年之呈覆又不待嘵嘵多言也。况各渠之糧,上水地居多而中下地次之,惟沐漲渠僅有中下之水糧而無上水地之糧,此其所以爲下堰而用水較上堰倍覺艱難也。且沐漲渠九月澆麥,名曰"巧上糞",來年定獲豐收。所以沐漲渠無論如何定要澆麥,在各渠九月所澆之麥多不發旺。由此觀之,亦實天之優待沐漲下堰,而人力勉强不得也。

源澄渠在清峪河居上下之間,最爲吃苦受勞,所得利益甚微。每月除八復用全河水外,初九日各渠開斗,源澄之上有工進、毛坊,下有下五、沐漲,所謂九溝十八泉全河之水,被夾河私渠霸截,水即微小。源澄利夫在夾河以内各私渠辦水,而水由毛坊、工進兩堰而過,兩堰之利夫不到私渠辦水,惟等源澄辦來截用灌田,此工進、毛坊之不上夾河以内辦水坐享成福,以逸待勞也。試想全河之水被私渠截霸之後,能餘幾何?水到源澄堰者微乎其微,水到源澄堰之後,下五、沐漲兩渠利夫亦不到夾河各私渠辦水,只來源澄堰上分水。源澄之利夫在夾河以内數十里之遥,與各私渠爭鬥,將水辦來,被上游一截,下游一分,所存之水能有多少?其受苦受勞在數十里外辦水,能用多大水,得多大利益?實澆地亦無幾何。使源澄渠之利夫

① 呈文:指民國十三年沐漲渠代表周心安等上呈三原縣政府之呈覆報告,原文見第219頁《沐漲渠記》一文。第一段第一句所謂"按以上所録","以上"即指前面所録之此呈文。

亦如各渠怠惰,不受此勞苦,不在夾河内各私渠辦水,水即被私渠霸截,無滴水到河内則下堰皆無有可用也。而下游利夫以爲源澄渠有水,伊渠無水。試思不到夾河以内私渠辦水,水何以能到源澄之堰?還有無知之徒,利慾薰心,不熟悉水利亦不研究,而欲破壞古規舊例,私心妄爲,動輒謂源澄利夫强横,霸水不分,任舌鼓簧,萋斐且飾,在報紙信口鼓吹,譸張爲誣,蠱惑民衆。不思已本下堰,自古終年因水艱難,且河道形勢滄桑劫變,又爲地勢所限,敢與以天不滅之源澄上堰而欲并駕齊驅也難矣!試於半夜子刻捫心而想,究竟霸者是誰,强者又是誰?不想已渠之政如此其簡陋草率,又不吃苦受勞辦水,欲坐享成福,不惟人情講不下去,實亦天道難容也!

源澄渠并無水,欲想用水要到夾河私渠争水,不能在源澄堰上争水也。九溝十八泉全河之水,除八復能用外,源澄能用幾何;况各泉流出溝之時,八復日期以過,亦有藉便截用澆地者;近來又有南京偉人[①] 在夾河務樹者,而私渠即借務樹爲名,截水以澆不税之私田,源澄渠利夫在此辦水,私渠之人以務樹勢力壓迫平民大有無如伊何之情勢。倘遇夏日天旱,河水微小之時,私渠一霸,毛坊、工進一截,源澄亦辦水不來,下堰之人又向何處分水?所以欲用水澆田者當先在夾河私渠辦水,繼而疏泉益水,水量增加,或者有水可用也。不然無利可言,尚欲望用水以澆田哉?此必無之事也。

現在陝西省水利局提倡全陝水利,於未開之新渠籌備開鑿,妥擬定章程,以便隸屬;於已開之渠,特加整頓而於向日用水習慣古規舊例,不能率意更改以使紊亂而啓上下游各渠之争端也。清峪河之渠遠自於漢,近自明代,已數千年之久,其中經營改革,幾經蔓訟,迄至於今,妥定規章,利夫稱善,各相遵守,不遺餘力,始能使各渠利夫相安無事。如稍有更改即蔓訟不休矣。是下游沐漲之不能侵犯源澄,亦猶源澄之不得侵犯八復也明矣。近有狡黠者流,妙想天開,假法令大綱組織水利協會或分會,私心自用,欲藉水利局之勢威,思以倒亂向章,以爲瘠人肥已之舉。豈知利害相關,有利於此渠必有害於彼渠也,所以當初開渠定名即有取義,且數千年相沿例規,幾經改革,互相遵守至於今日,乃稱完善,各相安遵守無事。而欲一旦改變,不惟實啓争端,且以滋訟蔓也。水局必不爲此利彼害此之事。况沐漲渠自來以九月之水視爲生命,其餘終年用水倍覺其難。十三年呈覆之文已明言矣。源澄渠本清峪河首開之堰,以"沐漲"與"源澄"字義相較,其取義已自不同,而用水何能相等也?願各思已渠名命字義,窮本溯源,遵守向規,切勿思奪人肥已以啓争端而滋訟蔓。不惟源澄渠幸甚,即清峪河各

---

① "南京偉人"此顯然有所指。當是當時南京政府某官吏,但現已無法考知是誰。

渠亦莫不幸甚！假使此風一開，人各爲己，接踵而起，尤而效之，上下倒亂，其貽禍胡所底止耶！如必欲改變舊章，試問沐漲渠能否用三十一日之水乎？使沐漲渠能用三十一日之水，源澄渠持沐漲之例亦能用三十一日之水。八復渠不能容源澄渠用三十一日之水，亦猶源澄渠不能容沐漲渠越下五之堰而奪源澄渠之水也。是沐漲之不能侵犯源澄亦猶源澄之不得侵犯八復渠也明矣。由此觀之，古規舊例必不容更變紊亂也彰彰矣。水利局原爲民衆謀利益，亦不能拂人情，益此害彼，使人不平，遂啓争端，以水利而釀成水禍。此清峪河之古規舊例宜各渠共相遵守而不可更變也。彼狡黠者，即有勢力用强硬手段，然公理自在人心；數千年用水之習慣及古規舊例并現行規章，不惟載之口碑，傳之道路，況復又有碑記水册案牘存在以爲鐵證。豈能容若輩率爾抹煞以逞私心而更變以倒亂也？人心之不古可勝浩歎哉！

1936年清濁河水利協會公牘

中華民國二十五年一月

呈奉核定整頓清濁峪河水利簡章

陝西清濁峪河水利協會印

按:本文與下文《增修清峪渠受水規條》是1936年(民國廿五年)1月清濁河水利協會呈報陝西省政府請求核准自擬章程的上呈公文。原件為十六開石印本,似為存檔和以備咨送其它相關機關的副本。件存三原縣魯橋鎮清惠渠管理局資料室。

這是目前僅存的清濁河水利協會檔卷,殆亦是三四十年代陝西各地水利協會活動期間遺留的文書檔案的稀有存本。

1932年初李儀祉於《陝西水利》月刊創刊號發表《陝西省水利上應要做的許多事情》一文①,以水政方面應做之事列舉八項,第五項為"管理全省已有水利事業",即由省水利局領導全省各地民營水利。1935年年初和年底又相繼於該月刊發表文告②,指出:"人民自己的水利及堤防,向來組織不完善,現在凡有水利的地方都指導人民設立水利協會,有堤防的地方都設立堤防協會。"并説明:"本省各水利事業,向乏管理團體,大半操持豪紳之手,利己害衆。去歲呈准(按:呈准陝西省政府)水利協會、堤防協會組織大綱,公布施行;飭令各縣長負責指導辦理,以此組織關於舊有水利事業之管理極為重要;并分派專員赴各縣指導組織。"以上可視為陝西各地水利協會組建的起因、背景及實施大略。關於水利協會的組織大綱,可參看劉屏山《記事簿》中之抄録。清濁河水利協會成立於1935年3月9日,與關中、陝南各協會大

---

① 見《李儀祉水利論著選集》(水利電力出版社,1988年)第325頁。

② 同上,第337、339頁,載1935年發表之《陝西省水利行政大綱》和《一年來之陝西省水利》兩文。第一文中已提到當時已成立水利協會、分會和堤防協會、分會若干處。第二文對陝西各地水利糾紛案件有所論列,并强調"組織水利事業團體暨實施人民服務工役"之制。

致同時。本兩文件皆為該協會新訂的管理章程,主在消除糾紛,防止械鬥。其依據則强調古老規約及相沿水程,尚無新内涵。文件出於協會初成立之時,此時主要在於致力整頓秩序,消弭紛爭。

清濁河水利協會設立於魯橋鎮故北街北門附近(今遺址已改作民居),為總會,其下以清河五渠、八復渠和濁峪河各段共設十個分會。總會設常務委員三人,由會長選任,與會長共同辦理日常渠務。協會運作至1952年初經"水利民主改革"運動後被取消。總觀此十四年協會歷史,清河水利的民營性質没有改變,許多傳統陋規也未因協會組織而徹底根除。這可從以下收録該民主改革工作組所作之調查報告中看出。

在此有必要介紹該協會會長王虚白①。王虚白(1867—1953),又名鎮,自號鐵面,今三原縣大程鎮荆中村(此地係八復渠末端,也是清濁河灌區的最下游)人,少年膂力過人,習武藝,成長後赴三原北鄰之淳化縣任當時"新政"警官。辛亥革命前棄職,應朋友約移居富平縣任某小學堂教師。不久回籍。以作風剛直熱心公益漸著名,每能打抱不平,扶危濟困。清濁河水利協會成立時被推為會長。王之當選,除了作風才能原因之外,因家居灌區下游,縣内許多人士覺得他最能够維護下游權益而與上游抗衡。到任後凡巡查渠道、監督用水,皆認真用力,消除過許多糾紛。1935至1937年間,曾依據《人民服務工役條例》領導鄉民修築濁峪河樓底村圍堤(使河水順導灌渠),築成後被洪水冲潰,連續三此冲潰,終以改進施工築成。為此受李儀祉嘉許。抗戰期間世道不寧,王虚白能够受命危難,連任不辭,直到40年代末已近八十高齡,還扶杖到會辦公,魯鎮人多為之感動。

王因作風强項,不免得罪某種地方勢力,故數次遭人暗算②。1940年一次於樓底村附近遭槍擊,幸未致命;1943年一次於魯橋鎮突被數十名持槍歹徒綁劫,幸有人急向三原縣城警方報告,經解救脱險。至今清河灌區還能聽到關於王的若干傳説,而七十歲以上老年人幾乎無人不知王虚白。據一些老人認為,十四年水利協會,似乎當時還没有人更能勝任此職務。

不過王虚白終於只是以傳統方式管理水利,無新的進展。任職至1949年卸任後,1953年秋病逝於三原縣城内山西街寓所。終年八十六歲。

查清峪支分五渠:一毛坊,二工進,三源澄,四下五,五沐漲,下五之尾曰八復。每一渠口之下,各築有堰,中留龍口③ 寬四尺。每月八復受水之期二十九日戌時,獨下五堰龍口閘一

① 80年代新修《三原縣水利志》記有王氏生卒大略。本次訪問得到較多補充。

② 王虚白兩次遭暗算,事後真相始終不明。歹徒是什麼人,主使是什麼人,一直未能揭曉。

③ "龍口"原各堰用河中石塊堆築,中部留缺口泄水曰龍口。

木板，内實土而外加封，如上之毛坊，工進，源澄，同時各閉渠口，使全河之水由下五渠而至武官坊老城西北角，會濁水而達七十里之潤陵[①]，退行灌溉。至初八日亥盡，八復受水期滿，八復由河口漂筏而下五堰龍口啓閉[②]，毛坊，工進，源澄，亦同時各開渠口，放水歸渠。八復所漂之筏過五渠[③] 之務高堵，則務高登時開堵。

上自毛坊，下至五渠，各堰中留龍口，不得壘石，其水之大小，毛坊、工進、源澄、下五、沐漲同日同時均沾，即水之微，最下沐漲亦無話可説。是各渠糾紛無由而起，久則前之惡感無形消化。

如上堰龍口偶有無識者壘石，是上堰受水之堡人有意截霸，而下堰視上堰龍口有石壘壘，即可一面自取其石，并告知壘石該管之分會會長，請戒下次；如壘石人阻擋，是有意尋釁，登時不必争論，亦即於該管分會會長報知，該管之分會長處以相當之科罰，後即將科罰情形轉報協會。

無論何渠何堡，除岸倒查水外[④]，上堰巡水持有協會發給之巡水證，不得逾四人，多一人者，經協會查出，照多人數計罰苦工，每人整十八時。無論何渠工程，由協會提撥，如不願作工者，每一整時折繳洋壹角，此就無事者而言。

倘有持刀槍鐮枷[⑤] 棍棒之類，該管分會長戒之不遵者，報到協會，不論事之曲直，將持刀槍鐮枷棍棒之類一件者，本人處以拾元之罰金，帥領人倍之。由該管分會長即日照數追繳，一面報告協會，如抗不交罰款者，由協會呈請縣府押追，此就持兇器而未成事實者預防之懲戒；如暴動已成事實，除請縣府照法懲辦爲首暴劣份子外，其協助人等，仍照前數處以罰金。并非本會長定法過嚴，實於整頓之中，兼以預防械鬥，使其懼而不犯者爲上。

如各渠堵口不應受水而截水澆地者，隨時按照舊規每畝五元處以罰金。

若在他人渠内塞土阻水(俗名曰打招子)，無論何人遇見奪鍬，或有見證人者，處以拾元之罰金。半數提給奪鍬或見證人，半數繳存分會。如有私挖他人渠身者，請縣照依决水侵害例分别處之。

濁峪之水，自每月二十九日亥盡，小毛閉堵後，水歸河流，至武官坊老城西北角，投下五

① 八復渠之終端是“潤陵斗”，見《清峪河各渠記事簿》。

② 此處所説的啓閉是指將下五堰龍口上的木板啓開，使河水下流，因下游還有沐漲渠在八日以後引水。

③ 此處的“五渠”指下五渠。

④ 岸倒查水：各渠道的上游段處在河灘，經常發生堤岸倒塌事故，各渠多自行派人巡查，但這些人不許上堰。

⑤ 此處所説的刀槍，槍即長矛，當地有俗名“黄鱔尾”；鐮枷本是一種農具，作打穀之用。

渠，會清水同流直達瀾陵，至初九日辰初二刻十二分，八復之耿工上堵水盡，下接單河，如：

通玄下堵，初九日辰初二刻十三分起，受水十時四刻八分；

通玄上堵，初十日寅正三刻六分起，受水二十七時十二兮；

翟家堵，十二日午初初刻三分起，受水二十三時一刻十三分；

通玄堵，十四日巳初二刻一分起，受水六時六刻；

苜蓿堵，十五日子初初刻一分起，受水五時八分；

翟家堰，亦十五日巳初初刻九分起，受水二十二時七刻二分；

小穆王堵，十七日卯正三刻十一分起，受水七時五刻六分；

大穆王堵，十七日亥正一刻二分起，受水三十一時六刻三分；

荐福堰，二十日未初三刻五分起，受水十三刻九分；

蔡家堵，二十一日巳正二刻十四分起，受水十時三刻三分；

邢村堵，二十二日辰初二刻二分起，受水八時一刻十二分；

白渠堵，二十三日子初三刻十分起，受水八時二刻十三分；

馬牌下堰，亦二十三日申正二刻十二分起，受水八時八分；

馬牌中堰，二十四日辰正三刻五分起，受水四十六分；

馬牌上堰，亦二十四日申正三刻十一分起，受水十八時四刻七分；

長孫堰，二十六日卯正初刻三分起，受水十三時五刻五分；

小毛堰，二十七日巳初一刻八分起，至二十九日亥薈，受水三十時六刻八分。

閉堵水歸河流。其水自西而東，灌溉逆行，由東而西，受水各有日時，刻分不能紊亂。如有不應受水之日，擅自開堵放水者，是爲截霸，按照情形，請縣照章懲罰。其沿途有池村堡，應由各該堡受水期内灌池，是爲正當，近有鄉村武斷之徒，他人受水日時，擅放灌池，致他人失時灌溉，初本自在人前逞其强能，久則暴横習慣尚不自知，如不呈請戒以未來，是縱爲暴，使暴民貪得額外之水，下游良民空賠水糧。累月終年，以致蔓訟。良善者失業，暴民方逞欲爲，如近年某堡某某屢犯截水灌池，本會長無不深悉，不忍直書。如能早日斂迹，不失其爲好人，倘在不知自愛，仍蹈前轍，本會長呈請依民十三年大梁，西陽梁徐二姓偷水灌池，汾村截水澆地例，請兩縣援案執行。如清峪之毛坊、工進、源澄、下五、沐漲，自此次定章之後，諒各自能遵守水章，如有犯者，法亦如之。爲此通告，希我清濁流域利夫人等，諒本會整頓水利之苦衷，共鑒共守，毋違定章，則涇原水利前途有望焉，此告。

陝西清濁峪河水利協會會長王虛白

巡水證

按：此巡水證圖原附於該《整頓清濁河水利簡章》文件之下，似一併向省水利局請示核准者。圖下接“説明”文字。

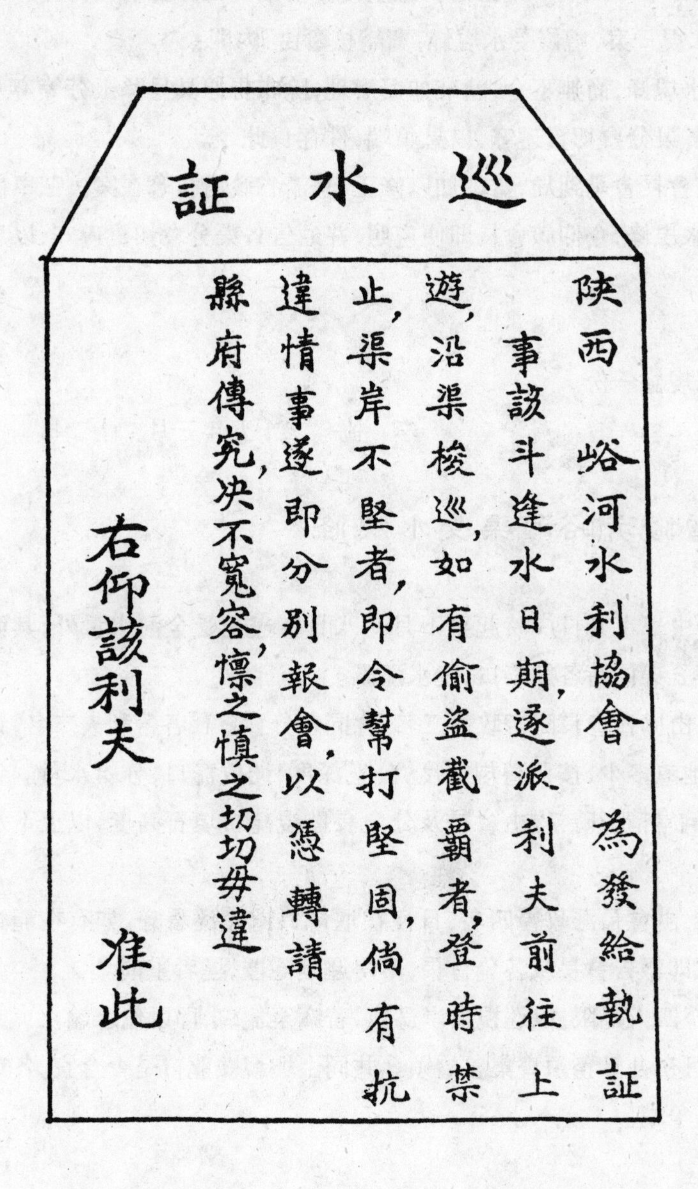
巡水証

陝西　峪河水利協會　為發給執証事，該斗逢水日期，遂派利夫前往上遊，沿渠梭巡，如有偷盜截霸者，登時禁止，渠岸不堅者，即令幫打堅固，倘有抗違情事，遂即分別報會，以憑轉請縣府傳究，決不寬容，懍之慎之，切切毋違

右仰該利夫　准此

説明：前呈核准簡章，内載有中留龍口不得壘石，此就河内與龍口水量均平而言。如工進不壘石，則水不能入渠；下五龍口不壘石，則下五亦無歸渠之水。壘石高度相當，向有一定例規，不准壘石者，是指太過而言。當前呈奉簡章印就未訂，又經沐漲渠呈請變更水規，省委到會，三次會議，兩臨堰口，增修受水規條，亦注明不准堆壘石塊。如水有倒岸情形時，得由會長及分會長監視龍口填石高度，以上下水量均平爲准。是慮工進、下五龍口，倘有冲陷成壕，水不能進渠，故不能不填石升水，有令其水道平坦之意也。

陜西省水利局訓令字第179號

令陜西清峪河水利協會會長王虚白

案奉

省政府二十五年三月十八日第二八一一號指命:“據呈復派委勘訂三原縣清峪河沐漲渠分會長孫玉芬[①] 等呈請變更水規一案,增修受水規條,賫請核奪由”内開:

“呈件均悉。查核所訂受水規條,尚無不合,𪽈准如擬辦理,除布告原具呈孫玉芬等遵照外,仰仍轉飭該水利協會通告各渠分會切實遵守,以息争端,件存! 此令。”

等因,奉此,查此案前據該會長會呈到局,當經加以修正,呈請省政府核奪在案。兹奉前因,合行抄發增修清峪河渠受水規條,令仰該會長即便遵照,并通告各渠分會切實遵守,以息争端,是爲至要!

此令

附抄發增修清峪河渠受水規條一份。

李 協 二十五年三月二十二日

增修清峪河渠受水規條

1.本河各渠每月除八復渠由二十九日戌時起至下月初八日亥盡止受全河水量外,其餘毛坊、工進、源澄、下五、沐漲等五渠同時各開渠口,受水灌溉。

2.本河各渠於每月初九日由協會會長隨帶政警三名,會同各分會會長各帶利夫二名,親臨各堰監開龍口,以各渠灌溉地畝多少,按照舊規寬度,公議深度,開放龍口,分給水量。各堰龍口不准堆壘石塊,如水有倒岸情形時,得由會長及分會長監視龍口填石高度,以上下水量均平爲準。

3.每月各渠同時受水期内,由會長派政警四名,日夜在堰龍口處梭巡看守,如有在龍口偷填石塊,或偷挖龍口情事,立即報告會長或各分會長,不得遲延隱匿,違者重罰。

4.各渠利户巡水,由二人至四人爲限,以巡視渠岸爲止,若竊至龍口,即以偷水論。

5.會長及各分會長,於每月初九日務須齊集魯橋鎮。共同上堰親驗龍口是否合宜,各渠水量是否平允,詳細檢查,以息争端。

---

① 孫玉芬(1884—1960),今魯橋鎮郝家堡村(前沐漲渠灌區)人,1935年當選沐漲渠分會長。

6.會長及分會長,於每月初九日不親往監開龍口者,罰洋五元;政警看堰遠離者,由協會送縣寄押;利夫私自上堰者,罰洋五十元;在龍口填石或挖槽者,罰洋壹百元。

7.會長及各分會長於每月分水,得各支旅費五角;政警看堰每日各發口食費洋四角;利夫口食自備。上項費用,由受水利户分擔。

8.會長及各分會長,每月各渠同時受水期内,須隨時親赴龍口抽查一次,視河水溜向,龍口水量有無變更。如須更改龍口,報由會長招集各分會長,緊急集堰會議。共同監視改正。

9.本規則自呈請陝西省政府核准之日施行。

陝西清濁峪河水利協會會長王虚白

中華民國二十五年三月　日

1951年清濁河水利會公牘

按:這一送交清濁河水利會的《總結》與所列其它四文是當年"清濁河小型水利民主改革工作組"抄送該清濁河水利協會(即"清濁河水利會")閱覽的文件。為油印件,現存清惠渠管理局資料室。

"小型水利民主改革"屬當時革命運動之一,與土地改革、宗教改革、思想改造以及各種領域的"反帝反封建"改革運動一樣。運動過程皆大致沿訪貧問苦、宣傳政策、發動群衆、發現和培養積極分子、開展鬥争,最後以建立新秩序并置中國共産黨領導之機構而結束。這從本組文件中也可看出來。自此改革之後,清濁河水利和冶河水利結束民營歷史,轉入官辦。其管理機構(即文中擬設之水利管理處)正式歸屬共産黨領導的新政府之機構序列。

改革運動的執行者是"工作組",由相應級别的黨委和政府派出。本工作組的人員組成文件中有述,其中提到"涇、原兩縣縣府各一人",涇陽縣派出者是潘文哉先生,時任涇陽縣人民政府四科(建設科)科員;運動結束後潘先生即回縣奉命參與組建冶峪河水利管理處,并一直在該處工作至退休。

據潘先生回憶往事,與文件所記的事實相參照,基本吻合。各文件所反映當時的現實,特别是在清、冶兩個《調查報告》中所描述的渠道狀況和用水規制、鄉約民俗,是對當時具體事態的記載,是極可寶貴的資料。可以與《清峪河各渠記事簿》相參照,説明直至50年代初,兩個水利區還依然保持其歷史原色,儘管此時清、濁河水利協會已成立十七年之久。

各文所記之改革内容包括兩方面:一是解放後三年内水利協會已作過的某種改革,如1951年汛期清、濁河"曾打倒點香制度(按:"點香制度"也就是傳統的水程制,當時仍沿用點香計時),試行以時分水,按農作物分成灌溉";一是工作組擬具的系統改革(包括建設)計劃。據各資料和本次訪問,凡所擬具的計劃都曾迅速付諸實施,許多受訪者對此皆尚有親切稱道之意。第五文《清、濁河灌溉管理組織規程草案》所記之"為實行民主管理和發展水利事業計,清、濁河應組織統一灌溉委員會"。該"灌委會"制度當時在涇惠渠、渭惠渠各大型國營渠道内已經實施,清、冶兩渠即緊步隨之。這正是"蘇維埃"模式民主體制的應用。不過這一制度維持到1957年即名存實亡,各種管理悉由黨委與管理局决定。

〔封　面〕

清、濁河水利會：

兹送上《清濁河小型水利民主改革工作總結》、《清濁河小型水利調查工作報告》、《冶峪河小型水利調查報告》、《清濁河今後改善分水制度的幾點意見》、《清濁河灌溉管理組織規程草案》各一份，即希查照參考爲荷。

此致

敬禮　　　　　　　　　　　　　　　　清濁河小型水利民主改革工作組啓

五一年十一月五日

清濁河小型水利民主改革工作總結

一、民主改革的目的：

涇、原兩縣引清濁兩河灌田，始於漢時，計灌良田約九萬餘畝。嗣以歷史悠久，管理不善，同受[①] 洪水冲刷，渠道破爛不堪。兼之用水制度不健全，封建把持操縱、買賣水權，用水糾紛層出不窮，致使灌溉面積日益減少，解放後雖經統一組織管理，但封建制度未能基本推翻，仍在作祟。爲了整個群衆利益，打垮封建把持，做到公平合理灌溉起見，根據群衆意見和需要實行民主改革，以增灌溉效率，提高生産。

二、工作組織及人事配備：

(一)工作組由省水利局四人、涇惠渠四人[②]、咸陽專署一人、涇原兩縣府各一人、灌區六個區公所各一人、清濁河水利會二人共十九人組成，由行政[③] 任正組長，水利局爲副組長，領導全組工作；并經决定七人赴冶峪河進行調查(冶河調查工作於十月二十六日結束，所有人員參加清濁河工作。冶河報告另附)，十二人赴清濁河進行民主改革工作。

(二)工作未進行前，首先召集了清濁河有關縣區水利會分會長、水利代表等作了概括研究，并决定整個工作時間同調查提綱與幹部等問題。

三、工作進行方法與步驟：

---

① 同受："同"字之下似脱漏一"時"字。

② 涇惠渠四人：即涇惠渠管理局四人。

③ 行政：當時的習慣用語，是"行政領導部門"或"行政領導機關"的縮寫。

甲 宣傳與調查時間:決定爲十天(由十月十六日到廿五日止)

(一)佈置:根據清濁河灌區實際情況共分四個小組,分赴源澄、沐漲、八復與濁河、工進等五渠,配合渠上分會長①、水利代表、斗長等與鄉村級幹部(農協② 主任或生産委員)協同工作,并按行政村劃分若干小組分工向各自然村進行宣傳調查工作。

(二)步驟:

1.在清濁河水利會先召開各灌區區公所代表及各渠分會長、水利代表等和工作組會議,説明此次調查工作目的、宣傳方法和時間後,聽取各渠概況報告,即接著分工到各渠進行工作。

2.各工作小組分别在各地召開灌區各鄉行政與水利幹部一攬子會議。

3.召開群衆會議。由鄉工作組到各村開群衆會以了解情況、存在問題,并利用訪問方式吸取群衆意見,并作好以下兩項工作:

(1)登記灌溉地畝。采取自報公議,經過群衆評議始可登記。

(2)了解灌溉管理情況、用水制度與行水人員工作和作風情況。

4.按河按渠道作了全面性的勘察水量地形等工作。

乙 改革與組織時間:定爲十月廿六日開始調查匯報,廿七、廿八日進行研究,廿九日深入鄉村進行改革工作,到十一月四日總結。

(一)十月廿六日會報,廿七日依據調查地形、水量等材料及群衆反映意見綜合研究提出改革意見,并於廿八日召開有關行政領導縣區負責同志及各渠水利幹部會議。醞釀討論後,决定民主改革辦法(另有單行材料)。

(二)工作進行情況:

1.由十月廿九日起至十一月三日工作組配合以區爲單位由區公所召開鄉級以下幹部會議(鄉長、黨團支書、婦女主任、農會生産委員等),傳達民主改革辦法……按作物按成給水的用水制度,再逐步分工召開群衆會議,講解將改革分水方法,聽取意見進行改革。

2.結合改革工作,收集群衆對改革渠道及各建築物的意見,與糾正登記土地後發生之錯誤 (旱地,水地)。

3.通過行政選出灌委會之民主人士委員及改選一部分工作疲塌不負責的行水人員。

4.與涇惠渠管理局王科長、董工程師進行全面勘察渠道渠首,并進一步研究工程上的設

---

① 渠上分會長,指清濁河水利協會的各個分會長。

② 農協:1951年此地農村實行土地改革,各鄉村皆組織有農民協會,簡稱農協、農會,農協的權力相當大,農協的領導人爲主任。農協組織於1953年後逐漸消亡。

備與整修計劃。

四、改革工作中收獲些什麽：

由於行政的領導及鄉村水利各級幹部配合與工作同志的努力，收到如下的成績：

(一)推翻了封建的與私有買賣權的不合理用水制度，建立了合理的按作物按成給水方法，消除了過去上下游群衆因用水的成見與對立，達到了農民是一家① 的思想(詳見調查工作報告)。

(二)提高了村鄉幹部與群衆對水利事業的認識，打好了將來發展的有利基礎，獲得以下的成效：

1.擁護新的用水制度，并要求組織起來；

2.擁護擴大渠道，截彎取直；

3.自動要求整修斗渠與各建築物(工料自己解决)，請求技術指導。

(三)加强了水利幹部與行政幹部的聯繫關係，消除了行政與水利以前的部分脱節現象，如八復渠管内的四鄉鄉長還不知道分會長李萬義是誰，可見渠上工作對行政聯繫如何。在這次工作中由上而下的都統一結合起來了。

(四)改選了部分不負責任的行水人員，作了初步查地與併斗併地工作。

(五)整個清濁河全面工程的基本整修作了全部勘察，提出意見與發展方向。

五、工作中發生偏向與糾正辦法：

(一)工作組幹部少，地區大，時間短，計劃上不够周密，致使調查工作偏於登記灌溉地畝，對於一般情況深入了解不够；兼之部分協助工作同志不負責，形成部分數字不够正確。

(二)宣傳不够，造成群衆認爲水利改革不問水量大小，就可澆够現在灌區的面積的過高要求，致使在第一階段時，到底水改如何改法，而群衆找不到方向。

(三)在工作中發生偏向後，結合改革階段，一併提出糾正，到工作結束時獲得群衆反映很好。

六、經驗教訓：

(一)事前計劃明確布置周密而調查宣傳才能深入群衆。

(二)結合行政，團結積極分子與行水人員，發動群衆，才能作好水利改革工作。

(三)開各種幹部(農會，行政，黨團支書，婦聯)會議，才能使改革意見與群衆見面。

七、存在問題與解决意見：

---

① “農民是一家”是當時流行口號之一，最盛行於“解放戰争 ”進行中和土地改革宣傳之時，也稱“天下農民是一家”或“天下貧農是一家”。

(一)由三原縣府負責籌備在本年度組織好清濁河灌溉委員會,并擬辦討論事項(各級組織人事配備,普及分水制度用水規矩等)與民選代表等,由現在水利會負責辦理。

(二)由現在水利會結合行政查田定產與各項中心工作,於本年度將各級基層行水人員組織起來,爲給新法用水打好第一步基礎。

(三)每渠抽派行水人員二人到涇惠渠行水人員訓練班學習(抽派辦法由三原縣府同涇惠渠管理局具體研究)。

(四)新的用水制度由五二年春灌開始準備工作(分水時間調查作物地畝等)由現在水利會抓緊時間編擬工作計劃,呈由領導機關備查。

(五)關於擴大渠道與各項整修斗渠建築物工程,由三原縣府同涇惠渠管理局研究,在今年冬季派技術幹部測出渠道平面與各渠定線工作,并決定渠斷面比降和各斗渠建築物等位置,以便群衆擴渠截彎取直等整修。

(六)渠首幹渠工程由三原縣府同涇惠渠管理局詳細研究作出決定後,由工程委員會逐步施工并在汛期前完成之。

(七)爲加强行政與水利會聯繫與生產結合起見,除灌委會外管理處主任(現在水利會)得參加縣區(灌區)有關生產政務會議,同時管理處開渠長等聯席會議時,得請區公所負責同志參加指導。

(八)在灌區能打井地區應發動群衆打井,用水車灌田,以補水量不足。

(九)對地高渠低上水困難地區,在不浪費水量時間原則下,整修地畝,便於灌溉部分不整齊的地應發動群衆整修。

(十)工程委員會各種會議應請有關區、鄉代表參加,以便推行宣傳工作。

(十一)對楊杜村以上各渠堰的上水分水問題,仍需進行宣傳工作,并在原有基礎上不能擴大可能範圍内在上水過高地區變水爲旱較爲適宜。

(十二)清濁河淘泉問題由水利會具體尋找地點收集泉册資料參考,發動群衆挖掘。

附件

A、清濁河小型水利調查工作報告一份。

B、冶峪河小型水利調查報告一份。

C、清濁河今後改善分水制度的幾點意見一份。

D、清濁河灌溉管理組織規程草案一份。

清濁河小型水利民主改革工作組

清濁河小型水利調查工作報告

五一年十月廿九日

清、濁河系水源均出自耀縣山麓，在三原縣北。漢元鼎六年曾由左内史倪寬開渠導引。在清河方面有工進、源澄、五渠、沐漲、八復等五渠。由三原北嵳區楊杜村上面起到峪口村止，分别壘石築堰引水（現擬修攔洪壩由楊杜村統一引水）。濁河方面有濁渠，由蘆底溝出即入渠澆地。而八復渠在過去因潤〔陵〕（靈）爲例而引用清濁兩河水，分灌涇陽、三原兩縣田地。據估計當時灌溉面積約九萬餘市畝，上下渠道長約卅五公里，渠道彎曲縱橫分布灌區。嗣以歷史年久，管理不善，渠道因之破爛不堪，致時受洪水潰決之災；兼之用水制度紊亂，過去封建把持截霸水程，明買明賣，侵吞漁利，惡習异常嚴重。每年因用水滋生糾紛，層出不窮，纏訟不休，渠道逐漸頽廢，灌溉面積有减無加，殊爲可惜。如濁河八復渠原灌地四萬八千九百餘市畝，現只灌三萬五千三百餘市畝，即見一斑。

解放後政府重視水利，設有清濁河水利會管理。雖則惡習漸殺，但用水方面仍存在著不合理的問題很多。兹將調查概况、存在問題分述於後。

甲、一般情况

一、清河方面：水量春冬季爲一個半水[①]，秋季二個水，汛期一個水左右。洪水在六七月間發生，平均約廿個水左右。最大約一百個水，每年平均爲六七次。

（一）沐漲渠係由峪口村西引清河水灌田，渠道長622公里，渠底寬1.3公尺，口寬2.6公尺，高1.87公尺。渠道最大引水量爲1.5個水。至調住李村分爲東西兩渠，東渠長2.67公里，有十五個支渠，西渠長3.67公里，有十一個支渠。計灌溉區有東里、孟店、新立各鄉。全渠灌溉面積12807.90市畝。農作物以棉麥爲主，本年種植棉田面積4683.2市畝尚有花插旱地[②] 515.89市畝，失水權未灌地123市畝。灌溉用水制度以村爲單位。汛期中按工分

---

① 一個半水：當時水利界用語（現仍用），以河渠中流量每秒一立方米爲一個水。一個半水即一點五個水，亦即流量每秒一點五立方米。

② 花插旱地：指零散分佈於大片水地中的不能灌溉的旱地。文中另有提到的“花插地”，則指兩個行政區相接的範圍間，彼此有小片土地插於對方界内者。

水[①](每工爲廿四小時),由下而上,每月九日子時受水至廿九日亥時止(除八復渠一至八日用全河水外,與源澄、五渠、工進等渠同一時間四渠均分清河水量),全渠共分廿七部分來按工分配。引用先由東渠按應灌面積澆一半,再移到西渠澆一半,反復輪灌。不合理的問題是高墻司村用水兩天,澆地二百餘市畝,郝家堡一天澆地三百餘市畝,普遍存在著賣地不賣水現象,造成地與時間相差懸殊。本年汛期七月中完成了灌溉棉田面積49%。

(二)工進渠係由楊杜村引清河水灌田,渠道長10公里,渠口寬1公尺,底寬0.9公尺,最大引水量爲0.3個水,渠道不整,有大彎六個,魯橋東有一條渠[②],大都從幹渠開口引水澆地。計灌區有魯橋、長西、蘆底等鄉,全渠灌溉面積8969.34市畝。農作物以棉麥爲主。本年種植棉田面積4233.14市畝,尚有花插旱地422.39市畝。失掉水權未灌地16.79市畝。灌溉用水制度,係按時辰用水(流程計入,每時辰兩小時),每時辰采用五五制(澆地55市畝),或三三制(澆33市畝)灌溉。如張家村、邢家、岳家等村采用五五制,其他各村采用三三制。東溝村有"賠房水"[③] 灌地19市畝,"香水地"[④] 33市畝,爲私有權等,而群衆任意在幹渠開口引水灌田,影響渠道安全。本年汛期七月中完成灌溉棉田面積75%。

(三)五渠係由涇陽木流鄉第五村南引清河水灌田,渠道較大,引水量爲一個水,渠道紊亂,破壞甚鉅,尺度大小不一致,渠長約達六公里,全渠共分武高、常平、張村三個斗,惟張村斗小渠很少。計灌溉區域有魯橋、孟店,長西、東里、武官、孫家、青楊、新莊等鄉,全渠灌溉面積11513.66市畝。農作物以棉麥爲主。本年種植棉田面積5261.22市畝,尚有花插旱地298.91市畝,下水旱地25.87市畝,納水費澆不上水的15.00市畝,水地澆不上水的36.89市

---

① 按工分水:《清峪河記事簿·沐漲渠始末記》一文,對按工分水有所説明。據本次在民間訪問,1951年之時的所謂"工",多指各利户應盡之義務,包括修渠,淘渠,汛期用水時上堰、守堰、争水等。凡盡義務者都能按各自水程用水,否則將與渠長發生齟齬,或不許其用水,或須經過某種調停後方許用水。

② 魯橋東有一條渠:即魯橋鎮東有一條支渠。工進渠較小,當時也無所謂幹支渠,此渠即算工進渠一條支渠。

③ 賠房水:東溝村某家,娶其鄰村東里堡村某富户之女爲妻,該富户曾賠送土地若干畝作爲嫁妝,并特於工進渠付大筆金錢注册取得此土地用水權,此權尚優越於該東溝村其他人家的份内水程。因稱"賠房水",世代相沿,至1951年時猶享受十九畝優先用水權益。關於此賠房水最初立於什麽朝代,原户主是什麽人,現在村人已多不知。

④ 香水地:該地以廟宇、祠堂等擁有的土地所具之水程,稱曰"香水 ",其土地也稱"香水地"。其用水權優於一般水程。

畝①。灌溉用水制度大部按工分水,係五五制,以農作物灌溉爲對象②,灌區内部分農民遺失水權或有地無水或有水無地(賣水不賣地,賣地不賣水),兼之灌溉面積大,花插地多,渠道複雜,過去常有賣水現象。如上王堡喬某得棉花700斤,將六小時水賣給東里鄉高渠劉士元;或將水分給别村,如王家堡地高不能澆,把水分給駱家村,新李村分給孟店等,影響灌溉管理很大。本年汛期七月中,完成棉田灌溉面積32%。

(四)源澄渠引水口在三原靳家堡,渠道稍大,引水量爲0.6個水,全渠長度十三公里半,寬1.9至2公尺,底寬0.9公尺,深度1至1.2公尺,有26個斗,計灌溉區有涇陽觀音鄉、龍泉鄉、游福鄉、西李家莊一村。渠道多不完整,全渠灌溉面積10545.37市畝,本年種植棉田面積4532.23市畝,尚有花插旱地332.91市畝。灌溉用水係按時與點香以灌溉地畝分水。本年汛期中曾打倒點香制度,試行以時分水,按農作物分成灌溉。在用水中,因事前組織守堰巡渠澆地等組,起了作用。如棉田地少者,一畝以下全澆;地多者先澆二畝,餘水再行補灌,在分配給水棉田普遍澆完,還澆了秋田,堅定了群衆改革的信心。另外,在堰口五村尚有"五阿婆水"③ 一天(每月八至九日因當初修渠要經過五阿婆地,爲賠償佔地准給水一天得名),每年洪水時除堰口五村引用外,餘之水均賣給淡村、木流、劉買賣等村,下游很少見水。計本年汛期七月中完成了棉田灌溉面積81%强。

(五)八復渠借五渠口在楊杜村引水,上游是借五渠,中取濁河之一部渠道合流到本渠(過去之説)。濁河段渠身可容水量0.7個左右,本渠計12個斗,挖填方多。灌溉區域有三原大程區,灌溉面積16831.80市畝。本年種植棉田面積5135.20市畝;花插旱地1643.50市畝。灌溉用水由上月廿九日起,至下月八日止,用清濁兩河的全河水灌田(其餘各渠皆閉,禁用故名八復)八復渠分水制度以月月水最多,四六的隔月水較少,各斗用水大部點香分水。每畝7厘香(合42秒),并有9户因每户每月用水一次,故輪期9個月方得灌溉。本年汛期七月中完成了棉田灌溉面積73%。

(六)楊杜村以上各堰常以旱改水灌田,攔截下游用水,群衆多有反映。關於該堰水量、灌溉地畝正在調查組織中。

二、濁河方面:春冬季爲0.25個水,汛流期0.1個水,該渠最大引洪爲3個水左右,但排洪問題現尚無具體解決辦法。

---

① 此處所列的"下水旱地"、"納水費澆不上水的"、"水地澆不上水的"三種土地,皆指當時因渠道破損或地界畛域阻礙等原因,而致不能灌溉或暫時不能灌溉的土地。

② 以農作物灌溉爲對象:古清濁河灌區,某些渠道於灌溉之外,尚擔負向澇池(小蓄水地)供水,或淤地,此處特别指出五渠的使用以灌溉正在種植的田地爲主。

③ 五阿婆水:或稱"阿婆水",《清峪河各渠記事簿》中對此有説明。

濁渠由三原蘆底溝引水入渠,引水量爲 0.15 個,渠長 15 公里,渠寬 3 公尺左右,深度 1.23公尺。下段渠身中間多大填方,上游挖方,彎度很大,共有十七個斗,灌溉區域有三原長西區二、三、四、五鄉,大程區西張鄉。全渠灌溉面積 18557.00 市畝。本年種植棉田面積 619020 市畝,花插旱地 1075.50 市畝。灌溉用水制度極不統一,有月月、隔月、半年、四季、一年、潤陵、賠房等用水名詞①,還有蓄水澇池② 32 個(備作飲料用)。在用水中,事前有抓骰用水的惡習,抓不到的就不能用水。而如蔡家、邢家、薦福等斗全是四季水。

濁渠水量小,灌溉面積大。但在八復渠每月廿九至下月八日用水期間,濁河渠亦得閉斗禁用,由八復渠利用清濁河水量灌溉。故群衆反映應將八復渠提開,分別引灌。

三、清濁河在整個組織方面:清濁河組織有清濁河水利會和工程委員會(整修工程臨時組織的)統由三原縣政府領導。以下各渠設有分會(正副分會長各一人和分會代表一人)。分會以下斗設斗長,村設水利組長,領導用水灌溉。但部分行水幹部不太負責,與行政上聯繫不够,工作疲塌,拖延不前。

乙、存在問題

一、工程方面:

(一)清河個渠道:(1)清河本年攔洪壩分水閘等建築物都未建修完竣。(2)斗門閘口均無建築物設備。(3)各渠渠道多不完整,或積淤很深,或塌殘缺。(4)挖修渠道,佔地問題。

(二)濁河各渠道:(1)濁河渠道長,彎曲大,部分渠道狹窄,没有排洪建築物設備。(2)餘皆與清河同。

二、灌溉管理方面:

(一)楊杜村以上各堰灌溉管理問題;

(二)取消各渠的五婆水、賠房水、四季水、隔月水、地多水少、水多地少等不合理的用水制度,和點香按工分水方法,實行以水量大小按灌溉作物面積分水,做到公平合理;

(三)濁河水小和澇池蓄水備作飲料問題;

(四)洪水時分配水量問題;

(五)組織灌委會及分會,和改選行水人員;

---

① 此處所列的幾種用水名詞:"月月"是指每月渠道放水,皆有權用水;"隔月"是隔一月用一次;"半年"是隔半年用一次;"四季"是一季用一次;"一年"是一年用一次;"潤陵"是指潤陵水,是八復渠的特殊灌溉面積,用水權有特殊規定;"賠房"即"賠房水",已見前注。

② 澇池:當時本地農村村内皆備有澇池,即小蓄水池,供牲畜飲用和婦女洗衣。池水或收集雨水,或由某渠道注入,此處所説之 32 個澇池,即是沿濁峪河的各村莊共有這些澇池依靠引該河(渠)水注入。

(六)清濁河水利會改組;

(七)各渠花插旱地給水問題。

丙、今後工作與改革意見

一、工程方面:

(一)清河:(1)清河原計劃整修工程,如期於年底趕築完成,俾得春灌用水。(2)其餘建築工程和擴大渠道,擬會同涇惠渠管理局派員進行勘查了解以後計劃整修。(3)渠道掏淤和整修,擬暫由各渠水利分會長結合行政發動群衆利用農暇修理。由清濁河水利會予以技術指導。(4)挖修渠道佔地問題,擬與行政上進行研究。

(二)濁河:(1)濁河渠道彎曲處擬截彎取直,同清河一併辦理。(2)餘暫與清河同。

二、灌溉管理方面:

(一)管理用水制度(附單行材料);

(二)組織規程(附單行材料);

(三)改選行水人員,進行個别改選,其選舉辦法,見組織規程材料;

(四)楊杜村以上各堰管理辦法,擬先行結合行政調查水量,登記地畝,同樣與其它各渠享受同等用水權利,不得獨佔私有,并組織起來受清濁河管理處之領導;

(五)各渠花插旱地,擬以春灌和冬灌有餘水時,照顧給水灌溉。再發展各渠灌溉用水時,即予以優先登記權。

清濁河小型水利調查表一九五一年十月廿九日

清濁河小型水利調查表

(1951年10月29日)

河流名稱	渠名	河流流量(秒立方)		全渠建築物有分水閘	完成年月	引水方法	進水口所在地	引水量(秒立方)		渠道長度(公里)	渠道的建築物(座)	灌溉區域(縣)	主要的農作物	實灌面積(市畝)	備注
		最大	最小					最大	最小						
清河	源澄	2.0	1.5	漢時	漢時	壘石阻水	三原北灌區靳家堡	0.6		13.5	(見備注)	涇陽	棉麥	10545.3	全渠正在施工的建築物有分水閘2座大壩1座坡水4座進水閘1座進退水閘2座磚橋3座便橋7座現已完成分水閘2座便橋7座進退水閘2座磚橋1座坡水1座其餘正在修建中
	工進						三原北灌區楊杜村	0.3		10.0		涇陽三原	棉麥	8969.3	

（接上表）

河流名稱	渠名	河流流量（秒立方）		全渠建築物分水閘	完成年月	引水方法	進水口所在地	引水量（秒立方）		渠道長度（公里）	渠道的建築物（座）	灌溉區域（縣）	主要的農作物	實灌面積（市畝）	備注
		最大	最小					最大	最小						
	沐漲						涇陽魯橋峪口堡西	1.5		6.22		三原涇陽	棉麥	12807.9	清河洪水量平均爲立20個左右最大洪水量立100個
	五渠						涇陽木流鄉第五村	1.0		10		涇陽三原	棉麥	11513.6	
	八復						同上	0.7		14		三原	棉麥	16831.8	
濁河	濁河	0.15	0.1			河出水口即入渠	三原蘆底溝	2.5		15		三原	棉麥	18557	濁河洪水量平均爲立25個水放引水量以洪水量計
總計														79221.6*	

説明：本表"實灌面積"〔一項中市畝〕數〔爲〕一次〔性〕調查數字，只供參考，〔俟〕(便)復查後再行更正。

＊據上面數字，總計應爲 79224.9 畝。

冶峪河小型水利調查報告

一、冶峪河概況：

冶峪河源於淳化蝎子掌山之麓，經出口鎮山谷流經涇、原、高、臨四縣，至交口入渭河。經常流量約 1.0 秒公方，而每年於六、七、八等三個月間，因深山暴雨常發洪水，計每年平均可漲四次至五次之多。每次漲水時間最長延至兩天之久，最短到二三小時，通常洪水量約 25 秒公方，據當地渠道水册所載，于一九三一年五月廿八日晚發生過百年前所未有的一次洪水，沿河兩岸八九里以内的村莊良田變爲澤國。

該河自口鎮至雲陽二三十華里，河床較淺，兩岸地勢底凹，而且平坦。據傳自秦漢起，群衆沿河開渠堰引洪灌田，共有大小渠道十七條（内有小渠六道），河北有上王公、洞子、雷家、古道、楊源、仰渠、老渠、下王公、上北泗、下北泗、仙里等十一渠。河南有天津、高門、廣利、海河、海西、雲惠（一九四六年開）等六渠，共可灌田約 82836 畝。主要農作物是棉麥，惟六道小渠以種菜爲主（詳見附表）。

二、各渠道的一般概況：

除五〇年—五一年雲惠、天津等二渠添築有控制水量的閘門及退水分水等建築物外，其餘各渠都是在河岸開口臨時築堰引水，根本没有引水設備①；各渠交通要道的橋樑也都是臨時凑合。各大小渠道既不科學，又不規律，如高門、下王公等渠道勢曲如雞腸、寬窄深淺不一，渠道没有坡度，且破爛不堪，造成了人力和水量的浪費，同時在發生洪水時，也是易於釀成水災的原因。

解放前各渠的組織及用水全是几百年遺留下來的古舊的、封建的不合理制度，用水經常被地痞、流氓、惡霸、豪紳把持操縱，私自霸水或賣水。在河的常水量根本不足用，尤其在每年到汛期用水緊急時，由部分壞分子從中發動搗亂，使上下游各渠道成百成千的群衆常爲分水聚衆械鬥打傷人命。結果有錢有勢的惡霸地主用了水，澆了地，而大部分的勞苦群衆則望洋興嘆，垂頭喪氣，敢怒而不敢言。流傳著幾句民謡："涇陽縣的衙門朝南開，無錢有理少進來。"又"三百棉花理長，二百棉花理短"②。一些壞分子爲了敲詐剥削，每當他們用水時組織起來，專找"犯水的"。不論是犯水的或者是跑了水的③，一旦發現，先予一頓飽打，然後你再來設席請客，再説罰錢若干。如民謡流傳"水〔倒〕(搗)卧牛之地，罰白銀十兩"。如此的現象，造成了民怨騰天，苦不盡言。

解放後經過土改，肅特反霸，雖然霸水、偷的賣水及聚衆械鬥的事不再發生，但灌溉管理制度方面，現時仍存著很嚴重的問題。

三、灌溉管理：

(一)組織：未經過改組時的各渠，如上下王公渠、高門、天津等渠，有的是渠長、小甲管水的，有的是渠長、督工、小甲、夫頭，或者是渠長。小甲頭，夫頭都是名詞有异，其實相類。這些組織如同封建時代帝王之位，是直系家屬世襲制，父傳子，子傳孫。當地人所謂："他祖先給他制下的鐵紗帽。"如下王公渠有渠長、督工(副渠長)各一人，有八個小甲，一個小甲管十個夫頭，一個夫頭管四十五畝地，每個夫頭十年輪任一次小甲。各小甲每年輪任渠長，督工(係先年的渠長)，專管每年修渠時動員群衆修，不管分水用水之事。群衆每當修渠完畢之後，大設宴席請他們吃一次，以示酬勞。另外如天津渠，每年群衆給渠長、小甲頭按他們個人

① 此句應爲"根本没有固定的引水設備"或"根本没有較良好的引水設備"。

② 這是當時很特殊的一句民諺，諷刺在訴訟或民間評議某糾紛時，由於行賄受賄而使是非歪曲的現象。當時(40年代)因貨幣不斷貶值，民間較大的買賣皆以棉花計價(棉花是當時最暢銷的物資，也是本地區農村最多種植的作物)。此處所謂"三百棉花理長，二百棉花理短"，意爲誰賄賂了三百斤棉花，就要比賄賂二百斤棉花有理或"理長"。

③ 跑了水的，即無意偷水，而因某種原因渠水流入此人的田地内，也就是所謂"倒濕"，不應該以"犯水"論。

管水的時辰多少,每一個時辰一年籌小麥一斗。又高門、海西、海河、廣利等渠,每月的最後有割餘水[1] 一天,歸渠長私人所有。或用成賣,旁人不能加〔以〕(一)干涉。

解放之後,各渠所謂加强了組織。每個受益村另外選水利代表一人,或者是水利小組長一人,其實如無,如高門渠去年部分群衆要求改組,結果由少數人包辦,把原來的渠長選爲管理員,小甲選爲水利小組長,其餘負責人都是原任,僅是名詞上的不同。比較好一點的如天津渠組織有水利協會,内設有主任、秘書各一人(脱離生産),又委員八人。該渠分爲東西兩支渠,原來小甲頭改選爲段長,各村再選有水利組長一人(群衆民主選出來的),專領導修渠灌溉事宜。又雲惠渠成立有工程委員會,内設有主任委員一人楊保信負責(不脱離生産)秘書一人(脱離生産),委員十人。下分總務工程兩股。該渠共有五個支渠,各有水利代表一人,評議員各一人,管理員各二人,共灌廿八個村。各有水利組長一人,都是由群衆中民主選出來的,其組織領導比較合理,群衆一般反映很好。

(二)分水制度及用水方法:渠與渠的分水,除上王公、天津、高門三渠經常開口一月登滿用水外,其餘共同按時辰分水(子、丑、寅、卯……)。上王公渠——在前清雍正年間該渠内另統有暢公渠[2],此渠曾被洪水冲斷渠線,一部分地併入上王公渠。其時間原先分配暢公渠每月初一至十二日,上王公渠每月十二日晚起至三十日止,合爲一月。高門渠内統有廣利渠的時間五日八時,合計爲一月(同一進水口)。雲惠渠係新開的引洪渠,在各渠的最下流,用水不受時間的限制。下王公渠單獨一堰,受水十二天。自每月初一日起至十二日止,其上下北泗、海西、海河、仙里等五渠每月用水爲四閉一開洞子。雷家、古道、楊原、仰渠、老渠等六小渠,每月用水原爲五閉一開,自一九二七年起,各該渠漸不遂守用水制度,變成隨便開口引水澆地,自己不用水時,也不堵口,任水自流,浪費水量,淹没田地。各大渠道的地畝除剩餘水外,本程水均是每月一次,獨上王公渠共澆二十八個村莊,内有上游二十四個村部分地有用本程水兩次者。追其原因,年代久遠其理不明,據推測可能是當時封建勢力的促成。下游四個村薛馬、寨子、高村、甘澤里群衆和該河下游各渠群衆均感到有不合理的反映,要求平均享受。

各渠内村與村、户與户的分水制度大致相同,按地的多寡分時辰。其定時辰的,有用點香,看太陽月亮,日晷,抓瓦礫,按勞力,吃飯或者聽雞叫、看天色等。諸如此類的不科學辦法

---

① 割餘水,即割出每月最後一天的水程,作爲給渠長的報酬并作爲購買香枝等物品費用。但只能是此一渠道擁有全月引水權利方可(亦即所謂一月登滿之渠),文中説海河、海西、廣利等渠有"割餘水"不可能,或是該文執筆者誤記。

② 暢公渠開於明朝嘉靖年間,乃是上王公渠的一條支渠。故統在上王公渠内一同引水灌溉。此處説"前清雍正年間該渠内另統有暢公渠",有誤。

内邊弊[實][1]叢生。如天津渠、上王公渠、個别村莊還用點香制,每一尺香一個時辰,而每一寸有澆三畝地者,有澆40畝地者,有澆70畝地者,相差甚爲懸殊。況香的香料不同,如遇氣候轉變濕乾有别,和放置方法的不同(有立香卧香),均與香燒著的快慢有關係。同時香爲小甲管理,一人看水,一人看香,香燒著到限度時以鳴鑼爲號,馬上停水。有錢有勢的人以擺酒席,請客,賄賂,勢脅,可以延長香多澆地。無錢無勢的農民不但連香不能看,甚至於地也不能澆,很多人納的水糧,種的旱地。尤其由於惡勢力的作祟造成地多香少或地少香多,或者有水地無香,有香無水地等不合理的現象。如上王公渠藥樹村朱玉堂有水地15畝餘,而有香1.2尺。又該村小甲(今改爲水利組長)郭文漢管他村水田五六十畝,共香是1.95尺,每畝合香三分三厘,於解放前十年間賣給北潘村地主潘文培等地13畝,合香4寸餘,當用水時竟以勢力脅霸1.5尺之多。又如天津渠吕家村的吕福賓(外號吕紅唦[2],惡霸地主),他家最初有水地60畝,香6寸。曾經千方百計敲詐剥削,至解放時已發展水地240餘畝,香6.6尺;并且有時自己犯了水,反説别人犯了水淹没了他的地,就這樣〔嫁〕[假]禍於他人。

用水時有的自上而下,有的由下而上,依次輪澆。往往因水量小時間有限,最後澆的人常見不到水。如上王公渠是自上向下澆,所謂"揭堰澆",分爲上水、中水、下水地三種。每次用水先從上水地起。中途因地不平或水量小,盡所有時間完全佔用(不是分香是按分的總時辰),時辰若完,下水地便不能澆。由下而上澆者有仙里渠及河南各渠。較爲進步的如下王公渠,按勞力用水。當每次用水時,全村選出一個能爲群衆服務的人管水,全村所有的勞力上渠上堰,看水澆地,由管水的和群衆商議,按水量、按作物、按勞力分水。每個勞力應澆一畝都澆一畝,自上而下或由下而上,臨時决定,對於有勞無勞的人同樣齊澆,以示照顧。雲惠渠的灌溉制度,是按地畝分水,時間固定,下流加有流程。該渠共有五個支渠,進水口的大小都是按灌溉面積作的,有標尺,安有斗門操縱。洪水下來,五個支渠同時進水。標尺的高低視洪水量而定,次序自下而上,每月輪流八次。如某村數次都碰到洪水,而他村碰不到,可以調動引用。

四、各渠道及灌溉管理方面所存在的問題:

(一)各大小渠道大部分是適應地理和人事開修,不規律。如下王公渠、廣利渠、上下北泗渠等,渠道狹小,深淺不一,渠線曲折太大造成增加流程,浪費水并失掉利用洪水灌田的意

---

[1] 字不清,按上下文應作"實"字。

[2] 吕福賓係惡霸地主。1950年土地改革時被鎮壓(槍斃)。"紅唦"是土語紅色頭皮的意思,本地土語稱人的頭曰"唦"(音sa,無此字;"唦"字爲報告執筆人自創的字)。有可能該吕福賓的頭皮顔色較紅。

義①。

(二)沿河渠道繁多,分配用水不合理。如上王公、天津、高門等渠居於上游,用水一月登滿,又如洞子,雷家等六道小渠,灌溉地畝很少,經常門口② 用水,下游各渠在一月内分日用水,到汛期群衆常爲分水發生鬥毆。

(三)各渠的組織領導,如下王公、廣利、上王公、高門等,都係千餘年來遺下來的封建組織,渠長、小甲、夫頭大都爲世襲制,又多少都存在些剥削營利的觀點。解放後經過反霸、反特及土地改革,群衆覺悟提高了一步,個别渠道如天津、高門、下北泗等渠,都由群衆自動重新改組,但未經政府領導,改組都不徹底,仍然存在著很多問題。

(四)分水制度和用水方法更不科學,都還是實行著舊社會遺留下來的舊制度、舊方法,如上王公等渠用香和時辰分水,用水是自上而下齊澆(解放前有賣香賣時辰者)。造成苦樂不均及浪費水量的現象。有少部分渠道如天津一部分、高門、下王公等渠改進了分水制度和用水方法,但大部分仍無較好的用水方法。

五、對今後的改進意見:

(一)以行政爲領導,組織冶峪河灌溉管理委員會,各渠組織分會,統一領導,徹底實行改革。組織辦法及負責人員的産生,參照陝西省民營渠堰管理暫行辦法草案辦理。

(二)由政府協助灌委會重新調查各渠實有灌溉面積,按河水量重訂分水制度、用水方法,使其公平合理,減少糾紛。

(三)爲了管理方便,滿意地利用洪水灌田,及減少浪費水量,茲提供以下幾條意見:

1.由政府協助灌委會組織測量隊測量各渠地形,取直渠線,擴修渠道,以便利用洪水。

2.增修渠道建築物,如控制進水量的閘門、沿渠的橋梁等,以便管理,并在洪水時期以免水災,更保證交通的安全。

3.擬將河南各渠,如高門、廣利、海西、海河等渠合併入天津渠内,河北各渠如古道、雷家、洞子、何家、仰渠、張家渠等六小渠合併於上王公渠内,又上北泗、下北泗、仙里等三渠合併於下王公渠内,俾便管理,節省水量。

4.分水辦法:按作物按成分配水量與所給時間。

(1)河道分水:

①常水量(估計爲一個水)全河經常劃四個口子,即1.上下王公。2.天津。3.高門、廣利。4.上下北泗、海西、海河、仙里五渠一堰四閉一開(根據舊有九渠四堰而分),各堰每月以

---

① 這句話應爲"浪費水并失去利用洪水灌田的時機"。

② 門口用水:指六道小渠任意用水,十分隨便,不受限制,好像在門口取水一樣。

廿九天計算(小月廿八日),剩餘一天全部歸六個小渠同時引用(六個小渠在下王公之上,共灌田一千多畝,通河水量以一個計算,估計在一天間可以澆完)。②洪水量:洪水下來通河十七條渠道同時開口澆地,其時間與該渠本程水時間結合起來。

(2)各渠内分水:同樣以作物分水,分時間按成澆地,時間固定,自下而上,先左後右輪流。如那村碰不到水(汛期),等第一次輪完後再給所虧空的村子補,所有空的時間由第二次各村所用水時間中按成減低。六小渠要遵守用水制度,不能隨便開口澆。所種的菜可以打井補救。其引洪基本解決辦法待日後工程統一計劃後,再定管理辦法。

(3)據群衆反映冶峪河上游淳化縣歷年增開稻田,使下游水地受到大的影響。按政府發展水利、增加生産量的原則,每畝稻最大産量大米一石二三,每畝水地棉田平均産皮棉八十市斤,一畝棉田合二三畝稻田。根據事實,我們建議淳化縣人民政府自五二年起,宣傳發動稻田區群衆大量以稻改棉,限制增開稻田。

(4)上王公渠群衆擬在渠道上添設鐵斗門十座,請政府酌予貸款協助。

(5)冶峪區水磨村群衆反映,該村位於冶峪河之北岸,每年漲水,河岸北倒,村之南城墻陷於河中。若速不設法預防,到洪水時期,該村的住宅勢必遭受水災侵襲的可能,請政府予以設法擬組織群衆解决之。

冶峪河小型水利調查表(1951年10月28日)

渠名	河流量(秒立方)		開辦年月	完成年月	引水方法	進水的所在地	引水(秒公方)		渠道長度(公里)	渠道的建築物	灌溉區域(縣區)	主要作物	實灌面積(畝)	引水期距	備注
	最大	最小					最大	最小							
上王公	100	1.5	據傳秦時	漢時	攔渠築堰	口頭鎮			15	橋8座	冶峪區	棉、麥	10000	全月	
雷家						雷家溝			1.5			棉、麥、蒜	80		
古道						半個城			2				200		
洞子						田家圪塄			2.5				250		

(接下頁表)

渠名	河流量（秒立方）		開辦年月	完成年月	引水方法	進水的所在地	引水（秒公方）		渠道長度（公里）	渠道的建築物	灌溉區域（縣區）	主要作物	實灌面積（畝）	引水期距	備注
	最大	最小					最大	最小							
楊原						何家橋			1.5				300		
仰渠						清涼寺			0.5				80		
老渠						堰口村			1.5				500		
下王公						下河張家			7.5		冶峪、雲陽	棉、麥	3700	每月12天	
天津						店張			7.5	進退水閘2	雲陽		19505	全月	
高門						西蔣村			9				10850	每月25天	
廣利						西蔣村			2.5				2364	每月5天	
上北泗						甘澤里			5	橋16			3122	每月8天	
下北泗						師家村			3.5	橋15			1700	每月4天	
海西						駱駝灣			5				2866	每月6天	
海河						師家村			6				5463	每月4天	
仙里						姚家村			8	橋2			4261	每月7天	
雲惠			1945.10	1947.04	攔渠築壩	馬池區村			7.5				17595	全月	
總計									86				82836		

說明：1.冶峪河發洪水〔時間〕多在農曆六、七月間，河水量最大爲100秒立方米。

2.工業廠家13家（水打磨）。

清濁河今後改善分水制度的幾點意見

在提高灌溉效率、增加生産的原則下,結合著清濁河的水量(估計清河在春冬季有1.5個水,汛期約有1.0個水,秋季約2.0個水;濁河春冬季約0.15個水,汛期約0.10個水),現有水地面積,計清河方面源澄、公進、五渠、八復、沐漲等五渠共水地爲60668.07市畝,濁河水地爲18557.00市畝。棉田面積五一年清河五個渠共爲23844.99市畝,濁河爲6190.10市畝。爲了達到公平合理,首先必須把封建制度遺留下水少地多,或地少水多,及買賣水、"五阿婆水"、"賠房水"、"一年水"等的一切不合實際的用水制度推翻,建立按地分水及按作物成數澆地,切合實際的用水制度現提出以下意見:

一、清河方面:

1.清濁河分開用水。過去八復渠引用清濁兩河的水,由於濁河灌溉面積大,水量小,本身就患缺水病,再加上八復渠引用,更感不足中之不足。更爲了照顧八復渠用水期間濁河沿渠各村灌澇池減少水量起見,把濁河分開的水全部歸濁河灌區引用。八復引用清河水,并在八復用水期間不許濁河地區灌澇池,濁河的水亦不再分給八復用。這樣,利益是兩方專有的,并可減少二渠的糾紛。

2.用水期距,清河各渠原則上定爲一個月輪一次水,汛期可按棉田按成數澆地。

3.清河的基本情況:在五一年的整修工程(大壩一座,修好進退閘各一座,分水閘兩座,坡水三座,幹渠一道——以四個水計算)基礎上,可按以下水量面積的情況,決定分水制度,分别於後:

(1)水量:估計在春冬約有1.50個水,汛期據五〇及五一年的經驗,在六、八月間有洪水十天—廿天(五六次),流量平均1.5個水,常水0.7左右,平均常水約有1.00個水多,秋季約有2.00個水。

(2)面積:五個渠道共水地60668.07市畝,五一年棉田面積21844.99市畝。

(3)根據水量面積,以每個水一晝夜澆地1000畝計算,春冬季每月可澆地45000畝,超過實種地畝,而春冬灌溉無問題。夏季1.0個水,每月可澆地30000畝。如再以最低的估計,打八折,還可澆24000棉田。再進一步經濟用水和大壩修好後集中引洪灌溉,棉田灌溉基本上可以解决。

(4)分水制度:①源澄、八復在春、秋、冬三季可按照兩渠的地畝多寡(另加流程),水量大小,合理分配,兩渠并流。汛期源澄、八復獨渠用水(八復渠道斷面按一個水計算);②工進、五渠、沐漲每月用水均按作物面積,水量合理分配,三渠并流,但在汛期水量過小時適當調劑。

二、濁河方面：

1.基本情況

(1)水量:春冬估計約0.15個水,汛期約0.10個水。

(2)面積:灌溉面積18557.00市畝,棉田6190.10市畝。

(3)澇池共計三十二個,平均面積直徑爲10公尺,深4公尺,即5×5×3.1416×4×32=10053.1個水①。每畝地需水66.7公方計,灌澇池水可灌地150畝。春冬季除灌澇池外,每月可澆地4350畝,汛期每月可澆2850畝。

2.用水期距:春季種棉時及汛期,可按月按成給水,冬季一月給水一次。

3.灌澇池每月分出一定時間給水。

4.引洪:除保持原定時間用水外,洪水由下而上按作物成數依次輪灌,跨年度仍以前年度所灌村莊爲界向上輪灌(如本年已灌溉完成數一半以上者,下年不再補給)。

三、修渠建築物及整修渠道:

爲了不浪費水,減少浪費水,達到經濟用水,從現有的用水基礎上逐漸提高:(1)就得修建攔河大壩、斗門、分水閘、跌水、橋梁……(2)擴大渠道,截灣取直。爲了水的暢流及容水量增大,擴大渠道,截灣取直更屬重要,尤以現在濁河段(八復水地區)應擴到容量1—1.2個水,斷面爲適宜。

四、加强領導健全機構:

1.成立各級灌溉委員會,領導清濁河灌溉事業,決定一切方針、方向,并領導清濁河管理處。

2.成立管理處,把原來的清濁河水利管理委員會改組爲管理處,受灌溉委員會的領導,執行灌委會的決議、方針、任務。

3.〔健〕(建)全基層組織,管理各級用水制度。

五、作好查地注册工作:

1.注册:辦理清丈,繪製圖表,以便水權確定及用水管理工作。

2.查地:調查土地與各種作物面積,以便按成分水。

---

① 應爲10053.1立方米水。

清河冬灌作物面積分水時間估計表

渠名	作物面積（市畝）	每小時灌溉畝數（市畝）	水量 C.M.S	所用時間	附注
八復	8340	32	0.8	10天21時	兩渠并流
源澄	5725	28	0.7	8天12時	
五渠	5899	25	0.5	9天20時	三渠并流
工進	4484.5	20	0.4	9天8時	
沐漲	6404	30	0.6	8天21時	

説明：1.水量以1.5C.M.S計算，每個水每天灌溉面積以1000市畝計算。

2.外加流程三天。

3.麥田以全流區面積半數計算。

4.若不浪費水量，在二十三天半可全部灌溉完後，即在現時建築物不完整的條件下全部澆完也不成問題。

清河汛期棉田灌溉面積分水時間估計表

渠名	棉田面積（市畝）	每小時灌溉畝數（市畝）	水量 C.M.S	所用時間	附注
八復	3135	41.7	1.0	5天5時	因路程遠集中用濁河水
源澄	4532	41.7	1.0	4天13時	
五渠	5261	16.7	0.4	12天7時	三渠并流
工進	4233	12.5	0.3	14天3時	
沐漲	4683	12.5	0.3	14天3時	

説明：1.水量以1.0C.M.S計算，每個水每天灌溉面積以1000市畝計算。

2.外加流程三天。

3.若不浪費，按現在棉田面積（51年實種面積），廿七天可全部澆完。在今天的工程基礎上，改良用水方法，至少也可澆到全部面積的八成。

清濁河灌溉管理組織規程草案

一、凡引用清濁河水的民營渠道，其灌溉管理組織，悉以本規程辦理之。

二、爲實行民主管理和發展水利事業計，清濁河應組織統一灌溉管理委員會（以下簡稱灌委會）。其有若干支渠者，得各組渠灌委分會，并受灌委會和清濁河管理處（原係清濁河水利委員會改組,以下簡稱管理處)領導。

三、灌委會由咸陽專署、三原、涇陽兩縣府、灌區區公所,民主人士(各渠民選之代表)、管理處合組之。灌委分會由該渠灌區内鄉政府鄉長參加,灌委會的代表、渠長(原係分會長)、斗長合組之。

四、灌委會及分會各設主任委員一人,副主任委員二人(可酌情增加之),委員若干人。分會主任委員由灌區地畝較多者該鄉鄉長擔任,其餘鄉長爲副。

五、各支渠行水人員設正副渠長各一人,斗長若干人,水利代表一人和各村設水利組長若干人由居民副組長擔任,其餘爲副。

六、用水農户應按實際需要組織巡渠隊、評議組、灌溉組,實行民主灌溉管理,變工互助,計工算賬,澆好莊稼。

七、所有行水人員(渠長、斗長)和隊長、代表等,均由管理處結合行政領導,在用水農民中選舉作風正派,熱心公益,有民主覺悟、有辦事能力的人擔任之。

八、灌委會爲核議機構,管理處爲執行管理機構,并受灌委會領導。

九、灌委會每年須召開例會兩次(春秋二季),遇有必要時得召開臨時會。

十、管理處執掌任務如左:

(1)辦理灌區農民用水權登記注册事宜:凡農户無論舊有新增或買賣、典當、贈送等移轉變更地權時,由管理處辦理登記地畝(地畝以市畝計)。其登記注册費由灌委會擬訂,呈請領導機關核准實行之。

(2)查地:凡農户灌溉地畝,無論舊有新增,均須經管理處查地清丈,以便掌握實際灌溉面積和分配水量。

(3)擬辦渠道每年整修和工程預決算計劃,呈請灌委會核議後,來完成之。

(4)掌握水量分配各渠灌溉和督導檢查用水。

(5)每年調查灌區農作物面積和收獲情形,報經灌委會備查。

(6)水費厘訂與徵收,經灌委會核議决定後實行之。

(7)辦理違章用水案件和解决水利糾紛。

十一、灌委分會爲督導基層組織執行灌委會和管理處交辦事項機構,其任務不再規定。

十二、本規程如有未盡事宜,得隨時修正之。

十三、本規程經呈准咸陽專署後實行。

附録:富平縣石川、温泉諸渠公牘

1935年富平縣温泉、石川河水利調查報告的編者按語

編者按:本調查報告録自前陝西省水利局檔卷。係民國二十四年(1935年)2月7日該局委派委員徐元調查富平縣温泉、石川兩河水利,并擬組織水利協會事,向局長李儀祉所作的報告。

1935年陝西各地成立水利協會時,事前皆對各該民營渠道狀況作出調查報告,并"派專員赴各縣指導組織"(李儀祉《一年來之陝西水利》),徐元是派出專員之一。因臨近年關,指導組織事是次年春由委派另一位專員羅以禮完成的①。徐元因時間倉促,所作的調查較為粗略,所有的數字都是"約"、"估"多少,對温泉、石川兩河渠道的多少也統計不詳,一些小渠道未能計入。故只可作為對20年代兩河水利狀況的一個概略描述。

温泉河又名葦子河,狀如黄土溝谷,自富平縣城西北約廿里之街子村起東流南折後逐漸依近縣城,繞城北墻而過,東南流匯入石川河。現代地理界考證係遠古石川河一支歧流的遺谷,即古河谷而被第四系黄土覆蓋者,故谷中多泉。50年代河內尚且清流潺緩,富平縣城過去所謂"高壘環水",即因此。自可引渠灌溉,惟渠皆很小,本調查報告中列渠共十條,次年朱友椿委員所訂《富平縣温泉河各渠用水規約》② 還提到有"復興渠"、"亭子上分渠"、"大閘口分渠"等渠,渠和灌區主要在縣城附近。所以富平所謂附郭多稻田蓮池,夏季蛙聲蚊蟲極度肆虐即因此。但近二十年來地下水位快速下降,居民們謂70年代谷中鑿井二十餘米深,即可置電泵汲水灌田,近年皆已乾涸,遂多改鑿深井,地下水位因而愈來愈低。温泉河現已徹底枯乾,河谷也被闢為耕地。目前富平縣城地區已經嚴重缺水。

本報告所述岔口形勢及石川河古代渠道,也自是30年代景觀,現已完全變化。準確地

① 在此前陝西省水利局存檔同一文卷中,有羅以禮委員報告局長關於組織富平水利協會的呈文。

② 另一文卷中有朱友椿委員於同年報告局長和水利局關於核實《富平縣温泉河各渠用水規約》的呈文。

説,岔口并非山口,是渭北黄土高原被漆、沮兩水割切而成之一條谷道,河床深切於基岩之下,使石灰岩層外露,也使岩層上的深厚黄土高聳如壁。出岔口谷道向南即豁然開朗,為石川河寬大河谷,平疇漠漠,河槽宛轉游蕩其間,兩岸村莊相望,景色浩然。各古渠渠口即多開於此段兩側。西岸最為廣闊,故西岸諸渠即直接灌溉此谷川之地;東岸窄狹,因而東岸各渠灌區在下游莊里鎮附近并繼向東南延展至更遠的平原。

正如本報告所稱:“石川河渠道甚多,土地肥沃,惜以石川河水量微小,不敷分配。”30年代如此,迨至50年代後期起,開發建設加劇,乃改造古渠盡力擴大灌溉面積,廢除多首渠道,改為一首制組合渠系。先於莊里鎮西北之奥家窑村附近(古文昌渠堰口之地)建滚水壩,壩兩端各開大渠,稱民聯渠。東民聯渠統納文昌、實惠、葦子、永濟等八古渠之灌溉區域又擴大之;西民聯渠統西岸白馬渠以下各古渠灌區。又繼於莊里鎮西唐家河灘處置壩,開東岸紅旗渠,統永豐、石水、千年等七渠灌區而增大之。此後70年代間許多公社又於紅旗渠壩下游多處建壩開渠,盡取河中餘水。故今自南社鄉河濱上溯莊里鎮,河中輒多見昔日壩體及渠閘残迹。——蓋因近十多年河水斷流,無水可引,壩渠俱廢。紅旗大渠亦廢。惟剩東民聯渠尚存,此渠雖甚闊大,但因很少引水,渠系已呈頹圮之狀。

70年代末富平縣組織民力更於岔口谷道中建壩,兩端開渠稱東幹渠,西幹渠,增辟民聯渠以北的高原地帶新灌區。繼而1986年,富平、耀縣兩縣又聯合於耀縣城西二十里之桃曲坡村處建沮河桃曲坡水庫,增開高幹渠,增闢耀西高原灌區。水庫蓄水後沮河即不再有常流于下之水,而只按計劃時日開閘控制一定水流入東、西幹渠灌溉,水已經很小,下游民聯渠自更難受水了。且據稱桃曲坡水庫今後將主要用於向城市供水。

故目前常流岔口之水只有漆河,漆河流經銅川、耀縣兩城市,係工礦密集區,工礦區不但從漆河取水且使之嚴重污染。因此,今岔口谷道通常只有污水一片,又被攔入東、西幹渠灌溉,石川河遂完全斷流。又如報告中所舉之梁家泉,現在也已乾涸。目前富平各古灌區已絶少用渠水,多以鑿深井汲取地下水補救,自不可能普遍,且地下水也因此日見耗竭。就水資源而言,富平已屬資源緊缺區。

呈報往富平縣會同縣長指導人民組織水利協會并澂工疏濬各泉源事

呈爲呈報事:案奉

鈞局委令飭即前往富平調查温泉河泉源、渠道,石川河渠道、岔口形勢,并指導人民組織各河流水利協會等事,遵於一月二十五日前往該縣,會同該縣建設助理員沿温泉河、石川河,遵照指示各節詳細調查,二月三日工作完畢返局。除水利協會組織事因該縣陳述時值廢曆年底①,積俗難除,召集開會勢不可能,可否緩辦,已據情呈奉鑒准展緩外,理合將一切情形作成報告呈請鑒核。謹呈

局長李

(附報告一份)

職徐元謹呈　二月七日

呈爲呈報事:案奉

鈞局委令第一三號派往富平縣,會同縣長指導人民組織各堰渠水利協會,并徵工疏浚各泉源事。奉此遵於三月二日馳抵富平,即會同該縣縣長妥議辦法。當先行召集所轄各河渠聯保主任及各渠長等,開臨時會議。會商進行方針,議决石川河、温泉河各别組織水利協會。六日與該縣建設助理員魏汝騏往莊里鎮成立石川河水利協會。當選胡碧如爲石川河水利協會會長。十一日回縣成立温泉河水利協會。當選張永德爲温泉河水利協會會長。爲便利疏浚各泉源工作起見,將温泉河各渠道先行組織水利分會,如復興渠、圃田渠等已次第成立。各分會長亦已選出繼後即召集該河協分會會長。依照人民服役實施辦法及根據景秘書原擬疏泉浚源辦法,派定出工人役二百餘名,於清明節將該河老龍泉、鳳泉等各泉源逐一疏浚完竣。現在水流暢旺,水量豐富。關於各協分會章程及圖表等,俟石川河各分會成立後,由該縣一併呈報,奉令前因理合將辦理情形具文呈報。仰祈

鈞長鑒核,并予銷差是爲公便謹呈

局長李

附呈温泉河各渠水利協會分會會長姓名暨疏浚各泉源數目、名稱各乙紙。

附呈還徐委員報告、景秘書原擬辦法文各乙份

(附報告一份)

委員羅以禮謹呈

---

① 廢曆年底:即鄰近春節。當時有稱舊曆爲廢曆者。

調查報告

一、温泉河泉源概況

温泉河起源於縣西北之街子堡[①] 南,東行十餘里,折向東南行,出縣境後始流入石川河。全長約四十里,泉源散佈在安頭橋以上三十餘里之間。諸泉以街子西南龍、鳳兩泉爲最大。經十八九年大旱[②] 之後,諸泉流量大減,龍、鳳兩泉亦乾涸湮没而不可考矣。今者各泉散處河之兩旁及河槽之中,細察各泉,不但眼口微小,即水量流出亦無沖涌現象,此或地下水來源稀少之故。嘗詢沿河居民,則謂每年亦有淘泉之舉,收效甚微云。時值冬季,沿河田地除一部分麥田需水外,各渠多餘之水仍退入河,故河中保有水不斷下流入石川河。至夏季各渠引水,泉量不充,下流因之乾涸無水流出矣。至疏浚泉源增加水量之事,可俟水利協會組成後,由該管縣政府或委派員督飭協會,領導人民,浚現有之泉,淘被掩藏之泉,群策群力,或可收效也。今將各較大泉源列後,以供參考:

1.在河北岸街子堡之南,距河約五十公尺,有泉一,面積約 0.1 平方公尺,經小溝入河。

2.在河北街子堡東南,距河約七十公尺,出水處水塘廣不及 0.2 方公尺,疏浚後流量約可增至 0.1 立方公尺每秒。

3.在河南岸翟家崖西北,由數小泉合成,面積約十方公尺,距河可五十公尺,淘後可增流量至 0.2 立方公尺每秒。

4.河南翟家崖東北,面積約六方公尺,距河五十公尺,疏淘後可增流量至 0.1 立方公尺每秒。

5.白家堡河南,泉在柴灘上,散流入河。

6.白家堡東北角,該處由數泉合成,面積約四方公尺,南引約百公尺入河,疏淘後流量可增至 0.1 立方公尺每秒。

7.竇家堡西北,河北岸柴地上一處,距河約五公尺。

8.蕭家堡有泉二,南行約二十公尺入河。

9.竇家堡北,河南岸一處,面積約一方公寸,距河約十公尺。

10.定國寺河北岸,有泉距河約二十公尺,塘面廣約 0.5 方公尺;近水處有泉二,面積各約五十方公分。

① 街子堡:也稱街子上,今屬富平縣齋村鄉轄,距縣城約六公里。

② 十八九年大旱:指民國十八、九年陝西特大旱災年代。

11.趙家灣北河西岸,有廣約三方公尺泉塘兩處,距河約四十米,疏浚後流量各可增至0.1立方公尺每秒。

其餘各小泉不下三四十處,至被人掩滅者多無從詢問。

二、温泉河渠道

各渠大都創自明朝,性屬私有,年舉渠長管理各該渠分水修堰等事,每頭或每村設小甲一名①,巡查一切。分水之法大都計日或計時攤臨②,過去水量充足之時,各渠間極少争執,比年以各泉流量大減,用水時期不足支配,下游渠道吃虧最甚,於是争水累訟之事生焉。雖然此種情形非擴充水源不爲功,但各渠間無一溝通聲氣之組織以調和意見亦有以致之。至各渠渠身渠堰現均尚完好,今將沿河各渠分述如下:

1.直城渠　自縣西北神下村起,至齊堡村止,長半里,灌地三十畝。

2.懷德渠　自縣西北白家堡東起,盡引温泉河之水,沿北岸東行納太后廟西從北而來長約二里之丈水,此丈水亦由各小泉彙成,總流量每時約350立方公尺。再東行後經魏村、張王堡、焦家、下廟,至南陽村止,長二十二里,寬二公尺,深七公寸,現在流量約1000立方公尺,共灌地十頃。沿渠白楊約二萬株,居民約500户,農産品以棉、麥、麻、菜蔬爲大宗,該渠居諸渠之上,用水尚稱充足,設有渠長二人管理渠務。

3.順城渠　自縣西北齊堡村起,沿南岸,經金城、連城,至城北止,長五里,寬約八公寸,深三公寸。現時無水,春夏灌地時始引温泉河水流入。灌地一頃,沿渠白楊約500株,居民500户,農作物多麥、麻、菜蔬,有渠長一人。

4.玉帶渠　自北門外懷德渠分出③,南行過北門外石橋,繞城東行,過東濟橋,賽村北至陳家馬道止。長一里餘,寬半公尺,深三公寸,流量每時約100立方公尺。共灌田三頃,沿渠白楊約300株,居民300户,農産品以棉、麥、菜蔬爲多,有渠長一人。

5.天濟渠　昔日引城南南湖之水,現南湖已涸,民二十年改從城北引順城渠餘水,繞城至城南,長約一里,寬一公尺,深半公尺,溉地約二頃。農産品多棉麥,現時無水。有渠長一人。

6.倒迴渠　從城東北常家廟懷德渠分出,約一里,仍歸懷德渠。寬一公尺,深半公尺,澆

---

① 每頭或每村設小甲一名:“每頭”即每夫頭,舊制以若干利夫設一頭稱夫頭。“小甲”有值日小甲,值月小甲,此處未詳。

② 計時攤臨:不詳何意,有可能是指渠長們臨時協商分零星時辰之水。

③ 自北門外懷德渠分出:“北門”指富平縣城北門,也即今富平縣老城北門。玉帶渠於北門外不遠處從懷德渠枝分而出,乃懷德渠支渠。分出後向南過北門外温泉河石橋,再向東繞城過東門,又過東橋(東濟橋),結尾於賽村之北。此渠頗有名,所謂“水流橋上橋下”的上水便是玉帶渠。

地三頃，農産多棉、麥、麻、菜蔬。現時大部水量在中途退入温泉河[①]。樹木多屬白楊，約500株。有渠長一人。

7.圃田渠　在縣城東嘴頭從温泉河引出，沿西岸東南行[②]，歷定國寺、邢家溝，至趙家灣止，長九里，寬一公尺，深三公寸，現不引水。共灌地十頃，沿渠白楊約千餘株，居民500户，農産多麥、麻、菜蔬，有渠長一人。

8.宏濟渠　在河之東岸，出南陽村北，歷任家堡、孫家溝，至定國寺止，長三里，寬六公寸，深四公寸，現時無水。灌地二頃，沿渠白楊約千株，居民百户，農産以棉、麻、麥爲多，有渠長一人。

9.温潤渠　在河之東岸，出至孫家溝南，至下寨橋止，長六里，寬八公寸，深四公寸。現時無水。溉地二頃，白楊約千株，居民百户，多棉、麥及麻，有渠長一人。

10.利民渠　在河之東岸，出自趙村，至安頭橋止，長四里，寬一公尺，深四公寸，現時無水。溉地共約五頃，白楊五百餘株，居民四十餘户，農産以棉、麥、菜、麻等爲大宗，有渠長一人。

三、岔口形勢

沮、漆二水會於耀縣之南後，東南行，穿山，南瀉入石川河，山口即岔口也。北距耀縣可三里。東西兩山，表面均屬壤土，石層内藏；西山山脚數處可見露出岩石，東山南部更全行畢露，且作壁立狀；河底亦爲堅固之石層，石多作青黑色塊狀，似爲火成岩[③]。谷平均寬約六十公尺，長約百公尺；現時水道經東山脚下，水面寬約五公尺，深約一公尺，流速每秒1.5公尺，故流量每秒估約五立方公尺；普通洪水位較現水面高三公尺，水面寬約六十五公尺，流速以每秒二公尺計，流量每秒估約300立方公尺；最高洪水位較現水位高約五公尺，河面寬約七十公尺，流速以每秒三公尺計，則流量每秒估約800立方公尺。漆沮合流入谷爲東山南部壁岩所阻，乃略折向西出谷。洪水來時均在夏秋，水勢汹涌，水中除含有一部分泥沙外，并挾有礫石，大者直徑不下四公寸，普通均在一公寸左右，故石川河底均爲礫石所墊也。岔口以南一段河面平均寬約300公尺；西岸高出灘地約二公尺，岸以上即爲渠道縱横之田疇，高原尚在以西數里也。東岸則爲高可四公尺之陡岸。現水槽系沿西岸南行，露出水面者盡平坦之石灘。該段河道尚屬整直，惟適當岔口猛水之下，河底變化無定，不但不適於設流量斷面，且籤釘水標樁亦不能永久也。

---

① 大部水量在中途退入温泉河：這是指渠道破壞使水流失，還是另有緣故？不可解。
② 沿西岸東南行：温泉河於東嘴頭村處轉折流向東南，故言“沿西岸東南行”，即此渠與河相平行。
③ 按陝西北山山脈本無火成岩，作者誤記。

四、石川河岔口以下至趙氏河一段河道情形

石川河岔口以下，兩岸均屬平原壤土，適於耕種，河水亦挾泥而不夾沙。東岸高原，從岔口山脚起漸次東南展；西岸高原順河南行，距河岸約三里，直至高李堡以下，高原始逼近河岸。趙氏河以下又複成平原矣。此段河道無大灣曲，河面寬自百公尺至三百公尺不等，河水自岔口南流後，因西岸各渠引水，故愈下水量愈少。至盤龍灣趙氏河水來會，趙氏河現時水量每秒約二立方公尺，該河在兩原之間，河面寬僅五十公尺左右，最高洪水位較現水位高約四公尺，流量估約每秒300立方公尺。石川河洪水發時澎湃奔騰，往往涉河者不及趨避，隨水淹沉；兩岸田地亦常易冲陷。

五、石川河渠概況

石川河兩岸渠道甚多，土地肥沃，惜以石川河水量微小，不敷分配，致地多未能盡其利。各渠平時多在河中構堰，引水入渠，夏秋洪水來時諸渠有溢泛之患，洪水退後堰已摧毁，渠口升高不能引水矣。各渠多創自明朝，權屬私有，官府亦不加過問。民各自選推渠長或水老管理各該渠務。惟以利害關係，與各渠間無融合意見之機會，致争水糾紛，年必有聞。兩岸沿渠農産以棉、麥、麻、菜蔬爲大宗，樹木亦稱繁茂。今將各渠情形分述如下：

東岸渠道：

1.文昌渠　出自莊里鎮西北奥家窑西，歷楊家斜、莊里鎮、吴村等處，至東懷陽止，長三十五里，寬一公尺半，深半公尺。現時流量每時約1400立方公尺，共灌地三十頃。沿渠白楊約二千株，居民七百户，有渠長二人。

又文昌渠朱黄堡南渠底有岩石一大塊，微阻水勢，欲降低渠口引水，非浚深此處不爲功。從四周觀察，岩石似昔時口大小所冲積者，但欲整個取去實非易事，若雇石工鑿深三公寸左右則事半功倍矣。

2.實惠渠　出自文昌渠南之侯家灘，經朱黄、太和、唐家河、楊家斜，至莊里鎮北門外止。長二十里，寬一公尺，深六公寸。現時引水澆麥，流量每時約800立方公尺，灌田二十頃，白楊約千株，居民三百户，有渠長二人。

3.東永濟渠　自莊里鎮西北奥家灘起，歷崔黄、太和、張唐家河，南至莊里鎮止。長十五里，寬一公尺，深半公尺，現在流量每時約500立方公尺，溉田十八頃，沿渠楊柳約700株，居民三百户，有渠長三人。

4.東永興渠　自莊里鎮西北檀山寺起，歷張唐家河，繞莊里鎮西南抵西口頭、南午村止。長十里，寬一公尺，深半公尺。現時引水澆麥，每時流量約400立方公尺，灌地十頃，居民約三百户，有渠長二人。

5.廣濟渠　自莊里鎮西北張家灘起，歷莊里鎮、西口頭，東至毛吴村止。長五里，寬一公尺,深半公尺,現時流量每時300立方公尺,灌田十五頃,居民約500户,有渠長二人。

6.永豐渠　自許家灘起,歷西口頭、索村,至西賈堡止。長五里,寬一公尺半,深四公寸。渠中現有微量水流。灌地五頃,居民百户,沿渠有白楊二千株。

7.廣澤渠　自李家灘起,歷莊里鎮西門外,至西口頭南止。長五里,寬一公尺,深半公尺。現時無水。灌地共約二頃,居民約百户,沿渠白楊約一千五百株,有渠長一人。

8.永長渠　自別李灘起,經莊里鎮、金台、索村、賈村,至董白堡止。長十五里,寬一公尺,深半公尺。現時無水。灌地七頃,居民約三百户,沿渠楊柳約千餘株,有渠長一人。

9.石水渠　自西口頭起,歷駱村、木櫛口。樹連坊,至師家堡止。長十里,寬一公尺,深半公尺。現時無水。灌地十頃,居民約400户,白楊約五千株,有渠長三人。

10.千年渠　自別家灘起,歷樹連坊南及科子頭東,至良村止。長約二十五里,寬一公尺半,深可八公寸,現時流量每時約300立方公尺,共灌田十五頃,居民約600户,楊樹約萬株,有渠長三人。

11.永潤渠　起自莊里鎮南郭村後,歷木櫛口、温家堡、黨家堡,至南社止。長二十里,寬一公尺,深八公寸。現時無水。可灌地十頃,居民約500户,樹約萬餘株,有渠長三人。

12.廣惠渠　自趙氏河入石川河之對岸起,歷教場、謝村,至中村止。長二十里,寬一公尺,深一公尺。現時流量每時約800立方公尺,共可灌地十頃。該渠多雨澤時則引石川河水;旱則在河中築堰,導趙氏河水。居民約500户,沿渠白楊約萬株,有渠長二人。

石川河西岸渠道:

1.偃武渠　自耀縣南梁家泉起,走山腰,歷魏家堡,至山南趙家堡止。長約三里,寬八公寸,深三公寸。現無水。至山南始能澆地,共約三頃,居民約五十户,沿渠白楊約二百株,有渠長一人。

2.中渠　自岔口北梁家泉起,渠身視偃武爲低,繞嶺後經米趙堡、劉堡,至周家坡止。長五里,寬一米,深四公寸,灌地三頃。現時無水,居民約200户,白楊約700株,有渠長一人。以上二渠,河水大時則引河水,水小則引泉水。

3.小白馬渠　引岔口南石川河之水,南行約三百米,有新成之石分水洞,大小白馬渠自此分焉。石洞寬約一公尺,長約二公尺,兩洞由三積石分開,面積同大,以現在兩渠灌地相等也。小白馬在大白馬之上①,經廟溝、横水頭,南至黨家堡,西至陵李溝止。長十五里。現時流量每時約500立方公尺,渠寬一公尺半,深六公寸,可灌地十五頃,居民約300户,沿渠白

① 小白馬在大白馬之上:指小白馬渠灌區在大白馬渠灌區的上游。

楊約千株,有渠長二人。

4.大白馬渠　自石分水洞分出後,經陵李溝、十八坊,至赤兔坡止。長二十里,寬一公尺半,深八公寸,共灌地十五頃。現時流量每時約500立方公尺,居民約四百户,沿渠白楊約千株,有渠長三人。

5.永壽渠　自白馬渠駱駝村起,歷赤兔坡、覓子鎮,至鐵佛寺止。長十五里,寬一公尺,深六公寸,灌地十八頃。河水大時該渠則引河水,冬季水小時則引白馬渠水。現有水甚微。居民約百户,沿渠白楊約500株,有渠長二人。

6.新渠　起源與永壽同,歷赤兔坡、西林村,至覓子鎮止。長十里,寬1.5公尺,深約半公尺。現時無水。共可灌地十八頃,居民約300户,楊柳約千株,有渠長二人管理渠務。

7.西永濟渠　自侯家灘起,歷別家堡至南韓家止。長十里,寬約一公尺,深約半公尺,現時流量每時約500立方公尺,溉地共約十頃。居民八十户,沿渠白楊約800株,有渠長二人。

8.楊家渠　自侯家灘起至楊家堡止,長三里,寬一公尺,深可四公寸。現時無水。共灌地一頃餘,居民約四十户,有楊柳約百株,渠長一人。

9.清泉渠　自奥家灘起至崔家灘止,長四里,寬約一公尺,深約半公尺,現時流量估約每時300立方公尺,灌地約一頃,居民數十户,沿渠白楊近500株,有渠長一人管理渠務。

10.興隆渠　自朱黄灘起,歷別家堡、上官村南,至鐵佛寺止,長十五里,寬一公尺,深六公寸,現時流量約每時200立方公尺,共灌地約十頃,居民約百户,沿渠白楊近八千餘株,有渠長三人。

11.永興渠　自朱黄灘起,經別家堡至韓家堡止,長七里,寬一公尺,深半公尺,現有微量之水結冰。共灌地六頃,居民約四十户,白楊約八百餘株,有渠長二人。

12.遺愛渠　自安興灘起,經別家堡、木匠楊家、尚家堡,至鐵佛寺止,長十五里。寬一公尺,深半公尺,現在水量每時約300立方公尺,溉地約七頃。沿渠居民約400户,楊柳等樹約二千株,有渠長三人。

13.長澤渠　自木匠楊家灘起,至高李堡止,長十里。寬一公尺,深六公寸,現時無水。共溉地六頃,居民約八十户,沿渠樹木約千株,有渠長二人。

14.金定渠　自盤龍寺前起,引趙氏河水,經堡里、南曹等堡,至東西渠村止,長十五里。寬1.5公尺,深一公尺,現時水冰結。共灌地十頃。居民約五百户,沿渠楊柳約千株,有渠長一人。

呈為遵令會擬富平縣温泉河各渠用水規約

按:本《規約》草案録自陝西省水利局另一檔卷。

據30年代初李儀祉擬議①,為了管理全省已有水利,須“草擬各項關於水利的法規,供省政府采擇公布”,并“調查及研究各項關於水利的法規實施後之便利與否,隨時條陳於省政府請其修正”。又指出:“利之所在,人必争之,故水利的糾紛甚多,不能不有完美的法律管理。”已行的水利法律為《陝西水利通則》,各協會《組織規程》、《堤防修守規程》,并説明該年呈准省政府公布施行的法規條例有《洪水期内防禦水災辦法》、《平民縣移民暫行辦法》、《各縣蓄水防旱辦法》、《涇惠渠灌溉地畝水捐分等標準》、《人民服務水利工程辦法》等。并提到水利糾紛處理,認為“本省農田水利歷史悠久,水權相沿至今未經確定,值灌溉期間,争相用水,强者得利,良民抱屈,各處有‘霸王’之諺,尤以陝南為最盛,關中次之,共計百餘案……”。

可見30年代陝西省水利局鋭意圖新之際,首重法治理念與法規訂立,使省水利局具備“飭令”各縣縣政府執法的權威。這可視為本《温泉河各渠用水規約》産生的依據和背景,也表現於其内容。而按李儀祉所陳述水利法律法規訂立的步驟,凡水利局或水利協會擬具的條文,須先經省水利局核定之後呈請省政府審查核准,最後以政府飭令形式公布施行。正像前文《增修清峪河渠受水規條》那樣,先由該清濁河水利協會沐漲渠分會擬定具體規條,呈水利局,水利局鑒核後轉呈省政府確定,又以省水利局“訓令”名義指示該協、分會公布施行。顯然,温泉河各渠用水規約也將同樣,它將經由省水利局推敲定案,然後上呈省政府核准,再“訓令”温泉河水利協會和富平縣政府公布。

按當時時勢,可以相信這一《規約》是公布施行了的,但以後人事變遷,時局動蕩,温泉河水利大抵與清濁河水利一樣,并未因此而消除其固陋狀態。

案奉

鈞局一三二五〇二號委訓令,飭會同查勘富平縣温泉河渠道水量、灌溉面積,擬定用水規約具報核奪等因。委員遵於十一月十八日到縣,旋即會同縣長會長前往温泉河各渠復堪,并彙閱卷宗、縣志、碑記等項,計查得温泉河自縣城西北老龍王廟起,至縣城東南接臨潼縣界止,

① 以下所援引或轉述李儀祉語,均見《西北水利》,載《李儀祉水利論著選集》,北京,水利電力出版社,1988年,第326頁,第338頁,第344頁。對這些案件的處理,“均依《陝西省水利通則》,按照各該堰古規舊例,參以學理及現在情形,秉公處究,飭令各該縣政府執行在案”(《李儀祉水利論著選集》,第344頁)。

長約三十里。該河水源出自沿河兩岸泉眼,泉眼數目甚多,不勝枚舉。目前引温泉河水灌田之渠道,大要分之共有十條,其中沿革,有載諸縣志可資考證者,有因卷宗不全無可爲考者。爲避免糾紛起見,擬一律准其灌溉。惟今後不得擅開渠道。至目前河渠流速有可施測者,有因水枯或蘆草障礙及渠口散漫不便施測者,姑就已測者而言,計温泉河中游垂直平均流速每秒約爲0.4公尺,流量約爲每秒0.8立方公尺;其餘各渠渠口垂直平均流速大都爲每秒0.2公尺或0.3或0.5公尺,每秒流量有爲0.03立方公尺者,有爲0.04立方公尺者,但最大者大過0.5立方公尺。每畝田需水量自因農作物之種類而异,惟以時間倉促,未便詳爲考究,今據調查所得,大都以三十五立方公尺爲最大限度。爰依以上考察所得結果,參酌已往慣例,擬具用水規約草案一份。理合檢同該項草案暨温泉河渠平面略圖,備文呈請
鈞局鑒核施行,實爲公便。謹呈
陝西省水利局局長李
計呈賫《温泉河各渠用水規約》草案一份
温泉河渠平面略圖一紙

委員　朱友椿①
富平縣縣長　孫樹章

第一條　本規約命名爲"富平縣温泉河各渠用水規約"。

第二條　本規約所謂温泉河各渠②,以直城渠、懷德渠、順城渠、玉帶渠、倒迴渠、圃田渠、宏濟渠、復興渠、温潤渠、利民渠及亭子上分渠、大閘口分渠爲限。

第三條　本規約第二條所列各渠用水,悉依本規約行之。

第四條　本規約所謂用水時期,除懷德渠自華家洞至南岩村一段情形特殊外,其餘各渠平常均爲夏曆二、三、四、五、六、七、八等七個月;天旱之年,冬季種麥亦爲用水時期。

第五條　本規約第二條所列各渠之水澆田出産,以稻、麥、棉、麻爲限,其它蓮田、菜田不得使用渠水澆灌。

第六條　本規約内各渠用水時期内每個月澆田次數,均以三次爲限,并均由上而下挨次輪流灌溉,不得淩亂。每次澆田時間另條分别規定之。

第七條　温泉河在亭子上村附近分渠一道,灌田約二十畝,因地勢關係,用小閘堵河水灌

① 原件未署日期,據其收之文日期爲民國二十四年十二月四日。
② 當時温泉河上小渠很多,在此加以確定,是爲限制不規則的渠道和此後私開小渠。

澆該分渠。按照第六條之規定,用水期内,每個月閉閘三次,每次閉閘以十二小時爲最大極限,在此限期内所有水田同時灌畢;每次閉閘高度①,應爲不閉時該閘處温泉河水深三分之二,不得將水道全行堵閉。每次用水已畢,即將閘開啓,放水下流。每次啓閉閘板,須由負責人或甲長預先通報温泉河水利協會,遇必要時水利協會得派員履堪,倘有不合規定情事,應加干涉。

第八條　大閘口分渠② 灌田三十畝,因地勢關係,用閘堵懷德幹渠水灌澆,按照第六條之規定,用水期内每個月閉啓閘板共三次,每次閉閘十八小時。每次所閉閘板高度,應爲不閉時該閘處懷德幹渠水深三分之二,不得將水道全行堵閉。所有每次啓閉閘板預先通報水利協會暨水利協會派員複履堪事項,均如第七條辦理。

第九條　懷德渠自齊堡村至華家洞一段,長十二里,向稱懷德渠上游,灌田九百畝,每次澆田以八晝夜爲限(每晝夜以二十四小時計),所有該渠上游灌溉事宜,由水利協會之上懷德渠分會長一人管理,以資統率。

第十條　齊堡村至大閘口一帶懷德渠分渠,每届第四條所謂用水時期完竣,即由水利協會之上懷德渠分會長負責,將各分渠口堵塞,嚴禁故意放水歸河。懷德渠原有退水渠一道,每届用水時期應由水利協會之懷德渠分會長將該退水渠口堵塞,無論何人,不得利用該退水渠偷水灌澆蓮田、菜田。

第十一條　懷德渠自華家洞至南岩村一段,長十三里,向稱懷德渠下游,灌田約九百畝,每次澆田以十晝夜爲限,但該段在冬季種麥時,懷德渠上游亭子與小閘及儒家堡附近大閘口不得關閉。第十條規定嚴禁放水歸河事項在本條亦有效。

第十二條　順城、玉帶、倒迴等三渠係懷德渠支渠,順城渠自齊堡村起至縣城西止,長五里,灌田二百二十畝,每次澆田以五晝夜爲限;倒迴渠自北橋東至雙油房止,長一里,灌田三百畝,每次灌田以六晝夜爲限,該渠之分渠灌田四十畝,每次堵懷德幹渠水不得過十二小時;玉帶渠自縣城北門外起,至竇村止,長一里半,灌田二百畝,每次澆田以四晝夜爲限。該三渠每届第四條所謂平常用水時期完竣,即應由水利協會之各該渠分會長負責將各該渠口堵塞,使水由懷德幹渠下流,如遇天旱之年各該渠田户種麥者多,即不在此限。

第十三條　(甲)直城渠自神下村起至齊村堡止,長半里,灌田四十畝,每次澆田以一晝夜爲

---

① 閉閘高度:指閘板關閉時閘板底懸空的高度。

② 大閘口分渠:“大閘口”爲約定俗成之小地名,古即有閘。除閘後有渠曰大閘口分渠外,附近還有若干小的分渠。

限,用水完畢即放水歸温泉河;(乙)圃田渠自蓋家灣起至趙家灣止,長九里,堵引温泉河水灌田一千四百畝,每次灌田以十晝夜爲限;(丙)宏濟渠自南岩村起至孫家溝止,長三里,堵引温泉河支流灌田一百畝,每次灌田以五晝夜爲限(該渠灌有稻田特予寬限);(丁)利民渠有兩分渠,一渠自安頭橋起至馬家河止,長三里半,一渠長一里,共同堵引温泉河水灌田共一百二十畝,每次灌田以三晝夜爲限,本規約頒行之日,該渠原有老渠口即應由水利協會之該渠分會長負責徵工修成正道,其寬深尺度應與該渠已成渠道相若;(戊)復興渠自街子南起至白堡西止,長一里半,計有兩渠口,共同堵引温泉河水灌田六十畝,每次澆田以兩晝夜爲限,不得全將河水堵盡,應留有一尺寬之水口使水下流,以免妨礙下游,本規約頒行之日該渠東渠口即應由水利協會之該渠分會長負責徵工修成正道,其寬深尺度應與該渠已成渠道相若;(己)温潤渠自寨上起至寨下止,長五里,堵引温泉河水灌田六十畝,每次澆田以兩晝夜爲限,但不得將河水堵盡,應留有一尺寬之水口使水下流。

第十四條　各渠每次澆田時日,係根據各該渠實際狀況及已往習慣規定,各渠不得彼此爭執。

第十五條　各渠每年應由水利協會會長責令各渠分會長分别徵工疏浚一次;沿温泉河較著泉源,每年春亦應由水利協會會長責令各渠分會長徵工共同疏浚一次。所有該兩項疏浚工程徵工人數及方法,由水利協會會長斟酌實際需要臨時規定之。

第十六條　每届用水時期,水利協會得隨時派員稽查,如發覺有不遵守或故意違犯本規約者,應報由水利協會會長查明確實,將當事人或負責人送請縣政府酌量懲辦;其或經人指控并經水利協會會長查明確有違規情事者亦同樣處理。

第十七條　本規約頒行後,所有温泉河及第二條所列各渠兩岸,不得擅開渠道。

第十八條　本規約自呈請陝西省水利局核准之日施行(由縣政府、水利協會及各渠分會長各執存一份,并由縣政府於頒行之日布告沿河渠民衆遵照)。但或施行一年後事實上有困難之處,即由水利協會會長據情陳請縣長呈准省水利局修改一次。惟經此一修改或不予修改,應永遠遵守之。

第 二 輯

涇 渠 碑 刻

本輯資料來源的編者按語

本輯反映涇渠水利的資料,係取自今涇惠渠現存的明、清、民國碑刻七通。涇渠固史有多記,倘能盡搜漢唐以來的有關碑刻,也將不知幾許,惜已不可能。所幸60年代初涇惠渠管理局曾將元明時期涇渠水司衙門遺墟(今涇陽縣王橋鎮衙背後村)所遺明代碑刻九通,及灌區内其它橋、斗、祠廟遺址上幸存的明清碑碣五通,一齊移至渠首設亭保護;1986年又將此十四通精工拓印并裱褙成軸存資料室。嗣於1990年又組織人力委王智民先生領導編著《歷代引涇碑文集》行世,於十四通外增加歷代志乘、文人文集中所録佚碑以及私家收藏拓片,又益以現代涇惠渠和李儀祉先生墓園各碑,又於此時新在灌區覓到明代重修劉公祠(高陵縣人紀念唐代縣令劉仁師祠)碣石一方,共録入之,總計二十九通(篇)。其中古碑以記載開渠事功和官吏自詡以及唱和詩文者居多,反映民間社會情形者則甚少。蓋當時編注的旨趣在於存史,即在於凸顯涇渠自古至今的修治歷史。本次著眼有所不同,檢出能够直接或間接表現古代渠事管理和民間用水情形者,僅得六通。另附以紀念涇惠渠興建的現代碑刻一通和該碑碑陰所刊之《跋》一篇。

河渠狀況

涇河爲渭河最大支流,越三省,源出寧夏自治區涇源縣六盤山東麓之老龍潭,東南流統納甘肅隴東諸河,於長武縣馬寨鄉湯渠村處入陜境,歷長武、邠縣、永壽、淳化、醴泉、涇陽、高陵七縣境於高陵縣城西南之陳家灘注渭河。幹流全長四百餘公里,總流域面積 45421 平方公里,年逕流總量約二十億立方米。其隴東幹流所經之地爲典型黄土高原,海拔 1200—1800 公尺,黄土極深厚,支流馬蓮河西岸之董志塬尚保持十分完整的黄土原面。入陜境由湯渠村至邠縣早飯頭村段長 90 公里,屬黄土丘陵溝壑區,匯支流馬欄河、黑河等;繞經邠縣城自早飯頭切入北山山脈,至涇陽縣張家山出谷,此段長 120 公里,爲山峽,谷寬僅百米左右,兩岸石崖壁立,最窄處稱"一線天",寬不足 30 米,谷道極度盤曲,張家山上游之釣兒嘴處河曲如環,此段谷底平均坡度大至千分之六,水流湍急。自張家山出谷後豁然平緩瀉入大平原,故張家山附近乃設置引水樞紐的理想地段,鄭、白各渠和現代涇惠渠渠首皆在此。

涇河水流以豐枯不定陡漲陡落著稱,常見流量若每秒 30 立方米,常見枯流量 10 立方米左右,而突漲之洪流可高達每秒萬立方米以上,1911 年出現最高洪峰流量爲每秒 14700 立方米(係據洪水痕迹推算之值),1933 年 8 月 8 日張家山水文站實測最大流量爲 9200 立方米;而最枯實測流量爲 1954 年 6 月 29 日出現之每秒 0.7 立方米。洪峰到來則山鳴谷應,洶涌奔騰。惟洪峰持續時間皆較短,大部分數小時即迅速塌落,一日後漸趨還原;另一特點爲高含沙,因峽谷以上幹支流皆在黄土高原,每遇暴雨,隨逕流增大,泥沙即同時流動,挾沙量大小與逕流强度成正比,每一洪峰過程泥沙量亦由小增大形成沙峰,惟沙峰皆出於洪峰之後。因洪水漲落迅速,含沙量也同步變化,往往由每立方米渾水中含沙幾公斤迅速增至幾十幾百公斤,最高記録爲 1958 年 7 月 11 日發生之 1 立方米水中含泥沙 1040 公斤!折合重量比爲 63%,這與涇陽縣民間流傳所謂涇河水"一石水八斗泥"的諺語可相參證。涇河每年平均輸沙量 2.7 億噸,佔黄河年輸沙量 16 億噸的 17%,但涇河逕流總量只及黄河總量 3.8%,可知涇河的輸沙率是遠遠超過黄河的。

如此自不難明了鄭國渠不可能像岷江都江堰那樣歷久不衰,其引水工程和渠道之所以屢易屢敗,即因洪水與泥沙不可控馭。現代涇惠渠是采用新的技術和材料築壩置閘,但起初建造的大壩仍被1966年7月洪水冲毁。以至至今各部位工程仍不得不經常予以加固或更新。涇惠渠建成後爲防止高含沙水流淤塞渠道,引水十分謹慎,規定當涇水含沙量達15%(重量比)時,必須關閘停引;其北幹渠系由於渠道比降較少,11%含沙量即須停流。故涇惠渠每當盛夏易漲河時很少供水。數十年來常有因夏季酷旱而不循規定引高含沙"救災"者,過後渠道即嚴重淤塞便不得不費力清淘。故不難想象古代的渠道運用和管理也當是十分謹慎的,並且古人所面臨的困難要大得多。

涇河目前變化尚不明顯,除上游流域有點、段的水土保持設施外,絶大區域依然黄土裸露,溝壑歷歷;其幹流及各較大支流均因泥沙問題不易處理,尚無蓄水庫建設——即尚無蓄洪調節設施,故河流流量與洪水狀態仍大致如舊。至於現代污染,涇河幹流支流所經平凉、涇川、邠縣、慶陽、西峰、寧縣、旬邑等城市,皆污染之源,惟以洪水冲流,且河床岸壁黄土能够吸附污物;又以張家山以上峽谷百餘公里水流翻騰,有利水質净化,故張家山出谷處河面目前尚不太呈污染狀。

從未來計,涇河上源自當以加强水土保持育林緑化爲要,以使調蓄涵養水源,始可消除洪水泥沙之患。惟《詩經·邶風》云"涇以渭濁,湜湜其沚",似三千多年前西周時代涇河水清冽而深静,或那時流域内植物茂密,氣候温和多雨。總之涇河大致自唐代以後是患大於利。自本世紀60年代中期起,涇惠渠灌區以電力普及,遍鑿機井,乃夏季灌溉皆主要使用地下水,冬春季河水含沙小時用渠水,稱爲"渠井雙灌",既調劑了水源,又保護了渠道,效用甚好,頗負盛名。至今依然。

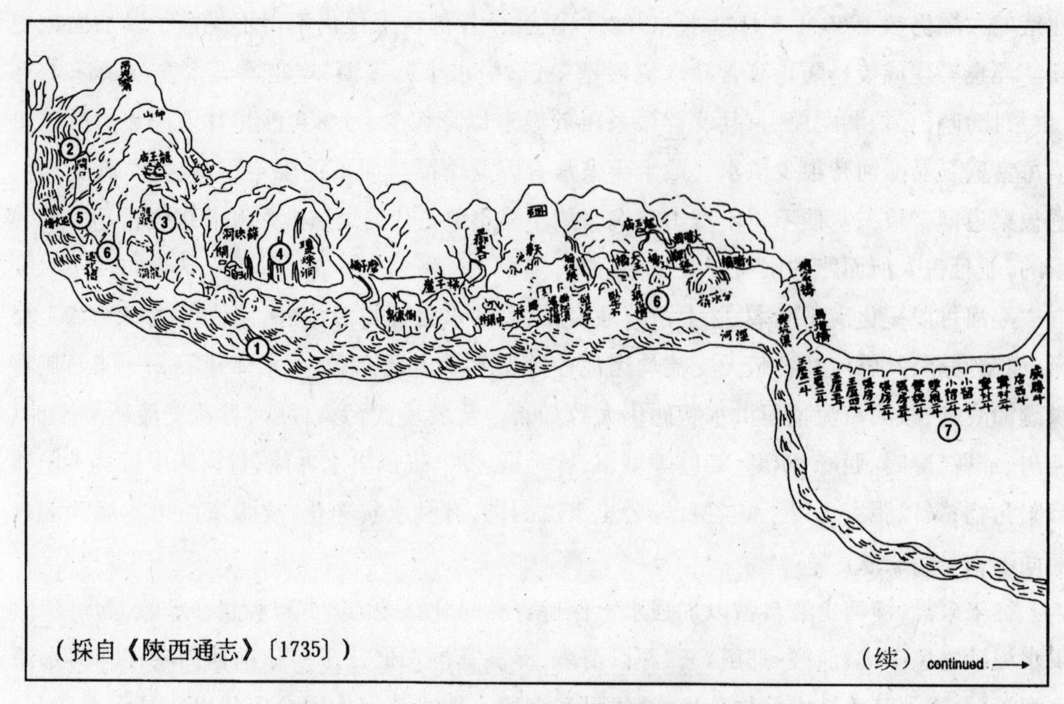

圖 6a 十八世紀的鄭白(或龍洞)系統

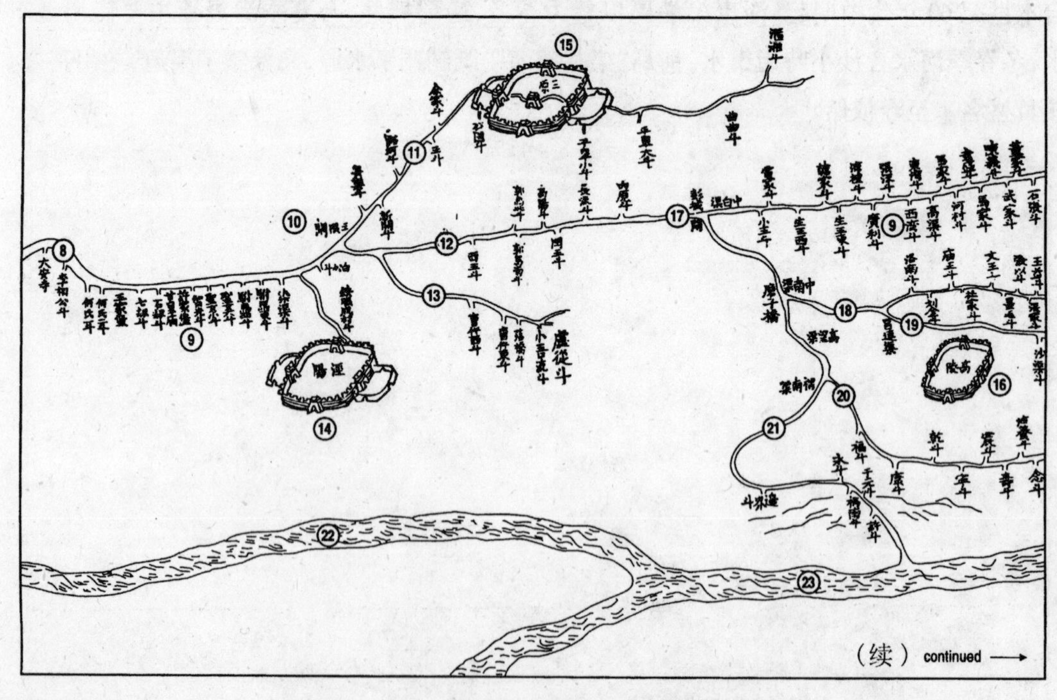

圖 6b 十八世紀的鄭白(或龍洞)系統

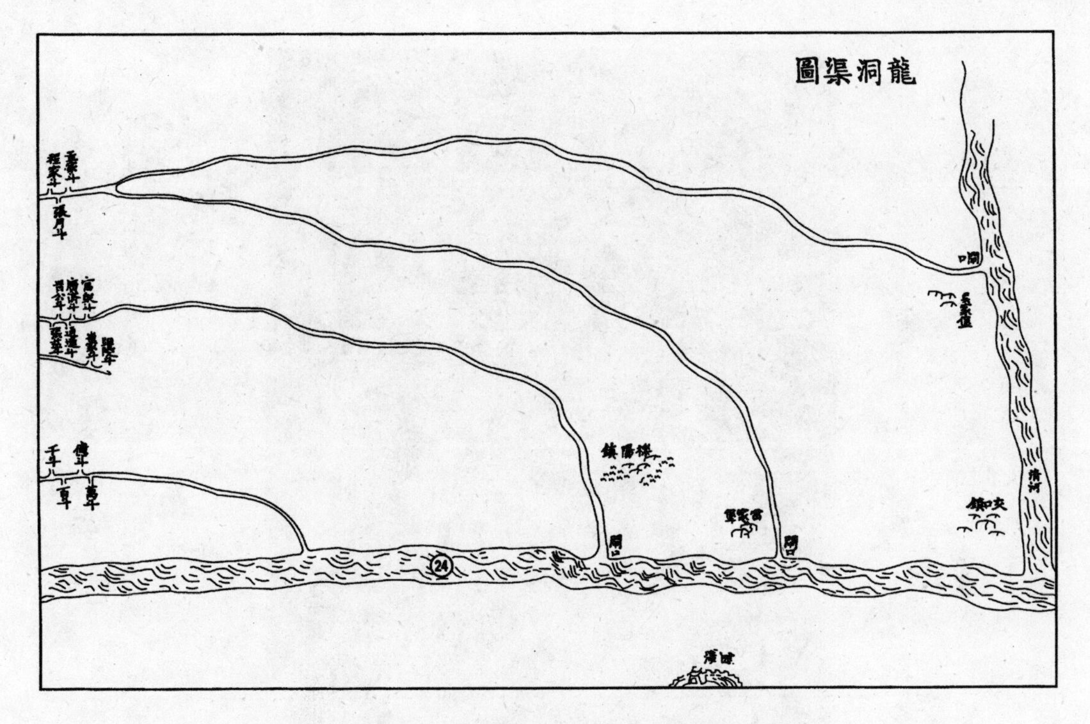

圖 6c 十八世紀的鄭白(或龍洞)系統

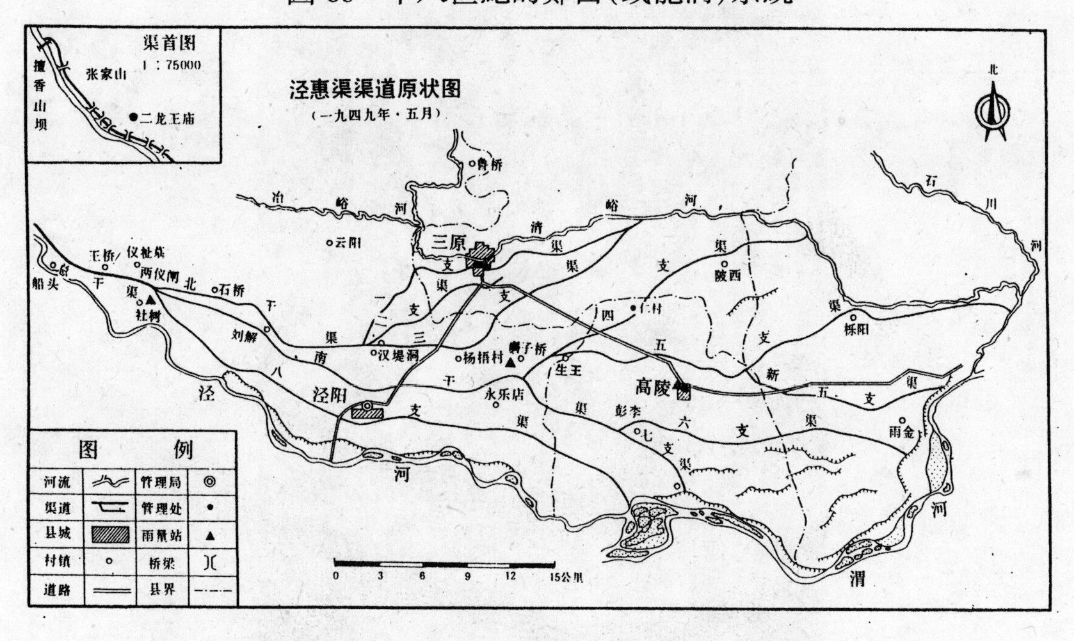

圖 7 民國之涇惠渠灌溉區圖(采自《涇惠渠志》,1991 年)

重修涇川五渠記

涇渠碑文

重修涇川五渠記

馬　理

按:本碑原立於涇渠渠司(今涇陽縣王橋鎮衙背後村前),現已移渠首碑亭。碑通高3.95米,寬1.09米,厚0.34米。圓首方趺。

元明時代的涇渠渠司(明代也稱水利司)為專門管理機構,相沿時間很長。近年勘察其遺址範圍廣約一公頃。明廣惠渠建成後,以目前所存各高大碑刻考量,似渠司也相應重建或擴建。清朝中期以後,龍洞渠管理漸轉為"專責知縣委紳士設局管理"(民國高士靄《涇渠志稿》),渠司衙門遂閒置,同治年間為陝西回民騷亂戰爭兵燹所毀,至民國初已只剩下瓦礫一片。

廣惠渠後來效益不著,大約水利司衙門也很清冷,目前尚未獲此方面記載,但可從本碑及以下兩碑略窺一二,如由本碑可知三限法規當時已鬆弛了。惟渠道工程管理仍由渠司負責,碑中的"役夫"便是渠司差役的一種,也即水手。廣惠渠以幹渠渠首至王屋一斗(今王橋鎮鎮西,斗名猶存,也就是涇惠渠總幹渠第一斗)之間定為官渠,由水手們維修管護;王屋以下為民渠,由各縣官紳組織人力自治,水手負責巡查。做工的水手多怠惰。碑中雖建議廢除役夫,改為雇工制按工給值,但没有被渠司采納。直到清乾隆中期,陝西糧道兼水利道王太岳所撰的《涇渠總論》中,仍提到渠首各主要段落"雖嘗設水吏守視,而此曹小人,不知大計,惟務偷安……"可見舊習一直相沿下去。

最可注意的是提到石工程甲的一段話。原來通濟渠"竣工"後還留有4尺高的岩石未鑿至預定深度。本碑文作於嘉靖十一年(1532),距1516年蕭翀倡導鑿渠只隔15年,渠道即因此而嚴重淤塞了,不得不再行深鑿。從目前所存各關於廣惠渠的碑記看,渠道固然開鑿困難,但官吏們作偽虛報,浮誇邀名,阿諛奉承的現象也是十分驚人的,本碑文作了一定披露。

碑文作者馬理(1472—1556)字谿田,三原縣北城人,明代著名理學家,師從王恕(王氏也是三原北城人)為河東薛瑄學派的一支,為此清全祖望《明儒學案》中列有"三原學案",馬理因得罪過嘉靖皇帝被免官,回陝後應聘纂修過《陝西通志》。本碑文當作於此時。馬理此碑書法也較為別致,集楷、行、草於一幅,又極見功力。

涇川五渠者何？鄭國渠、白公渠、通濟渠、新渠、廣惠渠也。重修者何？都御史松石劉公也。白、新二渠間有豐利焉，不曰“六渠”者何？豐利廢通濟代之①，施工止五渠耳。

蓋七國時，鄭國自瓠口鑿渠堰水而東，南注鄭、北注韓②，會冶谷、清谷、濁谷、石川、温泉、洛六河，溉凡所經田者鄭國渠也。其後涇流下，渠首仰不可用；六河亦下甚。渠南北尾俱斷不可用。漢趙中大夫白公，乃自洪口鑿山及麓二千七百餘步③，下達鄭渠項。迄南斷尾者白公渠也。先是，兒寬爲六輔渠，後人志之無定所。其諸前六河之渠歟④？蓋兒公謂鄭渠中斷，不可用，而所會河存，乃各自上流爲渠以輔鄭，故曰“六輔”耳。蓋白續其首，兒續其尾，夫然後鄭渠之利完也。“洪口”者何？中流有山根焉——蓋一山劈而二之，其諸禹導涇之功歟？——其山根斷爲巨石，水撼之不動，乃中嚙而下，激石鳴如雷，是之謂“洪口”。白公於此爲渠，蓋因其勢而利導之也。唐人從而堰之⑤，殆亦修復白公之功仍舊貫歟？故所用歷年久，是謂“洪堰”。今相地勢，堰猶可作。白公之識誠遠矣哉！後宋熙寧、大觀間，殿中丞侯可、秦鳳經略使穆京，累自洪口上流鑿山爲渠，叠石爲岸凡四十有二丈，下達白渠，獲敕賜名者“豐利渠”也。後豐利渠首仰不可用，元御史王琚又相其上流，鑿山爲渠凡五十一丈，下達豐利渠項者新渠也。後新渠首仰不可用，國朝都御史項公忠，益相上流，鑿山一里三分爲渠，下達新渠項者廣惠渠也。其視豐利、新二渠功加數倍焉。

---

① 碑文作者以鄭國渠、白公渠、通濟渠、新渠（王御史新渠）、廣惠渠并列爲涇川（涇河）五渠，自不恰當。因爲所謂豐利、新渠、廣惠三渠只是白渠向上伸展段的名稱。特别是以爲“豐利廢通濟代之”更錯，“通濟渠”只是明朝中期對豐利渠段局部所作的改善工程，與豐利渠不能比擬。

② 鄭國渠東注洛水，下游灌區在今陝西省浦城、大荔兩縣南部一帶，此處所謂“南注鄭北注韓”指伸展於華縣境和韓城境，係誇張之詞。

③ “洪口”地名今已不存，作者下文所描述的洪口似爲涇河出谷谷口，白渠口不可能在這裏。白渠口的準確位置作者並未能指出。

④ 唐代顔師古注《漢書·兒寬傳》認爲六輔渠是於“鄭國渠上流南岸更開六道小渠以輔助灌溉耳”，後世多有疑問，碑文作者以爲應是“六河之渠”，不失爲創見。現代中國水利史界多傾向於此説。

⑤ 漢代白渠渠首工程仍比較薄弱，因此到東晉列國時已經頹敗，前秦苻堅政府曾作過一次大規模整治。而以唐代設施最力，開始建築石翣（也稱將軍翣）分水。石翣是石質導流堰，類似靈渠的鏵嘴。這樣不但引洪入渠更流暢，低水季節仍能保證引水。另據《宋史·河渠志》：“渠口舊有六石門，謂之洪門。”是進水閘門，以調節引流量。又據《長安志圖》載，“洪口石堰當河中流，直抵兩岸，立石囷以壅水”。石囷堰是擋河堰，更足保證引水。正因爲這些較有力的工程設施，唐代白渠方達到全盛。此處所謂“唐人從而堰之”是有所據的。

正德間,豐利渠壞,都御史蕭公翀更自裏鑿山[①],以上接新渠、下達白渠者通濟渠也。渠甫成,工未訖而蕭公去任,後御史榮昌喻公,都御史榆次寇公,累命工鑿之,未幾俱去任。於是松石公至,相諸渠淤塞而通濟淺,議施工。於時分巡憲副劉公雍,謀協,遂督理焉。乃自通濟淺所更下鑿三尺許,闊至八尺許。長一丈,深四寸五分爲一工[②],凡六千五百工。工訖復上下疏諸渠,分工如右。工悉樹以桑、棗、榆、柳,申明三限用水之法[③],嚴禁曲防,故水利均而博焉。

時有單貳守者,嘗托理紀事至再,理未之暇也。無何,松石公丁内艱去,歲餘,涇陽霍宰復托理曰:松石公之功不可没也,先生請終記之。

十月,理躬至其地,視諸渠咸塞焉。喟然嘆曰:"事未記而若是耶?"霍宰曰:"前人之事在後人嗣之耳,使鄭國之後,無兒公、白公,又無侯公、穆公,又無王公,又無項公、蕭公、喻公、寇公、松石公,則諸渠廢已久矣!故前人之功在後人嗣之耳。"或曰龍山之北有名"銚兒嘴"者,□鑿而渠[④],以下達廣惠,恐前功終隳。君子曰:"水不入渠者是渠仰之過也。今水入渠口,山泉復多道而□(傾)瀉,渠皆一切吞而吐之[⑤],則咽喉塞之耳,豈渠之咎?塞者通之,渠口石囤[⑥] 廢者設之,是在乎人。故曰:前人之事在後人嗣之耳。進士吕子和曰:"應祥嘗讀書龍山岩,每役夫修渠,獲狎見焉:分工者咸枕鍤而卧,官至斯起而僞作,去卧如初;石工亦然。官

① 據今渠首另一通明代正德年《涇陽縣通濟渠記》碑載:"(廣惠渠)鑿大小龍山,下接新渠,其地石堅難鑿,乃緣河甃石爲堤,以接上流。遇夏秋水溢,石每崩塌,數修數廢,今五十年矣。蕭公翀巡撫茲土,乃議鑿山爲直渠,上接新渠,直泝廣惠,下入豐利,廣一丈二尺,袤四十二丈,深二丈四尺。"此處所謂"更自裏鑿山"即指此,即將原用石塊砌成的渠段放棄,改向渠道裏側的山崖下劈石爲渠。此段工程今尚存,長度也符合四十二丈,並且被現代涇惠渠繼承利用。崖壁上現存"絶渠爲雨"摩崖石刻一方。但作者馬理將此視爲"豐利渠壞"顯然不當。另外蕭翀僅只倡導此一改善工程,便被官吏們堂然題名"通濟渠",也顯然是阿諛上官作風表現。

② 此處所謂長一丈深四寸五分爲一工,不知怎樣計量。按長四十二丈、闊八尺、深三尺,總石方量應爲 10080 立方尺,共用工 6500 個,則是每鑿 1.55 立方尺岩石爲一工。基本合理。但按長一丈深四寸五分爲一工,則不可解。

③ 按《長安志圖》、唐代《水部式》諸多文獻和法典記載,唐朝建三限閘(今涇陽縣漢堤洞村)以後,由於上下游渠系繁多,分水法規相當詳備,也十分嚴肅,分水時各縣長官均須親臨閘口主持。這一規定實施很久,宋朝仍繼續。到明代大約因廣惠渠引水甚小,三限法規已無所施用而鬆弛。似乎通濟渠修治後相應用水秩序也整頓了一下,舊規又有恢復。

④ "銚兒嘴"或也叫吊兒嘴,是廣惠渠口(也是現代涇惠渠渠首大壩處)以上涇河一個大彎曲段山頭的名稱。清朝後期和民國初年,輿論多倡議在此設渠(終於未行)。由此處所記,可見明朝之時人們已注意到從吊兒嘴開渠了。

⑤ 明代廣惠渠尚未著意匯導山谷諸泉水入渠,使多道泉流亂瀉,雜以降雨時山坡逕流,挾帶土石,常冲雍渠道。

⑥ "石囤"應作"石囷"。

監之不易周也。俟數月稍通泉水而罷。"吾徒張生世臺曰,生家有役夫自述如吕子言。事之難集乃如此。

或曰二麥[①]秋種,生根在冬;禾黍春種,苗秀於夏,實於秋。苟雨雪闕,多死。故舊法十月引水,至明年七月始罷[②]。今甫暑令而水已不通,奈何?君子曰:聞三原之市有土石之工焉,計役夫所費取十分之一以雇之,不勝用矣。夫諸工者,游食之民也,貨取之於渠所,編而爲夫,遂分工而使之。訖工者給其值,否者役,闕者補,如周之"閑民"、今之"竈户",然則財不傷,民不害,而事易舉矣。理曰:此其大略也,若夫闊澤之,則在當事君子,故曰前人之事在後人嗣之耳。

於戲!雍州之事每爲天下先:天下未有人倫,伏羲作嫁娶制而有人倫;天下未有文字,書契作,倉頡出而有文字;天下未有衣食宫室制度,神農、黄帝、后稷作而有衣食宫室制度;天下未知教化,契出敷教而知教化;天下禮樂未備,文、武、周公出而天下禮樂始備;天下未有水利,涇水爲渠以富饒關中而有水利。於戲!先天下以興事,苟無超世之見,其能然耶?詳觀是渠,前人之功備矣。苟用超世之見相爲後先,斯功成不朽,各亦隨之矣。於戲!君子其勉諸勉諸!松石公麻城人,名天和,字曰養和云。

賜進士出身中順大夫南京通政司右通政溪田居士三原馬理撰并書

嘉靖十一年歲在壬辰冬十月望日立石先與執事者爲西安府同知單文彪,終事者爲涇陽縣知縣霍鵬、主簿何守庸也

碑成,駱駝灣老人暨白水石工[③]程甲來觀,老人曰:昔項公主鑿廣惠,然宣力者實布政楊公璇也。後楊公擢他方,語送者曰:"余疏是渠,分工初,各留石隔,如門限然,擬渠成而去之。今吾去而隔存,是遺憾也。"石工曰:"通濟渠役,甲原與焉,董者倦役久,爰告底績,然所未鑿石尚有四尺許耳。"理聞而嘆曰:是使劉公聞之,又得無遺憾矣乎!未幾,霍宰白曰:邇者都御史王公有新教焉:令疏鑿諸渠,伊廣惠之隔、通濟之淺、諸渠淤塞,咸令治之;又復申明水法,俾有司行焉。理曰:此其謂後先有續、用夫超人之見以立功者乎?他日渠成,並六河諸渠各疏鑿之以溉關輔,則鄭渠全功可以復見,他渠尚足言哉!是用筆之以俟。王公直隸定興人,號南皋,名堯封,字曰伯圻云。

---

① 關中人以最多種植的作物大麥和小麥稱二麥。

② 古代關中以凡能灌溉的土地稱"水地",但具體灌溉制度各有不同,今多不詳。此處記涇渠灌溉是由夏曆十月放水,至來年七月結束。係主要供給二麥秋冬春季節用水,夏季亦供春播作物用。則七至九月爲空渠以便清淤和整修。

③ 駱駝灣原爲村名,在今渠首趙家溝村附近,不知何時或因河道變遷而使居民遷移,今已不存。"白水"指白水縣,位三原縣東北九十公里,縣多石匠,近代亦然。

是年冬十二月既望日亞中大夫光禄卿前右通政　溪田居士馬理續記。

賜進士出身中憲大夫西安府知府　鹽城　夏雷篆

奉政大夫西安府同知　羅山　劉啓東

嘉靖十五年歲在丙申仲春念有二日

知涇陽縣事　沔池　張朝銃　立

工房吏　劉欽

富平　趙濟民鐫　吏潘鉞老人　楊稔

祭唐劉令文

按:這是一方碣石,應是原鑲嵌於重修後的劉公祠内某墻壁上者,方形,長寬各1米,厚0.12米。額題篆文"趙侯祭唐劉令文"7字。文共550字,共24行,行23字。石已斷裂為兩半(現經粘合)。

劉公祠位於今涇陽縣永樂鎮磨子橋(此村民國前屬高陵界)東門外涇惠渠南二幹渠大橋東側。1930年涇惠渠施工時被拆毁,以所拆磚石供修築斗門、橋梁用(當年修渠十分困苦,大部分渠系建築物建材皆取於拆毁祠廟古塔等)。

渠成後在磨子橋村附近建有南幹渠分水閘,并置管理處(今稱管理站),此碣石幸存未毁,當被移往修建管理處房舍——用以鋪襯室内屋角地面。自此數十年,直到1990年春方由該管理站員工王俊明等人發現報管理局起出運局(編者即於此時在管理局院内抄録過)。現已修整運渠首碑亭保護。

目前磨子橋村中80歲左右老人對劉公祠皆記憶清楚,謂祠相當廓大,當年賽社祈雨活動多以此祠為場所。自是代有重修。劉公四渠中的"中南""高望""隅南"三渠是在古磨子橋分水閘閘後(涇惠渠第一期工程尚承襲南渠故道作為五支渠),老人們對這些渠道也多能記憶。劉公四渠顯然直到民國初年還存續著的。

祭文中對劉公(劉仁師)的事迹追念,與中唐詩人劉禹錫所撰《高陵令劉君遺愛碑》内容略同,或趙天賜當時還看到過此碑。此碑似流傳較廣,後世各劉禹錫詩文集多有收録(可參看現代不同版本的《劉禹錫文集》)。劉仁師事迹對後世縣令、知縣官們當有榜樣作用。

天啓元年歲次辛酉七月丙申朔越十九日戊午,敕授文林郎高陵縣知縣後學晉孝義趙天賜,率衆重修唐高陵令累遷檢校屯田水部郎兼侍御史劉公廟落成。謹具牲醴庶品之儀,致祭曰:

嗟呼!俯仰古今,盱衡吏治,傳舍營遷,秦肥越瘠,視蔭而可,得代以去,名湮澤泯,邑乘不記。如劉公者,古其有幾!閥閲名胤,刕牧陽陵[1]。寒潭之清,乳哺之仁;家視其邑,子視

---

① 漢代初置左馮翊弋陽縣,不久改名陽陵縣,治所在今高陵縣西南。此處以陽陵代高陵。

其民；害則必除，利則必興。念兹雨澤，薄磽亦豐，惟彼流泉，足補天工。洪山篩水，下如建瓴。無渠無堰，泛濫歸涇，公稔其故，爲民請命。恨彼涇人，用術阻心。邑人之利，未卜何時；輿人之謗，且撓我師。自非爲民，若傷若痍；其存心也，大勇大悲。且或不斷，行止狐疑，鼻息上官，莫敢差池。此機一蹉，更貽阿誰？公獨不然，自詣相府，抗衆忤權；車茵血污！相府嘆服："真民父母！"力請於朝，得遂懿舉。

相山鑿水，河渠以興，庶民子來，轟軋之聲，渠開伍道[1]，利溥萬井！原原委委，歷塍環城。禾黍如雲，穲稏如繩。常施溉灌，不問陰晴；檉楊夾道，謳吟傾聽。民利其利，報劉恩深：請旨立廟，生子劉名。邑人桑楚，伏臘村翁，廟貌巋然，夫誰之功？昔日竇琰，導涺堰荆；秦有鄭國，惟涇是從。祠其何如？問之民風：公之勤民，活億萬口；公之留芳，垂億萬年；公祠公渠，輝映前後；公之子民，雲仍相守。

距今千載，廟貌存否：碧瓦風飄，蒼鼠晝走，丹青渝落，空增培塿。今順民心，損俸倡首，既新公宇，又肖公像。落成不日，輿情怡暢。

以公并禹，明德馨香，以余并公，愧焉增悵。桂醑山芹，惟公鬱鬯。造福遺黎，塍走群□，神其鑒之，永佑我民，雨暘時若，渠衍長虹，千載以還，鹿苑[2]常登，京坻庾廩，婦子攸寧。萬有千歲，報賽維新！尚饗！

工房吏　陳三才　席繹□　王光文
布政司吏　程應第書　作頭趙良才刻

① 劉公四渠是四條渠，其中的"中南渠"支分一條支渠曰"昌連渠"，故此處稱"渠開伍道"。

② 唐武德二年分高陵另置鹿苑縣，治所在今高陵縣城西南馬家灣一帶。貞觀元年廢，又並入高陵縣。後世高陵縣人仍多以"鹿苑"代高陵。迄今高陵縣城許多樓館還有以"鹿苑"命名者。

兵巡關内道沈示仰渠旁居民及水手知悉如有牛
羊作踐渠岸致土落渠内者牛一隻羊十枚以下
各水手徑自拴留宰殺勿論原主姑免究牛二隻
羊十隻以上一面將牛羊圈拴水利司一面報官
鎖拿原主枷號重責牛羊盡數辨價一半賞水手
一半留為修渠之用特示
天啟二年正月二十五日立

護渠碑文

兵巡關内道特示

按:本碑發現於涇陽縣雪河鄉漢堤洞村原涇惠渠北幹渠旁,也即古三限閘之旁。殆原本立於此址。荒村之間已歷三四百年之久。碑高1.88米,寬0.69米,厚0.15米,圓首方趺。字迹十分醒目,蓋以警示行人者。

此碑也在一定程度上反映了明代水利司(渠司)狀況。按《長安志圖》記載元代三白渠《用水則例》,其中多處出現"水司……輒便斷罰""嚴加斷罰"字樣,并警告"渠吏蔽匿不申,即所砍獲岸樹木、無故於三限行立者,皆有罪罰"。可見元代渠司有司法職權,權威很大。而明代水手們則遇事只能報官究治。此告示是關内道(應為關中道)道尹頒發的,也較為特殊,或出於知縣趙天賜特别請求。碑下方所署名的上中渠十斗應為十斗吏(即此時的斗長或稱斗門、斗夫)。

明清時期涇陽縣境内已形成以白渠上下游劃分三段管理的規制。上渠自王屋一斗起至今橋底鎮何氏二斗止,共二十八斗;中渠由今燕王鄉劉解村之七劫斗起,至三限閘附近白功斗止,共十斗;下渠指三限閘以下北白、中白、南白三渠各五斗。這些段落自清朝中期起各設"水老"主持。水老已呈民間色彩。則可見明代有水利司,是官管的。告示中所謂"將牛羊圈拴水利司",不一定是渠首附近的水利司總部,因距此太遠。三限閘為重要分水樞紐,此處設有分司和管理渠吏,應是拴圈於此。

趙天賜生平不詳,是當時一位相當活躍的知縣官,在高陵縣任上主持重修過劉公祠,富平縣修城外"東濟橋"他也有過捐助(現存該橋碑記有載);此次短期兼理涇陽事,看到渠道附近農民放牧又不容易禁止,便特請道臺出告示警告。

兵巡關内道沈示：

仰渠旁居民及水手知悉：如有牛羊作踐渠岸，致土落渠内者，牛一隻、羊十枚以下，各水手徑自拴〔畄〕(留)宰殺勿論，原主姑免究；牛二隻、羊十隻以上，一面將牛羊圈拴水利司，一面報官鎖拿原主枷號重責！牛羊盡數辨價，一半償水手，一半〔畄〕(留)爲修渠之用。特示。

天啓二年正月二十五日　立

上中渠	附馬東斗	附馬西斗
	聖女大斗	聖女小斗
	至廣斗	十劫斗
	七劫斗	白功斗
	成村斗	染渠斗

高陵縣知縣兼涇陽縣事奉文行取趙天賜

富平縣作頭　趙良才勒

石匠王允

撫院明文

按:本碑原立於渠司衙門。高 2.66 米,寬 0.68 米,厚 0.23 米,螭首龜趺,額題"撫院明文"四字。係西安知府率四知縣奉巡撫命刊立者。碑文很能反映廣惠渠叠遭淤積及崩塌事故又修復不力的窘況,與《涇川五渠記》碑可互相參照。而此時地方官又"年復一年","委之故事",使"小民以修渠為剥膚"。擬議的沈按察使疑即是前"兵巡關内道沈"(此人可能天啓二年由分巡道升為臬台,以新升任,故尚積極理政),但沈按察的擬議是否貫徹下去則值得懷疑,因此時已到明末,政治極衰敗。另外從廣惠渠如此難治看,到了清朝是不免要結束了。

碑文揭示了廣惠渠實際灌溉面積,只有七百五十五頃(七萬五千餘畝),這是真實的數位。但項中所撰的《新開廣惠渠記》碑竟誇稱"八千三百頃",相差如此之巨!七百多頃中涇陽縣佔六百三十七頃,幾十居其九,這也正是涇陽縣常與下游各縣發生糾紛的原因。

欽差巡撫陝西等處地方督理軍務都察院右副都御史孫,爲勒碑杜禁以垂永利事:

水利爲民生第一,開浚乃地方首務,自非念切牧民,鮮不委之故事,據按察司沈呈稱:

洪堰一渠,久被淤塞,按修堰故事,每年自冬徂春,四縣委之省祭及各渠長、斗老,糾聚人夫以千萬計;饋送糧米,玩日愒時,吏胥冒破甚深①,及至春耕人夫散去,而渠依舊未浚也。年復一年,吏書以修渠爲利藪,小民以修渠爲剥膚!非一日矣。今職委用□□□、□□□等,捐俸募工,徹底修浚一番,宿弊盡洗,水勢汪洋。欲杜往日弊竇,惟在增添水手,時時疏通。所費乃不過萬分之一,而小民得受全利矣。因查本渠舊有水手七名,今外增水手二十三名,共三十名。督責專官着時常疏壅修浚,但有冲崩淤塞,即令各水手不時點檢修浚,務期全水通行。庶民無修堰之費,而水無河伯之蠹。

果自天啓二年設立水手之後二年、三年内涇水大漲,水高數十丈,自龍洞至火燒橋泥沙淤塞幾滿——該縣申呈、水手結狀可查。賴水手不分晝夜挑浚;渠中小石,本司仍捐俸

① 此處"冒破甚深"似脱漏一"稱"字,應爲"冒稱破甚深"方通。

募石工錘破。水得通行。此法立而其效彰彰之券也。

“以後非石岸崩圮大工，該申請另議佐修外，凡小有淤塞，水手不得因循。其水手工食，每名每年給銀陸兩；復查本渠兩岸官地，自王屋一斗上至野狐橋[①]可以耕種，久被豪右霸占，仍仰令該地方清丈明白，每名給種無糧官渠岸地，准抵工食銀貳兩伍錢外，給銀叁兩伍錢。共該工食銀一百伍兩。此項銀兩應在涇、三、醴、高四縣受水地内照畝數均攤。查得四縣受水地共七百五十五頃五十畝，每頃該派銀壹錢叁分捌厘玖毫捌絲零。其涇陽縣受水地六百三十七頃五十畝，該派銀兩捌拾捌兩伍錢玖分玖厘玖毫捌絲；高陵縣受水地四十頃五十畝，該派銀伍兩陸錢貳分捌厘柒毫伍絲；三原縣受水地四十六頃五十畝，該派銀陸兩肆錢陸分貳厘柒毫叁絲；醴泉縣受水地三十一頃，該派銀肆兩叁錢捌厘玖毫叁絲。自天啓三年起另立一簿，徵收完日，關送涇陽縣類貯，分爲上、下半年支給。”

據議，深於水利有裨。誠恐日久，各官遷轉不一，新任未諳，妄自裁革；或各役朦朧告退，致已效之良法偶替，斯民之水利無賴。合擬將水手名數及四縣地畝、應派工食銀數，勒之於碑，永爲遵守。檄專官水手等毋始勤終怠，仍按季申報本院并各該管衙門，庶本之最殿并各役之功罪，稽查有憑而洪堰有賴。不負沈廉訪設立之美意矣。須至碑者。

天啓四年歲在甲子長至日

西安知府　鄒嘉生

涇陽縣知縣　苗思順　主簿　劉進龍　催工人　徐盈　涇陽　張齊仁

三原縣知縣　姜兆張　主簿　孫文紹　三原　姜士俊

醴泉縣知縣　梁一瀾　主簿　包大圭　醴泉　高□烈

高陵縣知縣　聶溶　典史　□□　高陵　黄夢麒

石匠　王允

① 野狐橋和上文的火燒橋皆古渠上原設之渡洪橋橋名。野狐橋處今爲涇惠渠渠首管理站所在地，下距王屋一斗十餘華里，爲官渠區，兩岸有官地，面積是不小的。

龍洞渠鐵眼斗用水制度碑

成村鐵眼斗利夫聲明碑

按:此碑原立於原涇惠北幹渠慶家村公路大橋附近,也就是古中白渠的成村斗斗口旁——今涇陽縣燕王鄉慶家村村北。碑高2.04米,寬0.69米,厚0.15米,圓首龜趺,額篆"皇清"二字。原無題,本題為編者加。

此地東距漢堤洞(三限閘)約3華里,南至涇陽縣城8里。成村斗是中渠十斗的第九斗。成村(今慶家村旁)之南依次有石村怡家、石村楊家兩村,再南經寶豐寺村、木流村、金柳村而達縣城。則碑中的"斗門慶文有"以及文後署名的衆多怡姓、楊姓利夫,顯然是現在慶家村和怡、楊三村中慶、怡、楊三姓人家的先祖,因他們居住斗渠上游,即"去斗近者",故署名最多——或即是由他們倡導而立碑的。

成村斗是一條特殊斗渠,據清宣統涇陽縣志載:"唐時於成村斗分水三分,長流入縣,以資溉用,名曰水門。不知何時更定每月初一、初五、初十、十五入縣,凡四次,不再溉田之數。"另據晚清高陵縣名流呂涇野著《涇陽縣修城記》一文(高陵縣圖書館存《重刻呂涇野先生文集》卷十八),文中記唐時有渠穿涇陽縣城,後漸廢,至明代乃再次恢復,渠道穿過城墻時砌作石渠,并加"鐵窗"(即鐵栅欄)等等。目前城内有少數高齡老人還能記憶,民國初年該斗渠是自縣北門附近入城,過水道巷(今城内糧集路),繞縣衙(今縣政府大院)北墻外,西流入文廟,供衙、廟及居民商户飲用洗濯;尾水流出南城墻注往涇河。那麽嘉慶時代是"三日放長流入縣",清末民初已增至四天了。所以成村斗很優越,享有水程多達十六天之久。

清代龍洞渠屬"一條鞭"式管理(即集中統一),而碑文中"共利夫廿三名半"、"共額澆地廿一頃六十畝"兩句,當指原來分配水的計算方法,看來和"一條鞭"的管理方法有關。即龍洞渠管理機關按每一斗利夫和灌溉面積的總數分配水,把各斗應分水程定為總額,計算單位為"一利夫"。那麽,"利夫"也許是一綜合單位而不是一户人家。目前此地已滋繁至七八個村莊,五千多村民:目前諸村的土地面積與當時"廿一頃六十畝"大致吻合。

因水小,全渠105斗,各斗應分水程很小,多只是幾個時辰,而且各限分水,惟成村斗居於限渠上游,反而水程如此之大。清道光蔣湘南纂《涇陽縣志·後涇渠志》對此也有詳細記載。不過蔣志記載全渠灌溉面積為六萬七千餘畝,與明末廣惠渠面積相近,疑其有失準確。本碑立於嘉慶年,尚説明"昔年每名夫澆地九十餘畝,邇來去斗近者只可澆地三四十畝,離斗遠者僅能澆地三四十畝而已”。可見龍洞渠初時灌溉面積已是大大减少了。清末民初統計的準確數據只有兩萬餘畝。

值得注意的是碑下署名的衆多“利夫”一律是“舉、貢、生、監”,且多達十九人,説明這些紳士在保護成村斗的水程不變。

那麼居於最下游的高陵縣,渠利之微便可想而知,據清光緒《高陵縣志》載,道光年間由於知縣陶寶廉力争,其劉公四渠中的吕蓮渠才得以受水一次。可是到了同治六年,“知縣洪敬夫按《用水則例》遣縣民百餘人按期迎水,奈水剛入縣境,又忽倒流,即馳騎趨視,又被水手盗决。至光緒年間縣之渠堰已多年平於地”。碑中所列之卷宗二、三正可以為此作注。特别是卷宗三高望渠的投訴,十分痛苦,他們遠赴王屋一斗將水放下,但流至成村便被堵截。

總之,這似是一通頗可重視的碑,出自民間,反映了龍洞渠許多真實情形,也表現了上游涇陽縣獨霸水利的事實。

嘗聞龍洞渠創自秦代,發源於涇邑之洪口,灌溉涇、三、高、醴四縣民田。涇邑之渠原分上、中、下①,上渠一十八斗,中渠十斗,下渠一十五斗。其渠道系屬一條鞭②,用水之章程自下而上。

其中渠十斗之中,有成村鐵眼斗,亦嘗聞之前人云由來已久。該斗口係生鐵鑄眼,周圍砌石,上覆千鈞石閘。每月在於鐵眼内分受水程,大建初二日起,小建初三日起,十九日寅時四刻止;每月初五、初十、十五日三晝夜長流入縣,過堂游泮,以資溉用,名曰官水。除官水之外,共利夫廿三名半,每夫一名,額澆地九十一畝九分四厘奇,共額澆地廿一頃六十畝六分三厘。載在《水册》,存在工房,確鑿可查。但昔年每名夫澆地九十餘畝,邇來去斗近者只可澆地三四十畝,離斗遥遠者僅能澆地二三十畝而已。此渠水今昔大小不一之故也,而亦不必論矣。

只緣三、高水老、斗門不諳鐵眼斗每歲正賦輸納廿一頃餘畝之水糧;修渠當堰,支應廿一頃餘畝之差徭。以其居於下游,動輒禀供,不云鐵眼斗偷盗,便云堵截,以致三、高、涇縣主關移往來,不勝浩繁。余斗之利夫人等再三思,維民享水利,三邑之主有案牘之繁,心實不安。故謹將該斗使水起止日期、利夫名數、溉地畝數以及三、高水老、斗門禀過情由,逐一刊刻,以示余斗後之人,各照《水册》所注日時遵規灌田;俾三、高水老、斗門知此鐵眼斗係朝廷所設,

① “上中下”三段可見前文《兵巡關内道特示》按。

② 此處所謂“一條鞭”(或作“一條邊”),當指全渠不分各縣各斗統一管理的意思。明嘉靖宰相張居正實行併田賦,差徭、雜款等等統一計賦之制,當時俗稱一條鞭制,清代因之。後人們每以“一條鞭”作集中統一的概念使用。民國時代猶存。

并非私自擅立。以杜訟端，以免三邑之主關移往來，上下相安，彼此永享水利。豈非善後之舉？因此竪碑以垂永久云爾。

計開：

乾隆五十三年七月十三日，三原縣鄭白渠五斗斗門、水老馬俊等①，在於原主案下禀稱，伊縣水程不能抵原，查至涇陽縣北，水向南流，係鐵眼斗偷盗。等因。蒙原主關查，經成村斗斗門楊世賢以據實禀明事，禀至縣案：是年七月廿六日蒙准關覆，内開："兹於乾隆六年《四縣受水日期、夫名印册》内細查涇陽縣中渠成村斗，每月在鐵眼内分受水程，大建初二日起，小建初三日起，十九日寅時四刻止；共利夫廿三名半，共受水地二十餘頃。並非偷盗。"等因。結案。本縣工一房有卷

乾隆六十年六月十三日，蒙高陵縣主以"據供關查"等事，内開：據水老孫太斌、左九思同供："鐵眼斗將一半水盗去"等因。經成村鐵眼斗斗門慶文有以遵票禀明等事，禀至縣案：是年六月十八日蒙准關覆，内開："鐵眼斗由來已久，并未盗水"等因。結案。本縣工二房有卷

嘉慶廿四年六月十二日，蒙高陵縣主以"移查飭禁"等事，内開：高陵縣高望渠馬應斗禀稱："六月初一日巳時，在於王屋一斗將水放過，不料流至涇陽縣北鐵眼斗，眼大五寸餘，將水堵截"等因。經成村鐵眼斗利夫楊歧靈，於七月初三日以遵票禀悉等事，禀至縣主案下。蒙准移覆，内開："鐵眼斗從無滲漏，亦無堵截"等因。結案。本縣工一房有卷。

右刊此歷年卷宗，冀於余斗利夫人等各悉三、高之水程所關重大也！

嘉慶廿四年冬月吉日　本斗利夫：

舉　人　怡文煒　李蒂堅　張　鈺　楊岐靈　怡文珩

生　員　怡文熙　怡文焕　楊嵩壽　楊先春　楊世賢　楊高望　楊岐英

貢　生　怡文焯

監　生　胡顯鳳　怡望周　申乃修　楊清蕙　怡文杰　孟思明

仝立

① 乾隆五十三年早已是龍洞渠了，因水量減小，其北限渠已很少放水，此處所謂"三原縣鄭白渠五斗"，當指中限渠的五個斗渠，位於今三原縣高渠鄉一帶，與涇陽縣"下渠"段相接。

龍洞渠記

龍洞渠記

按:碑原立於社樹村海角寺公所,後寺毁碑存。碑高2.45米,寬0.76米,厚0.17米。海角寺毁於何時尚不清楚,據附近老人們回憶,民國初年龍洞渠公所仍在社樹村。社樹村中有姚姓,自元代末歷明、清數百年,經營絲綢、茶及川、滇、鄂、貴一帶土産貿易,資本雄厚,并由商而官,成為罕見的富貴巨族。民國初年村中仍到處花園大第,牌坊樓臺,以及許多廟宇宗祠和商鋪等,而王橋鎮反而狹小疏落,故清末民初社樹村實際是涇陽縣西北境的大市鎮。李儀祉創涇惠渠時,還受到姚姓的一支的主人姚介方支援,提供其一所宅第作工程總部和物資器材倉庫。姚介方并出任過民國六年龍洞渠副渠總。

此次整修是涇渠自明代起無數次由陝西巡撫大員主持工程的最後一次,并動用了公帑。不過清末民初涇、三、高三縣的水利是否因此得到一次振興,仍没有文字和口碑可據。惟據民初《續修陝西通志》提到:“廿六年六月,暴雨壞堰。”似成效不著。本碑文中所擬的設公所、立渠總以及“長籌經費”、“酌定章程”等,是否完全實施并行之有效,迄今無文字可據,也無相傳口碑。或有疑此時正值“戊戌政變”、義和拳,以及緊隨的“庚子”戰亂,因政局動蕩而未能兑現。

按近代各史料,魏光燾是清室末年的一位“幹員”,主持此工程後不久被調任江西省。他是湖南人,“湘軍”首領之一,似乎還很惦念“同治中興”的文臣武將們,所以特别提到袁保恒修渠。袁保恒修渠大約確是抱著那種“建功”之志,蠻幹了一陣,高士靄《涇渠志稿》中説:“……鄭白不能引,袁公引之,所謂居今之世,反古之道,宜其無效也。”

關中水利以鄭國渠爲最古,漢時於鄭渠南穿白渠,晉唐迄今,均循其故道,在宋曰豐利,元曰王御史,明曰廣惠,雖因時制宜,經營不同,其利民一也。國朝康熙、乾隆、道光間,叠因時修葺;而龍洞之名則昉於雍正中總督查公①。蓋歷代之渠,皆引涇水,至公乃鑿仲山,引龍

① 清雍正陝甘總督查朗阿曾督率士兵大規模浚淘過廣惠渠,浚泥之後,一些文件記龍洞泉等泉水汪洋匯入渠道狀況。此處誤以爲從此改稱龍洞渠。龍洞渠之名是乾隆二年正式“拒引涇泉”之後改稱的。

洞泉東會篩珠等泉入渠,不復引涇,故易今名。同治中袁文誠[1] 欲復引涇之制,而涇水暴發,功不果就。然龍洞亦時有淤塞之患。

光緒六、七年經馮展雲中丞動帑興修,十一年復飭塗令官俊[2] 就地籌款疏浚,而水力不廣,惟涇、三、醴三縣得受其澤,僅蔭地三萬九千餘畝,高陵則無復有灌溉之利。丙申,予奉命來撫是邦,習知此渠未盡厥利,思復舊績而益民生也。商之李鄉垣方伯,籌提庫帑,得請於朝。乃分檄各營,並力挑汰,塞者通之,淤者去之。修復截渡山水各石橋,以防沙石;開張家山大龍王廟後等處新土渠三道,截取山水,使不横冲,以保渠岸。復派員督集民夫,分修涇、原、高、醴四縣民渠,以廣利導。

工將竣而大雨,自六月至於十月不止,涇水屢漫,渠道復壅——蓋由原修之瓊珠、倒流[3] 二石堤低下;而中渠井逼近涇水,井口空虚,泥沙易入。乃命加高二堤,封閉井口,以防涇水倒灌。又勘明大、二、三龍眼[4],内有石渠,上有流泉,——即明廣惠渠引涇入渠舊道;四龍眼内舊有石堤,遏絶涇水。乃浚大、二、三龍眼,以出長流之泉,而益固四龍眼之堤。復修石囤,收鳴玉泉入渠,以益水源。除新淤、葺頽圮、益浚支渠并復高陵廢渠,拮据經營,事以粗集,增溉地十萬畝。

乃就地長籌經費,以資歲修;立各縣渠總,以專責成;設公所於社樹[5] 海角寺,以便會議;酌定章程,以垂久遠。每年夏秋由涇陽水利縣丞會率涇陽渠總,就近督同額設水夫,按月三旬,勤刈渠中水草;九月之望,各縣渠總會集公所,勘驗渠道及各渡水石橋、截水土渠。遇有微工,隨時修理,只許動用息銀;工程較大則先行核實估計,稟候批准,酌提存本,工竣造報。蓋予爲渠計長久者如此。後之君子,誠能倡率地方,益籌經費,俾非有大工不再動用國帑;稽查現章,俾勿廢墜,更因時補救廣所未及。使渠之利被諸萬民,貽諸後世,是則予之厚

---

① 袁文誠指同治年駐陜西涇陽一帶屯田將軍袁保恒(平息陜甘回民騷亂之後置),袁曾計劃在王御史渠渠口處設置堤堰以導涇水入渠,但失敗。今尚留有工作遺迹。

② 塗官俊是光緒初涇陽縣知縣,在任很有政聲,除幾次修浚涇渠之外還整修過街市,創建過涇陽崇實書院等。至今民間還流傳有不少關於"塗大老爺"的傳説。宣統《涇陽縣志》有記。

③ 此處的"瓊珠"、"倒流"是兩泉水名,與下文的"鳴玉泉"都是泉群中的大股。龍洞渠時在各泉下瀉處皆設置石堤或石囤以聚泉入渠,倘不堅固或低矮,即易被暴漲的涇水冲决或浸入渠内。下文的"中渠井"在大龍山隧洞(現涇惠渠渠首二號隧洞)出口處,石渠右岸原鑿有排沙孔一道,洞中清除泥沙由此排入涇河,稱爲中渠井。距河道主槽僅十餘米,大汛時洪水易從此冲入渠道。

④ 龍眼是原廣惠渠隧洞上部鑿通的天孔,係施工時爲通風采光而設。隧洞内四壁多有小泉從石隙滲落。此處謂"浚大二三龍眼,以出長流之水",也就是疏浚隧洞内淤積物以使泉水暢流,爲歷次疏浚渠道最難施工的工段。四龍眼下部的"石堤"便是爲"拒涇"而填築的障礙。

⑤ 社樹即社樹村,位於王橋鎮東南三公里,是涇陽縣最大的村莊之一,而且非常富麗,社樹村遠大於王橋鎮,管渠公所一直設在此。

望也。

是役始於戊戌三月，竣於己亥春莫，共用公帑四千九百九十餘兩。首其事者爲嚴道金清，董其成者爲賀丞培芳，督其工者爲譚總兵琪詳、龔參將炳奎、劉參將琦、蕭游擊世禧。時任涇陽者則張令鳳岐，三原則歐令炳琳，高陵則徐令錫猷，醴泉則張令樹穀。始終襄其事者則于紳天錫[①]。予既嘉在工者相與有成，復記其事於石，以諗後之官斯土者。

□□兵部侍郎兼都察院右副都御史總理各國事務大臣陝西巡撫部院西林巴圖魯邵陽魏光壽撰

清光緒二十五年己亥仲春夏月　日　立石

① 于天賜(生卒年不詳)是王橋鎮著名富紳，目前還流傳有許多關於于家的傳説。民國六年陝西水利分局成立時于被任命爲龍洞渠的渠總。

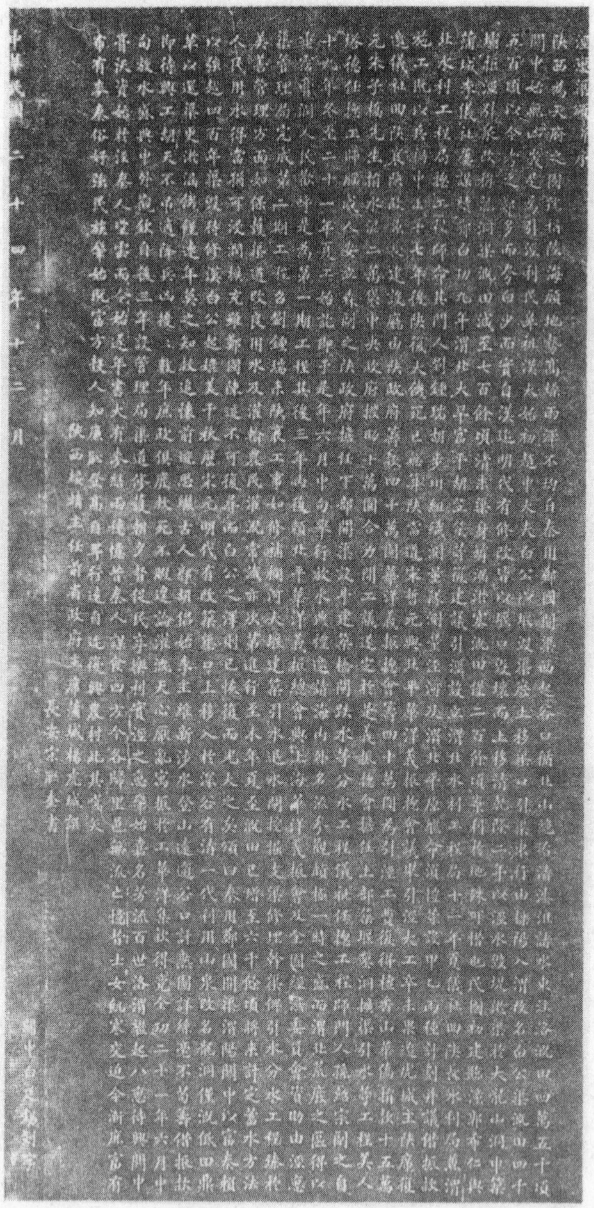

涇惠渠頌并序（陽）

涇惠渠頌并序及碑跋

按：本碑原立於涇陽縣城原涇惠渠管理局院内，1982年遷至李儀祉墓園中保存。碑石正面為楊虎城將軍撰《涇惠渠頌并序》，碑陰刊李儀祉所作《涇惠渠碑跋》。碑文概述引涇灌溉的歷史，着重記載涇惠渠興建的艱難歷程，并歌頌了涇惠渠建成後的灌溉效益和灌區繁榮景象。碑跋所記"希仁、笠僧倡始"，即郭希仁、胡笠僧兩人倡議光復引涇灌溉大業。李儀祉於1913年2月再次赴德留學時，適逢陝西軍政府高等顧問郭希仁奉命赴歐洲考察，請李儀祉任翻譯，同行歐洲諸國，看到德、法、荷蘭等國水利發展，國家富强，深受感動。郭乃建議李改學水利（李儀祉原係因興修西潼鐵路培養人材而赴德留學），李於是決定入丹澤工業大學專攻水利。1915年學成回國，受聘於南京河海工程專門學校任教。1917年，郭希仁兼任陝西省水利分局局長，矢志恢復鄭白舊觀，曾草測地形擬就引涇計劃，并求助於李儀祉。1921年，陝西靖國軍領導人于右任、胡笠僧，建議利用賑災餘款，着手興辦，成立"渭北水利委員會"，公推社會名流李仲三為會長，力促李儀祉回陝任總工程師。此時郭希仁病重，更盼李回陝實施振興陝西水利之宿願。1922年郭過世後，李儀祉繼任陝西省水利分局局長職務①。

陝西爲天府之國，號稱陸海；顧地勢高燥，雨澤不均。自秦用鄭國開渠，西起谷口，循北山絶冶、清、漆、沮諸水，東注洛，灌田四萬五千頃，關中始無凶歲，是爲引涇利民鼻祖。漢太始初，趙中大夫白公以堰毁渠廢，上移渠口，引渠東行，由櫟陽入渭，改名白公渠，溉田四千五百頃。以今考之，鄭多而誇，白少而實。自漢迄明，代有修改，皆以堰口毁壞而上移。清乾隆二年，以涇水毁堤淤渠，於大龍山洞中築壩，拒涇引泉，改稱龍洞渠，灌田减至七百餘頃。清末，渠身罅漏淤塞，溉田僅二百餘頃，弃利於地，殊可惜也。

民國初建，臨潼郭希仁與蒲城李儀祉，屢謀續鄭白功。九年，渭北大旱，富平胡笠僧等復建議引涇，設立渭北水利工程局。十一年夏，儀祉回陝，長水利局兼渭北水利工程局總工程師。命其門人劉鍾瑞、胡步川組織測量隊，測量涇河及渭北平原；繼命須愷等設甲乙兩種計劃，并議借振款施工，既以兵禍中止。十七年後，陝復大饑，死亡無算。陝當道宋哲元與北平

① 據《歷代引涇碑文集》，第74、77頁。

華洋義振總會，義舉引涇大工，卒未果。

迨虎城主陝席，復邀儀祉回陝，襄陝政，兼長建設廳。由陝政府籌款四十萬元，華洋義振總會籌四十萬元，爲引涇工費。復得檀香山華僑捐款十五萬元，朱子橋先生捐水泥兩萬袋，中央政府撥助十萬元合力開工，議遂定。於是義振總會擔任上部築堰、鑿洞、擴渠引水等工程，美人塔德任總工程師，〔腦威〕(挪威)人安立森副之；陝政府擔任下部開渠、設斗、建築橋閘、跌水等分水工程，儀祉任總工程師，門人孫紹宗副之。自十九年冬至二十一年夏工始訖，即於是年六月中旬舉行放水典禮，邀請海内外名流參觀，頗極一時之盛。而渭北荒廢之區，得以重沾膏潤，人民歡呼，是爲第一期工程。其後三年内復賴北平華洋義振總會與上海華洋義振會及全國經濟委員會資助，由涇惠渠管理局完成第二期工程。召劉鍾瑞來陝襄工事，如修補攔河大堰，建築引水退水閘，挖掘支渠，修理幹渠，俾引水、分水工程臻於美善。管理方面，如保護渠道，改良用水及灌輸農民灌溉常識，亦次第進行。至本年夏至，灌田已增至六千餘頃，將來計定蓄水方法，人民用水得當，猶可浸潤擴充。雖鄭國陳迹不可復尋，而白公之澤，則已恢復而光大之矣。

頌曰：秦用鄭國，開渠渭陽，關中以富，秦賴以强。越四百年，渠毁待修，漢白公起，媲美千秋。歷宋元明，代有改築，渠口上移，入於深谷。有清一代，利用山泉，改名龍洞，僅溉低田。鼎革以還，渠更淤漏，饑饉連年，莫之知救。追懷前迹，思繼古人，郭胡倡始，李主維新。涉水登山，遠逾谷口，計熟圖詳，絲毫不苟。籌借振款，即待興工，胡天不吊，適降兵凶。擾擾數年，庶政俱廢，救死不暇，遑論灌溉。天心厭亂，寓振於工，華洋集款，得竟全功。二十一年，六月中旬，放水盛典，中外觀欽。自後三年，設管理局，渠道修護，朝夕督促。民享樂利，實涇之惠，肇始嘉名，芳流百世。洛渭繼起，八惠待興，關中膏沃，資始於涇。秦人望雲，而今始遂，年書大有，麥結兩穗。憶昔秦人，謀食四方，今各歸里，邑無流亡。憶昔士女，饑寒交迫，今漸庶富，有布有麥。秦俗好强，民族肇始，既富方穀，人知廉耻。登高自卑，行遠自邇，復興農村，此其嚆矢。

陝西綏靖主任前省政府主席楊虎城撰

長安宋聯奎書

中華民國二十四年十二月　　　　關中白廷錫刻字

涇惠渠碑跋

甚矣成事之難也引涇之事自希仁笠僧倡始繼之者迭有人然十餘年未能實施至丁民十七暨十九數年大旱饑饉流亡載道而莫之救迨虎城主席乃毅然為之時余任導淮要職亦决然舍棄歸而相助誠以拯民水火之舉不容漠視之也既蒙多方之義舉亦望庶民之子來經營之始由涇原高醴臨五縣組織引涇水利協進會冀人民有財者輸財無財者輸力乃進行五閱月協進會一無所展旋以省令撤之時大饑之餘全陝各縣之困苦有十倍於五縣者各縣人民含痛茹辛省府同仁刻苦奮勵以竭蹶所得之資不惜費之於引涇一事第一期工費合計為款一伯二十萬四千餘元其後又繼之四十二萬一千餘元總計全工共糜款一伯六十二萬五千餘元一不出於受惠諸縣工程進行之中每以小故而生阻礙功成之後食其利者又每以水費輸納為爭持此豈重念公益者所應有哉且水利負擔無論政府管理與人民自管皆莫能省免套寧之黃河渠每畝負擔五角至七角甘肅之水輸灌溉開辦每畝攤至三十元修理費每年每畝亦三四角今涇惠渠水費多者每年每畝五角少至一角其有特殊情事尚可請核減免政府體念民生不可謂不至而仍有未諒解者庸詎知全省應興之水利尚有許多為人民謀安阜國家謀富庶皆不能不以次舉辦使政府年年耗巨款而無所補益其將何以為繼哉讀楊公虎城之文不禁感慨係之蒲城李協跋　興平趙玉璽書

中華民國二十六年三月下浣　立

涇惠渠碑跋（陰）

涇惠渠碑跋

甚矣！成事之難也。引涇之事，自希仁、笠僧倡始，繼之者迭有人，然十餘年未能實施。至丁民十七暨十九數年，大旱饑饉，流亡載道，而莫之救。

迨虎城主席，乃毅然爲之。時余任導淮要職，亦決然捨棄，歸而相助，誠以救民水火之舉，不容漠視之也。既蒙多方之義舉，亦望庶民之子來經營之。始由涇、原、高、醴、臨五縣，組織"引涇水利協進會"，冀人民有財者輸財，無財者輸力。乃進行五閱月，"協進會"一無所展，旋以省令撤之。時大饑之餘，全陝各縣之困苦有十倍於五縣者，各縣人民，含痛茹辛，省府同仁，刻苦奮勵，以竭蹶所得之資，不惜費之於引涇一事。第一期工費合計爲款一百二十萬四千餘元；其後又繼之四十二萬一千餘元，總計全工共縻款一百六十二萬五千餘元，一不出於受惠諸縣。工程進行之中，每以小故而生阻礙；功成之後，食其利者，又每以水費輸納爲争持。此豈重念公益者所應有哉？且水利負擔，無論政府管理與人民自管，皆莫能省免。套寧之黄河渠①，每畝負擔五角至七角；甘肅之水輪灌溉，開辦每畝攤至三十元，修理費每年每畝亦三、四角。今涇惠渠水費，多者每年每畝五角，少至一角，其有特殊情事，尚可請核減免。政府體念民生，不可謂不至，而仍有未諒解者。庸詎知全省應興之水利尚有許多，爲人民謀安阜，國家謀富庶，皆不能不以次舉辦，使政府年年耗巨款而無所補益，其將何以爲繼哉！

讀楊公虎城之文，不禁感慨繫之。蒲城李協跋

興平趙玉璽書

中華民國二十六年三月下浣　立

① "套寧之黄河渠"指寧夏、内蒙河套一帶的引黄渠道。下文的"甘肅之水輪灌溉"則指甘肅省沿黄河兩岸習慣興築的巨輪式提水灌溉工程。